Leitfäden der Informatik

Haux / Lagemann / Knaup / Schmücker / Winter
Management von Informationssystemen

Leitfäden der Informatik

Herausgegeben von

Prof. Dr. Hans-Jürgen Appelrath, Oldenburg
Prof. Dr. Volker Claus, Stuttgart
Prof. Dr. Dr. h.c. mult. Günter Hotz, Saarbrücken
Prof. Dr. Lutz Richter, Zürich
Prof. Dr. Wolffried Stucky, Karlsruhe
Prof. Dr. Klaus Waldschmidt, Frankfurt

Die Leitfäden der Informatik behandeln

- Themen aus der Theoretischen, Praktischen und Technischen Informatik entsprechend dem aktuellen Stand der Wissenschaft in einer systematischen und fundierten Darstellung des jeweiligen Gebietes.
- Methoden und Ergebnisse der Informatik, aufgearbeitet und dargestellt aus Sicht der Anwendungen in einer für Anwender verständlichen, exakten und präzisen Form.

Die Bände der Reihe wenden sich zum einen als Grundlage und Ergänzung zu Vorlesungen der Informatik an Studierende und Lehrende in Informatik-Studiengängen an Hochschulen, zum anderen an „Praktiker", die sich einen Überblick über die Anwendungen der Informatik(-Methoden) verschaffen wollen; sie dienen aber auch in Wirtschaft, Industrie und Verwaltung tätigen Informatikern und Informatikerinnen zur Fortbildung in praxisrelevanten Fragestellungen ihres Faches.

Management von Informationssystemen

Analyse, Bewertung, Auswahl, Bereitstellung und Einführung von Informationssystemkomponenten am Beispiel von Krankenhausinformationssystemen

Von Reinhold Haux, Anita Lagemann, Petra Knaup, Paul Schmücker
Universität Heidelberg

Alfred Winter
Universität Leipzig

Unter Mitarbeit von Anke Häber
Universität Heidelberg

B. G. Teubner Stuttgart 1998

Reinhold Haux

1953 geboren in Asperg. Von 1973 bis 1978 Studium der Medizinischen Informatik an der Universität Heidelberg/Fachhochschule Heilbronn. Bis 1984 wiss. Mitarbeiter im Institut für Medizinische Dokumentation, Statistik und Datenverarbeitung der Universität Heidelberg. Promotion 1983. Wechsel an das Institut für Medizinische Statistik und Dokumentation der RWTH Aachen. 1987 Habilitation für Medizinische Informatik und Statistik. Von 1987 bis 1989 Professor für Medizinische Informatik im Institut für Medizinische Informationsverarbeitung der Universität Tübingen. Seit 1989 Professor für Medizinische Informatik und Direktor der Abteilung Medizinische Informatik des Instituts für Medizinische Biometrie und Informatik der Universität Heidelberg.

Anita Lagemann

1965 geboren in Stuttgart. Von 1985 bis 1990 Studium der Medizinischen Informatik an der Universität Heidelberg/Fachhochschule Heilbronn. Anschließend wiss. Mitarbeiterin im Institut für Medizinische Biometrie und Informatik, Abteilung Medizinische Informatik, der Universität Heidelberg, Promotion 1996.

Petra Knaup

1967 geboren in Recklinghausen. Von 1986 bis 1991 Studium der Medizinischen Informatik an der Universität Heidelberg/Fachhochschule Heilbronn. Anschließend wiss. Mitarbeiterin im Institut für Medizinische Biometrie und Informatik, Abteilung Medizinische Informatik, der Universität Heidelberg, Promotion 1994.

Paul Schmücker

1949 geboren in Delbrück. Von 1972 bis 1979 Studium der Informatik mit Nebenfach Betriebswirtschaftslehre an der Universität Kiel. 1977 bis 1979 Mitarbeit in der Arbeitsgruppe „Membranphysiologie“ des Physiologischen Instituts der Universität Kiel. 1980 bis 1987 wiss. Mitarbeiter im Institut für Medizinische Informatik der Universität Gießen. Seit 1987 wiss. Mitarbeiter in der Medizinischen Informatik der Universität Heidelberg. Seit 1989 stellv. Leiter des Bereichs „Klinische Informationsverarbeitung“ und Leiter der Abteilung „Systemadaptierung“.

Alfred Winter

1959 geboren in Euskirchen. Von 1977 bis 1984 Studium der Informatik mit Nebenfach Betriebswirtschaftslehre an der RWTH Aachen. Bis 1987 wiss. Mitarbeiter in der Abteilung Medizinische Statistik und Dokumentation der RWTH Aachen. 1987 bis 1996 wiss. Mitarbeiter in der Medizinischen Informatik der Universität Heidelberg. Seit 1991 Leiter der Abteilung „Systementwicklung und Kommunikation“. 1991 Promotion, 1994 Habilitation für Medizinische Informatik. Seit 1996 Professor für Medizinische Informatik am Institut für Medizinische Informatik, Statistik und Epidemiologie der Universität Leipzig. Leiter des Bereichs „Klinikuminformationssystem“.

Die Deutsche Bibliothek – CIP-Einheitsaufnahme

Management von Informationssystemen : Analyse, Bewertung, Auswahl, Bereitstellung und Einführung von Informationssystemkomponenten am Beispiel von Krankenhausinformationssystemen / von Reinhold Haux ... Unter Mitarb. von Anke Häber. – Stuttgart : Teubner, 1998
(Leitfäden der Informatik)
ISBN-13: 978-3-519-02944-1 e-ISBN-13: 978-3-322-84827-7
DOI:10.1007/ 978-3-322-84827-7

Softcover reprint of the hardcover 1st edition 1973

Vorwort

Liebe Leserin, lieber Leser!

Eine umfassende und systematische Informationsverarbeitung wird heute in praktisch allen Unternehmen benötigt. Ihre *Informationssysteme* müssen leistungsfähig gestaltet werden. Sie sind daher systematisch zu planen, zu steuern und zu überwachen, kurz: zu managen. Damit das Informationssystem eines Unternehmens in erster Linie ein Qualitätsfaktor für das Unternehmen ist und nicht primär als unnötiger Kostenfaktor wirkt, muß das *Management von Informationssystemen* systematisch betrieben werden.

Beispielsweise müssen aufgrund geänderter gesetzlicher Vorschriften *informationsverarbeitende Verfahren* angepaßt oder neu eingeführt werden. Geeignete *Anwendungssoftwareprodukte* müssen ausgewählt, beschafft, adaptiert und eingeführt werden, um mit ihnen bestehende *Anwendungssysteme* ablösen zu können. Häufig gilt es, durch die Analyse eines *Informationssystems* Schwachstellen in der Informationsverarbeitung aufzudecken und diese zu beseitigen.

Gegenstand, Ziel und Inhalt des Buches

Mit dem vorliegenden Buch wollen wir Sie in die Grundlagen des *Managements von Informationssystemen* einführen. Wir wollen dies auf möglichst einfache und praxisbezogene, aber – wie wir hoffen – dennoch gehaltvolle Weise versuchen. Dabei konzentrieren wir uns auf das sogenannte *taktische Management* von *Informationssystemen.* Dies beinhaltet *Projekte* für die Systemanalyse, -bewertung, -auswahl, -bereitstellung und -einführung, die adäquat geplant, durchgeführt und abgeschlossen werden müssen.

Aufgrund unserer eigenen Erfahrungen mit dem Management von Krankenhausinformationssystemen wählen wir die Beispiele aus diesem Anwendungsgebiet. Die vorgestellten *Methoden* und Aktivitäten gelten jedoch für eine breite Klasse von *Informationssystemen.*

Die Beispiele sind bewußt einfach gehalten. In der Realität werden die geschilderten Probleme sicherlich umfassender und gründlicher untersucht. Eine realistische Projektdokumentation würde aber den Umfang des Buches sprengen. Wir meinen, daß die Beispiele ausreichend veranschaulichen, wie die vorgestellten Aktivitäten und *Methoden* eingesetzt werden können.

Aufbau des Buches

Das Buch ist gegliedert in vierzehn Kapitel. Die nächste Detaillierungsstufe nennen wir Unterkapitel. Darunter befinden sich Abschnitte (3. Stufe) und Unterabschnitte (4. Stufe). Wo nötig, beziehen wir uns auf entsprechende Gliederungselemente. In dem beigelegten Übersichtsblatt finden Sie eine Übersicht über alle Phasen, typischen Aktivitäten, Ergebnisse, *Methoden* und *Werkzeuge*, die wir Ihnen in diesem Buch vorstellen.

Wozu dient der Thesaurus?

In diesem Buch finden Sie einen Thesaurus, der wichtige Begriffe für das *Management von Informationssystemen* enthält. Er soll Ihnen das Nachschlagen erleichtern. Alle Begriffe, die im Thesaurus definiert werden, sind im Text kursiv gedruckt, der besseren Lesbarkeit wegen aber nur bei ihrem ersten Auftreten in einem Absatz.

Wer sollte dieses Buch lesen?

Das Buch richtet sich an Studierende, welche sich in ihrem Studium mit *Informationssystemen* befassen, z.B. an Studierende der Informatik, der Medizinischen Informatik, der Wirtschaftsinformatik. Die Einführung eignet sich jedoch auch für Praktiker[1] und Wissenschaftler, die mit der Analyse, Bewertung, Auswahl, Bereitstellung und Einführung von *Informationssystemkomponenten* befaßt sind. Nicht zuletzt mag das Buch auch für Entscheidungsträger in Unternehmen von Interesse sein.

In welcher Form kann der Stoff vermittelt werden?

Das in diesem Buch enthaltene *Wissen* wird von den Verfassern in Form von Vorlesungen und Praktika, vor allem für Studierende der Medizinischen Informatik, angeboten. Der gesamte vorgestellte Stoff kann, je nach intendierter Stoffdichte und Hörerkreis, in etwa 12 - 24 Unterrichtsstunden vermittelt werden.

Es empfiehlt sich, im Anschluß an eine solche Vorlesung ein Praktikum mit einem konkreten und möglichst realitätsnahen *Projekt* durchzuführen. Nach unseren Erfahrungen ist es günstig, wenn der Schwerpunkt des Projektes auf der Systemanalyse und/oder auf der Systembewertung liegt.

Danksagung

Bei der Erstellung des Buches erhielten wir von vielen Personen in unterschiedlicher Art und Weise Unterstützung. Ihnen allen sei an dieser Stelle herzlich gedankt.

Unterstützung und Rat erhielten wir von zahlreichen Kollegen aus der Deutschen Gesellschaft für Medizinische Informatik, Biometrie und Epidemiologie (GMDS) und aus der Gesellschaft für Informatik (GI), insbesondere aus den Arbeitsgruppen „Krankenhausinformationssysteme" und „Methoden und Werkzeuge für das Management von Krankenhausinformationssystemen". Mit am meisten wurden wir beeinflußt durch gemeinsame Projekte und Diskussionen mit Kollegen aus den Universitätsklinika Heidelberg und Leipzig.

Isolde Thoma-Flade erstellte die Titelgraphik. Martina Hutter und Heidi Kampe-Hauk wirkten mit bei der Endredaktion.

---

[1] Wir verzichten in diesem Buch auf jeden Versuch, geschlechtsneutrale Formulierungen zu erreichen, denn alle uns bekannten Lösungsansätze dieses Problems erscheinen unbefriedigend. Wir stellen allerdings ausdrücklich fest, daß dieses Problem besteht und einer Lösung bedarf.

Nicht zuletzt möchten wir uns bei unseren Studentinnen und Studenten bedanken, die uns durch kritisches Nachfragen auf Lücken und Unklarheiten im Stoff aufmerksam gemacht haben.

Unser Dank gilt auch den Herausgebern, insbesondere Herrn Professor Appelrath, und dem Teubner Verlag für die gute Zusammenarbeit.

Heidelberg / Leipzig, im November 1997

Die Verfasser

Inhaltsübersicht

Inhaltsverzeichnis

1 Einleitung

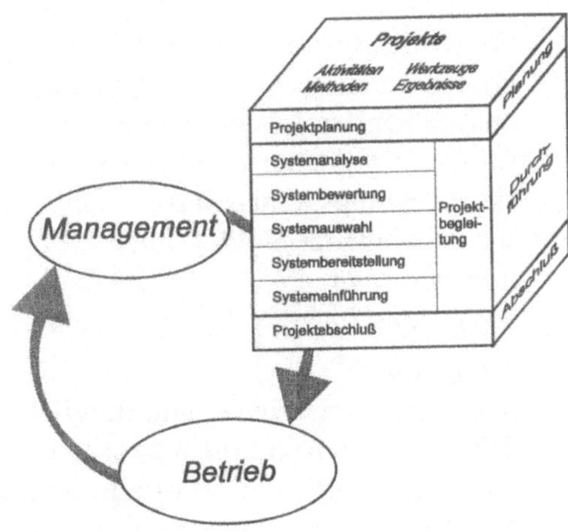

1.1 Gegenstand und Motivation

Gegenstand

Was ist ein *Informationssystem*? In der Literatur sind viele unterschiedliche Definitionen zu finden. So sind manche Sichten technisch geprägt, andere betonen einzelne Aspekte wie Kommunikation, *Rechnersysteme* oder Datenbanksysteme. Wir wollen als Grundlage zunächst folgende Definition verwenden: Ein Informationssystem ist das gesamte informationsverarbeitende und informationsspeichernde *Teilsystem* eines Unternehmens.

Bedeutung

Informationssysteme sind in allen Unternehmen zu finden, in Wirtschaft, Verwaltung, Banken usw., aber auch in medizinischen Versorgungseinrichtungen, z. B. in Krankenhäusern. Praktisch alle in einem Unternehmen tätigen Personengruppen haben einen immensen Informationsbedarf, dessen Befriedigung mitentscheidend ist für die Qualität eines Unternehmens. Die Unternehmensleitung benötigt aktuelle *Informationen* über das Kosten- und Leistungsgeschehen für die Steuerung (das 'Controlling') ihres Unternehmens. Auch für die Konkurrenzfähigkeit eines Unternehmens wird die Güte seines Informationssystems zunehmend von Bedeutung sein. Die Informationsverarbeitung, und hierbei nicht nur die rechnerunterstützte, ist also ein bedeutender Qualitäts- und Kostenfaktor. Im übertragenen Sinne kann man ein Informationssystem als das Gedächtnis und das Nervensystem eines Unternehmens betrachten.

Problematik

Informationssysteme sind sehr komplexe, oft große und heterogene Gebilde. Praktisch alle Personengruppen und alle *Bereiche* eines Unternehmens sind von der Güte seines Informationssystems betroffen. Der Umfang an Informationsverarbeitung in Unternehmen ist beachtlich und darf nicht unterschätzt werden. Außerdem beruht der Informationsbedarf der in dem Unternehmen beschäftigten Personengruppen häufig auf denselben *Daten*. Zur effizienten Befriedigung der Informationsbedürfnisse ist eine integrierte Informationsverarbeitung notwendig. Wenn Informationssysteme nicht systematisch gemanagt und betrieben werden, tendieren sie erfahrungsgemäß dazu, sich chaotisch zu entwickeln. Das wiederum kann schwerwiegende Folgen mit sich bringen: höhere Kosten, vor allem für *informationsverarbeitende Werkzeuge* und für Personal, ganz zu schweigen von Aspekten des Datenschutzes oder der Datensicherheit.

Motivation

Informationssysteme sollen möglichst effizient betrieben werden. Effizienz heißt, daß der Nutzen in einem sinnvollen Verhältnis zu den Kosten steht. Um dies zu erreichen, wollen wir uns in diesem Buch mit dem zielgerichteten, systematischen *Management von Informationssystemen* befassen, genauer gesagt, mit dem sogenannten *taktischen Management*. Im Rahmen des taktischen Managements werden *Projekte* durchgeführt, in denen Informationssysteme oder Komponenten daraus analysiert und bewertet bzw. *Informationssystemkomponenten* ausgewählt, bereitgestellt und eingeführt werden sollen.

1.2 Problemstellung

Was führte uns dazu, dieses Buch zu schreiben? Was mag Sie dazu bewegen, das Buch zu lesen? Über das *Management von Informationssystemen* und über das *taktische Management* in Form von *Projekten* gibt es bereits eine Vielzahl von empfehlenswerten Büchern. Sie betonen aufgrund ihrer Ausrichtung i. d. R. einzelne Aspekte, z. B. die Systemanalyse, oder sie sind ausgerichtet auf die Entwicklung von *Anwendungssoftwareprodukten*. Dies erscheint uns jedoch für das taktische Management von großen, heterogenen *Informationssystemen* nicht immer ausreichend zu sein.

1.3 Zielsetzung

Wie bereits erwähnt, ist für das *Management von Informationssystemen* ein zielgerichtetes, systematisches Vorgehen notwendig.

Ziel des vorliegenden Buches ist es, ein solches Vorgehen darzustellen und Sie als Leser zu befähigen, die *Methoden* und Aktivitäten in der Praxis des *Managements von Informationssystemen* anzuwenden.

Im einzelnen werden folgende Ziele verfolgt:

Es sollen *Methoden* und typische Aktivitäten dargestellt werden für

Z1 ... die Planung eines *Projektes*.

Z2 ... die Durchführung eines *Projektes*.

Z3 ... einen geeigneten Abschluß eines *Projektes*.

Z4 Ziel des Buches ist es, die Aufgaben, die beim Betrieb von *Informationssystemen* anfallen, darzustellen.

Allerdings müssen wir einschränkend festhalten, daß das vorliegende Buch einführenden Charakter hat, besonders bei den vorgestellten *Methoden*.

Die Beispiele, die wir anführen werden, stammen aus dem Unternehmen 'Krankenhaus', es geht bei ihnen um das Management von Krankenhausinformationssystemen.

1.4 Frage- und Aufgabenstellung

Nach Lesen des vorliegenden Buches sollten Sie folgende Fragen im Zusammenhang mit dem *Management von Informationssystemen* beantworten können:

Frage zu Ziel Z1:

F1.1 Wie kann das Vorgehen bei einem *Projekt* geplant werden?

Fragen zu Ziel Z2:

F2.1 Wie kann ein *Projekt* bei der Durchführung sinnvoll begleitet werden?

F2.2 Wie können *Informationssysteme* oder *Komponenten* daraus analysiert werden?

F2.3 Wie können *Informationssysteme* oder *Komponenten* daraus bewertet werden?

F2.4 Wie können *Informationssystemkomponenten* ausgewählt werden?

F2.5 Wie können *Informationssystemkomponenten* bereitgestellt werden?

F2.6 Wie können *Informationssystemkomponenten* eingeführt werden?

Frage zu Ziel Z3:

F3.1 Wie kann ein *Projekt* abgeschlossen werden?

Frage zu Ziel Z4:

F4.1 Welche Aktivitäten können während des Betriebs notwendig werden?

1.5 Arbeitspakete und Prüfsteine

Die *Arbeitspakete* und *Prüfsteine*, die Sie in diesem Buch vor sich haben, sind in der Abbildung 1-1 in einem *Netzplan* schematisiert dargestellt.

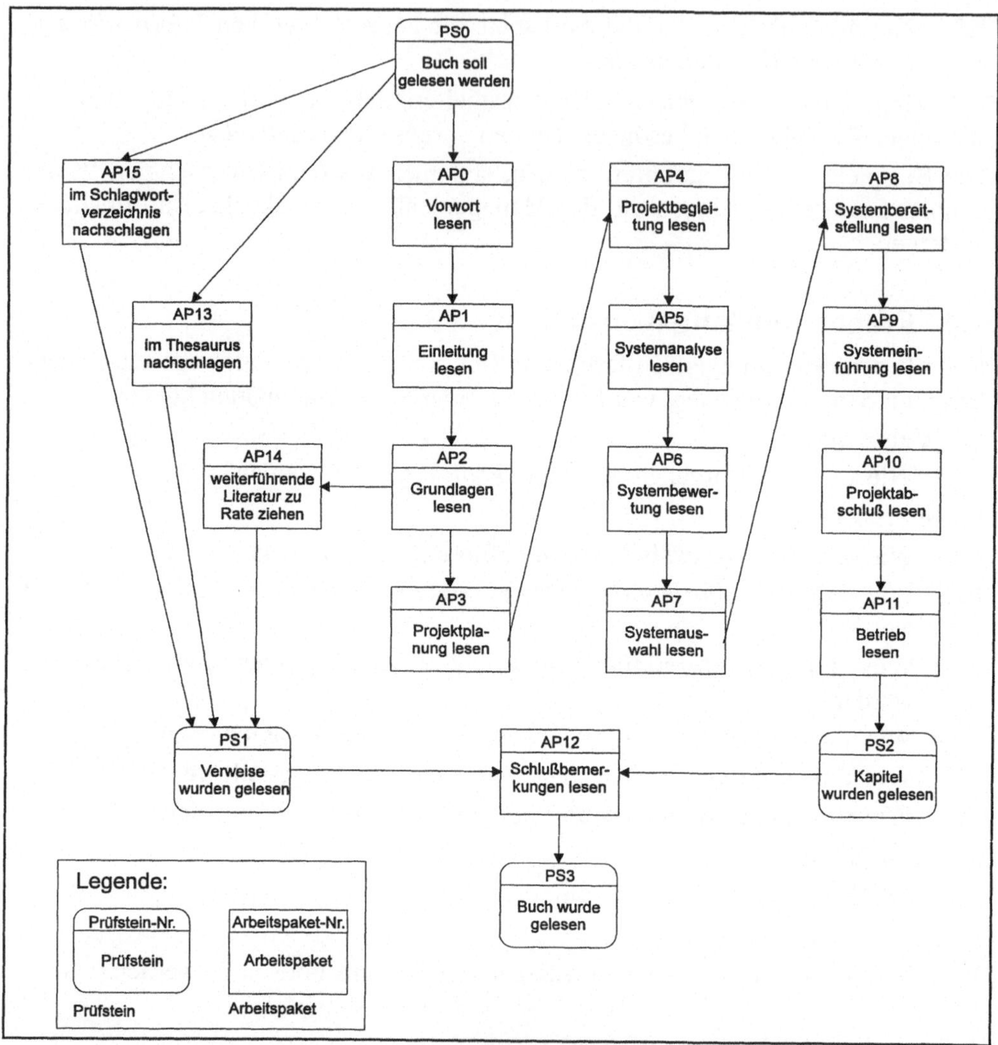

Abbildung 1-1: Netzplan zum Erarbeiten des Buches.

1.6 Übungen

Übung 1: Erläutern Sie die allgemeine Bedeutung von *Informationssystemen* für Unternehmen.

Übung 2: Nennen Sie *Informationssysteme*, die Ihnen in Ihrem Alltag begegnen.

Übung 3: Weshalb kann man das *Informationssystem* eines Unternehmens mit dem Nervensystem und Gedächtnis des Menschen vergleichen?

2 Grundlagen

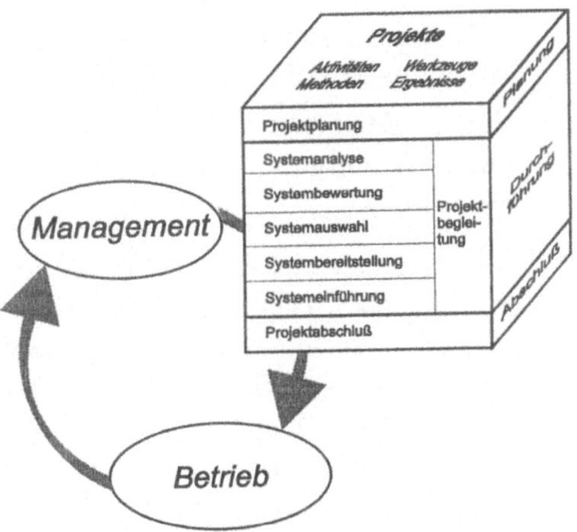

Wozu dient dieses Kapitel?
Um die Inhalte der weiteren Kapitel dieses Buches, die sich auf die Planung, Durchführung und den Abschluß von *Projekten* beziehen, verstehen zu können, ist es erforderlich, häufig verwendete Begriffe zu definieren. Wir wollen deshalb versuchen, für alle Leser eine gemeinsame terminologische Grundlage zu schaffen.

Was sollen Sie lernen?
Mit der Lektüre dieses Kapitels sollen Sie lernen, grundlegende Begriffe im Zusammenhang mit *Informationssystemen* und *Projekten* zu verstehen, anzuwenden und sie einander zuzuordnen.

2.1 Grundbegriffe

Dieses Buch handelt vom *Management von Informationssystemen.* Was verbirgt sich nun genau hinter dem Begriff 'Informationssystem'? Um das klären zu können, werden wir in diesem Abschnitt die Begriffe '*Information*' und '*System*', aber auch eng damit verwandte Begriffe näher betrachten.

Wir wollen *Information* (lat. informatio: das Versehen von etwas mit einer Form) bezeichnen als die Kenntnis über bestimmte Sachverhalte oder Vorgänge. (vgl. DIN 44300)

Wissen (lat. videre: sehen) ist die Kenntnis über den in einem Fachgebiet zu gegebener Zeit bestehenden Konsens, vor allem bezüglich einer gültigen Terminologie, erlaubter Interpretationen, bestehender Zusammenhänge und Gesetzmäßigkeiten, empfehlenswerter Methoden und Handlungen. Wissen ist demnach auch *Information* im weiteren Sinne.

Daten (lat. datum: gegeben) sind Gebilde aus Zeichen oder kontinuierlichen Funktionen (z. B. Tonsignale), die aufgrund bekannter oder unterstellter Abmachungen

Information darstellen. Daten sind die Grundlage oder das Ergebnis eines Verarbeitungsschrittes. (vgl. DIN 44300)

Nachrichten (um 1600 für Nachrichtung: Anweisung) sind *Daten*, die zum Zweck ihrer Weitergabe zusammengestellt und als Einheit betrachtet werden. (vgl. DIN 44300)

Ein Beispiel aus dem Unternehmen Krankenhaus soll den Zusammenhang zwischen diesen Begriffen verdeutlichen: Zum Patienten 'Alfons Adam' liegt, nach eingehenden Untersuchungen, die *Information* vor, daß er an Mononucleosis infectiosa (sogen. PFEIFFERsches Drüsenfieber) leidet, und zwar in der anginösen Verlaufsform. Der behandelnde Arzt hat vermutlich ein umfassendes *Wissen* über diese Virusinfektion und viele andere Krankheiten, z. B. zur Ätiologie, Diagnose, Therapie und Prognose. Wenn der Arzt die Information zu Papier bringt, z. B. in der Krankenakte, hat er damit *Daten* zum Patienten 'Alfons Adam' aufgezeichnet. Und schließlich ist der Arztbrief, den er dem weiterbehandelnden Hausarzt von Herrn Adam zusendet, eine *Nachricht*, die sich im wesentlichen aus diesen Daten zusammensetzt.

Wir verstehen unter einem *System* (griech. συστημα: Stück aus mehreren Teilen) eine Menge von Personen, Dingen und/oder Vorgängen und den ganzheitlichen Zusammenhang zwischen diesen. Dieser Zusammenhang liegt entweder in der Natur als gegeben vor oder wird vom Menschen hergestellt. Ein sozio-informationstechnisches System ist ein System, in dem Menschen und Maschinen nach festgelegten Regeln bestimmte Aufgaben erfüllen sollen.
Jedes System kann sich in *Teilsysteme* untergliedern.

In der Medizin wird die Gesamtheit des Nervengewebes mit der Befähigung zur Reizaufnahme, Erregungsleitung und -verarbeitung als Nervensystem bezeichnet. Ein andersartiges *System*, das man in Unternehmen findet, ist das Abrechnungssystem. Oder denken Sie an das Währungssystem der Europäischen Union. An diesen Beispielen sehen Sie, daß Systeme unterschiedlich gestaltet sein können. Bei umfangreichen Systemen ist es häufig sinnvoll, *Teilsysteme* zu betrachten. Beispielsweise läßt sich das Nervensystem in die Teilsysteme Zentralnervensystem und peripheres Nervensystem gliedern.

2.2 Informationssysteme und ihre Komponenten

Ein *Informationssystem* ist das (sozio-technische) *Teilsystem* eines Unternehmens, das aus den *informationsverarbeitenden* Aktivitäten und den an ihnen beteiligten menschlichen und maschinellen Handlungsträgern in ihrer informationsverarbeitenden Rolle besteht.

Deshalb können wir *Informationssysteme* auch als sozio-informationstechnische *Systeme* bezeichnen.

Eigentlich verarbeiten *Informationssysteme* sowohl *Informationen* als auch *Wissen, Daten* und *Nachrichten*. Der Einfachheit halber wollen wir aber in diesem Zusammenhang nur von 'Informationen' sprechen.

Personen, als 'menschliche Handlungsträger' können entweder Teil des *Informationssystems*, Benutzer oder beides sein.

In einem Krankenhaus können die beschäftigten Personen, also z. B. Ärzte und Pflegekräfte, unterschiedliche Rollen einnehmen. Als Teil des *Informationssystems* eines Krankenhauses, d. h. eines Krankenhausinformationssystems, fungieren Ärzte in ihrer informationsverarbeitenden Rolle, wenn sie z. B. Einträge in die Patientenakte vornehmen. Beim Ausleihen einer Akte aus dem Archiv sind sie dann Benutzer des Krankenhausinformationssystems.

Informationssysteme, in denen u. a. *Rechnersysteme* als *Werkzeuge* der Informationsverarbeitung eingesetzt werden, wollen wir *rechnerunterstützte Informationssysteme* nennen. Ein *Teilsystem* eines Informationssystems, welches (ausschließlich) Rechnersysteme als *informationsverarbeitende Werkzeuge* verwendet, bezeichnen wir als *rechnerunterstützten Teil eines Informationssystems.*

Mit dieser Definition wollen wir Ihnen bewußt machen, daß Sie bei *Informationssystem* nicht sofort nur an Computer denken sollen. Vielmehr ist der Umfang und die Komplexität des konventionellen Teils eines Informationssystems - als Gegensatz zum rechnerunterstützten Teil - meist ebenfalls beachtlich. Im Gegensatz zum *rechnerunterstützten Teil von Informationssystemen* ist der konventionelle Teil aber sehr viel abstrakter und schwerer greifbar.

In einem Krankenhaus umfaßt der konventionelle Teil des Krankenhausinformationssystems beispielsweise *konventionelle Werkzeuge* wie Akten, Formulare, Telefon, Rohrpost usw. Bereits vor Einführung des ersten *Rechnersystems* liegt i. d. R. ein komplexes, umfangreiches Krankenhausinformationssystem vor. Im *rechnerunterstützten Teil* des Krankenhausinformationssystems finden wir häufig Rechnersysteme unterschiedlichen Fabrikats, Typs und (Speicher-) Größe sowie angeschlossene Peripheriegeräte wie Bildschirme, Drucker etc.

Mit Hilfe von *informationsverarbeitenden Verfahren* und *Verfahrenszugängen* kann die Funktionalität eines *Informationssystems* beschrieben werden, ohne zunächst auf die eingesetzten *informationsverarbeitenden Werkzeuge* einzugehen.

Informationsverarbeitende Verfahren sind Gruppen von Aktivitäten, die wichtige Aufgaben des *Informationssystems* eines Unternehmens erfüllen. Sie verarbeiten eine Eingabe zu einer Ausgabe unter Anwendung von Vorschriften. Dabei beziehen sie sich auf festgelegte *Objekttypen*. Charakteristisch ist, daß informationsverarbeitende Verfahren ständig durchgeführt werden, ohne definierten Anfang und

Ende. Ein informationsverarbeitendes Verfahren, das unmittelbar von einem Benutzer eines Informationssystems genutzt werden kann, stellt hierfür einen *Verfahrenszugang* zur Verfügung.

Informationsverarbeitende Verfahren werden in der Literatur gelegentlich auch als 'Funktionen' bezeichnet. Wir ziehen jedoch hier die Bezeichnung 'informationsverarbeitendes Verfahren' vor, um so die Aktivitäten im Unternehmen von den benutzten *Werkzeugen* und den von ihnen angebotenen 'Funktionen' unterscheiden zu können. Wir gehen hierauf später noch einmal ein.

Mit *Objekttypen* sind Denkeinheiten gemeint, die aus einer Menge von Gegenständen ('Objekten') unter Ermittlung der gemeinsamen Eigenschaften dieser Gegenstände gebildet werden. Der Objekttyp 'Behandlungsfall' vereinigt beispielsweise alle Fälle (i. d. R. stationäre Aufenthalte) der verschiedenen Patienten mit Angaben zum Aufnahmedatum, Entlaßdatum, Diagnosen usw.

Ein *informationsverarbeitendes Verfahren* 'Labordiagnostik' könnte beispielsweise gemäß der obigen Definition folgendermaßen beschrieben werden:

Bezeichnung:	Labordiagnostik
Objekttypen:	Auftraggeber, Anforderungskarte, Blutröhrchen, Patient, Behandlungsfall, Untersuchungsauftrag, Befund, Untersuchungsergebnis
Vorschriften:	1. Eine Anforderungskarte wird entgegengenommen. 2. Das Blutröhrchen wird dem Arbeitsplatz zugeleitet. 3. Der Untersuchungsauftrag wird durchgeführt. 4. Das Untersuchungsergebnis wird validiert. 5. Das Untersuchungsergebnis wird befundet. 6. Der Befund wird der anfordernden Stelle zurückgemeldet.

Das *Verfahren* 'Labordiagnostik' kann unmittelbar von einem Benutzer des *Informationssystems* benutzt werden, es verfügt also über einen *Verfahrenszugang*. Ein Verfahren ohne Verfahrenszugang ist z. B. das Verfahren 'Befundübermittlung', wenn es so definiert ist, daß es zwar mit anderen Verfahren Informationen austauscht, aber nicht direkt von einem Benutzer angewendet werden kann.

Informationsverarbeitende Verfahren werden durch Systeme informationsverarbeitender Werkzeuge ermöglicht. Es lassen sich Anwendungssysteme und physische Subsysteme unterscheiden, wobei die Anwendungssysteme auf der Basis physischer Subsysteme (z. B. Rechner, Netze oder auch Archivräume mit Regalanlagen) realisiert werden. Anwendungssysteme bieten dem Nutzer Funktionen an. Mit den Funktionen werden die Zugänge zu den informationsverarbeitenden Verfahren realisiert. Terminale (im Sinne von 'Endpunkten') sind physische Subsysteme, die den Nutzern unmittelbar zur Verfügung stehen; hierzu gehören z. B. Arbeitsplatzrechner, Drucker etc. Auf solchen Terminalen sind die Funktionen der

Anwendungssysteme realisiert. Damit finden die Nutzer des Informationssystems an den Terminalen den Zugang zu den informationsverarbeitenden Verfahren, die sie nutzen wollen.

Ein *Anwendungssystem* ist ein *Teilsystem* des *Informationssystems*, das unmittelbar *informationsverarbeitende Verfahren* realisiert. Ein Anwendungssystem, das unmittelbar vom Benutzer eines Informationssystems genutzt werden kann, stellt hierfür *Funktionen* zur Verfügung.

Ein Kennzeichen für ein *Anwendungssystem* ist, daß es in irgendeiner Art und Weise selbsttätig und eigenen Regeln folgend, d. h. autonom, die Verarbeitung und Speicherung von *Informationen* und *Wissen* in Form von *Daten* ermöglicht. Ein Anwendungssystem wird entweder realisiert durch ein *Anwendungssoftwareprodukt* oder durch Organisationspläne.

Ein *Anwendungssoftwareprodukt* ist ein abgeschlossenes, erworbenes oder eigenentwickeltes Programm oder Programmpaket, das auf *Rechnersystemen* installiert werden kann.

Wenn ein Krankenhaus z. B. ein Archivverwaltungssystem für Krankenblattarchive, nennen wir es ArchiMed, von der Firma Graecia GmbH kauft, ist das Archivverwaltungssystem zunächst 'leer'. Die Disketten oder CD-ROMs, die an andere Krankenhäuser ausgeliefert werden, haben üblicherweise denselben Inhalt. Die krankenhausspezifischen Anpassungen müssen erst noch durchgeführt werden, z. B. muß parametriert werden, d. h. mit Daten 'gefüllt', wie die Akten sortiert werden, welche Abteilungen es gibt mit welchen Kostenstellennummern, auch natürlich, wie das Krankenhaus heißt, damit der Name auf dem Bildschirm oder auf Briefen erscheinen kann. Nach diesen Anpassungen - auch Adaptierung genannt -, der Installation und der Inbetriebnahme, wird aus dem *Anwendungssoftwareprodukt* ArchiMed der Firma Graecia GmbH ein für dieses Krankenhaus spezifisches und nutzbares *Anwendungssystem*, das etwa mit ARCHIV bezeichnet werden kann.

Das *Anwendungssystem* ARCHIV kann von einem Benutzer eines *Informationssystems* direkt genutzt werden, es besitzt dazu *Funktionen.* Ein Anwendungssystem ohne Funktionen ist z. B. das Anwendungssystem KOMSYS (Kommunikationssystem), das u. a. das *Verfahren* 'Befundübermittlung' realisiert.

Im *rechnerunterstützten Teil eines Informationssystems* ist die Zuordnung von einem *Verfahren* zu einem *Anwendungssystem* noch recht einfach. So könnte z. B. das Verfahren 'Archivverwaltung' durch das Anwendungssystem ARCHIV realisiert sein, das auf einem *System* von mehreren vernetzten *Rechnersystemen* ARCHIVNETZ installiert ist. Dieses bietet alle Funktionen, die notwendig sind, um die Krankenakten in diesem Krankenhaus zu verwalten. Oder das Verfahren wird mit *konventionellen Werkzeugen* durchgeführt, so daß an Stelle eines *Anwen-*

dungssoftwareprodukts ein Organisationsplan zur Archivverwaltung für das Anwendungssystem notwendig wird. Dieser Organisationsplan (der nicht unbedingt Schritt für Schritt schriftlich niedergelegt sein muß) enthält den Ablauf aller Tätigkeiten, die durchgeführt werden müssen, damit Akten abgelegt, verliehen, zurückgegeben und angemahnt werden können.

Ein *physisches Subsystem* ist entweder ein *System* von Personen und *konventionellen Werkzeugen der Informationsverarbeitung* oder ein *Rechnersystem.* Ein physisches Subsystem, das direkt von einem Benutzer genutzt werden kann, wird auch *Terminal* genannt.

Rechnersysteme sind alle Arten von Rechnern, inklusive Peripheriegeräte wie Bildschirme, Drucker, Lesegeräte, Netze etc. *Konventionelle Werkzeuge* sind z. B. Formulare, Schreibmaschinen, Telefone usw.

Wenn zwischen direkt benutzbaren physischen Subsystemen und nicht direkt benutzbaren physischen Subsystemen unterschieden wird, bezeichnen *Terminale* die direkt benutzbaren *physischen Subsysteme* wie Peripheriegeräte und *Rechnersysteme* wie Personal Computer. Nicht-benutzbare physische Subsysteme sind z. B. die Kabel, die für die Datenübertragung gebraucht werden. Übrigens: Verwechseln Sie den hier eingeführten Begriff 'Terminal' nicht mit der gleichlautenden englischen Bezeichnung für Bildschirm! Wir werden uns in diesem Buch hauptsächlich mit *Verfahren, Anwendungssystemen* und physischen Subsystemen allgemein beschäftigen und *Verfahrenszugänge, Funktionen von Anwendungssystemen* und Terminale vernachlässigen.

Im Gegensatz zu *Anwendungssystemen*, die direkt *informationsverarbeitende Verfahren* ermöglichen, stellt ein *physisches Subsystem* lediglich ein Potential nutzbarer Ressourcen dar. Ein PC, der an einem Arbeitsplatz steht, ist ein physisches Subsystem, auch wenn keine Anwendungssysteme auf ihm installiert sind; allerdings läßt sich dann auch nicht viel mit ihm anfangen.

Oft soll nur ein Teil des ganzen *Informationssystems*, d. h. ein *Sub-Informationssystem*, betrachtet werden. Wenn beispielsweise die Formulare einer Abteilung eines Krankenhauses überarbeitet und vereinheitlicht werden sollen, genügt es, das konventionelle Sub-Informationssystem dieser Abteilung zu untersuchen.

Ein *Sub-Informationssystem* ist ein *Teilsystem* eines *Informationssystems*, das die *Verfahren, Anwendungssysteme* und *physischen Subsysteme* eines Informationssystems umfaßt, die zusammen einen Teilbereich des Informationssystems beschreiben. Sub-Informationssysteme, Verfahren, Anwendungssysteme und physische Subsysteme bezeichnen wir als *Informationssystemkomponenten.*

Sub-Informationssysteme können nach verschiedenen Aspekten aus *Informationssystemen* gebildet werden. Häufig sind die Informationssysteme von *Bereichen* oder Abteilungen eines Unternehmens von besonderem Interesse, oder aber ein bestimmtes *Anwendungssystem* oder ein *physisches Subsystem* bildet die Grundlage für die Konstruktion des Sub-Informationssystems. Ein Beispiel für den ersten Fall ist ein medizinisches Abteilungsinformationssystem einer Frauenklinik, für den zweiten Fall das Organisations- und Dokumentationssystem einer Abteilung für Radiodiagnostik. Wenn ein Rechnersystem durch ein anderes ersetzt werden soll, müssen alle Anwendungssysteme, die darauf installiert sind, und die realisierten *Verfahren* in die Betrachtung miteinbezogen werden. Diese bilden dann insgesamt wieder ein Sub-Informationssystem.

Um *Informationssystemkomponenten* ändern zu können, ist es oft notwendig, die zugrundeliegenden rechnerbasierten oder *konventionellen Werkzeuge* auszutauschen. Wir wollen diese vereinfachend als *Produkte* bezeichnen.

Produkte sind *Anwendungssoftwareprodukte* oder *Rechnersysteme* oder *konventionelle Werkzeuge*, die als Basis für *Informationssystemkomponenten* dienen können.

In der Literatur wird oft statt von *Informationssystemen* von Informations- und Kommunikationssystemen gesprochen. Wir werden im folgenden weiterhin den Begriff 'Informationssystem' verwenden, der nach unserer Definition auch den Kommunikationsaspekt miteinschließt.

2.3 Charakteristika von Informationssystemen

Zielsetzung

Das Ziel eines *Informationssystems* ist es, die adäquate Durchführung der in einem Unternehmen notwendigen *informationsverarbeitenden Verfahren* zu ermöglichen unter Berücksichtigung einer wirtschaftlichen Betriebsführung sowie von gesetzlichen und sonstigen Anforderungen.

Aufgabenstellung

Zu den Aufgaben von *Informationssystemen* gehören

- das Bereitstellen von
  - korrekten,
  - aktuellen *Informationen*
  - rechtzeitig und
  - am richtigen Ort
  - der hierzu berechtigten Personengruppe
  - in geeigneter Form und
- das Bereitstellen von *Wissen*, das für das Erreichen von Unternehmenszielen notwendig ist.

Wir wollen das Bereitstellen der richtigen *Informationen* und des richtigen *Wissens* zum richtigen Zeitpunkt, am richtigen Ort, für die richtigen Personen, in der richtigen Form als *Informations- und Wissenslogistik* bezeichnen. Letztendlich dient die Informations- und Wissenslogistik dazu, daß Arbeitsabläufe im Unternehmen unterstützt werden können und Benutzer in die Lage versetzt werden, Entscheidungen zu treffen. Informationslogistik dient insbesondere dazu, Informationen über die Qualität und das Kosten- und Leistungsgeschehen in einem Unternehmen bereitzustellen.

In einem Krankenhausinformationssystem ist es beispielsweise wichtig, daß Laborbefunde korrekt und aktuell an die anfordernde (richtige) Stelle übermittelt werden. Der behandelnde Arzt dort muß sie zum richtigen Zeitpunkt erhalten, d. h. zu einem Zeitpunkt, zu dem er eine Entscheidung über den weiteren Verlauf der Therapie treffen will, und zwar in einer Form, die es ihm ermöglicht, die relevanten *Informationen* rasch herauszulesen. Weiterhin benötigt er dazu das *Wissen* über die in diesem Fall beste Behandlung des Patienten.

Bereiche in Unternehmen

Bei *Informationssystemen* sind die verschiedenen *Bereiche* eines Unternehmens zu berücksichtigen. Welche genau dies sind, hängt von der Art des Unternehmens ab. In allen Unternehmen gibt es zumindest eine Art von Verwaltungsbereich, der die administrativen Aufgaben eines Unternehmens erfüllt, und einen Leitungsbereich, dem das Management des Unternehmens zugeordnet ist. Hinzu kommt der Produktionsbereich als eigentlicher Wertschöpfungsbereich.

Nehmen wir als Beispiel für ein Unternehmen ein Krankenhaus. Die Wertschöpfung erfolgt in einem Krankenhaus in erster Linie in der Patientenversorgung. Die dort wichtigsten *Bereiche* sind Stationen, Ambulanzen, Funktionsbereiche für Diagnostik und Therapie und sonstige Funktionsbereiche, z. B. Apotheke, Archiv und Blutbank. Hinzu kommen Bereiche der Krankenhausverwaltung für die allgemeine Verwaltung, die Patientenverwaltung und -abrechnung, die Technik, Wirtschaft und Versorgung. Weitere Bereiche umfassen die Krankenhausleitung, die Abteilungsleitungen, die Verwaltungsleitung und die Pflegedienstleitung.

Je nach Blickwinkel umfaßt ein *Bereich* eine größere oder kleinere Menge an Mitarbeitern, auszuführenden Aufgaben, Ausstattung etc. So können in einem Krankenhaus beispielsweise alle Stationen zusammen als stationärer Bereich aufgefaßt werden, oder eine bestimmte Station, z. B. die Station 2a einer Chirurgischen Klinik, wird als eigener Bereich betrachtet.

Personengruppen

Auch die in einem Unternehmen vertretenen Personengruppen müssen bei der Betrachtung des *Informationssystems* berücksichtigt werden. Hier hängt die Gruppenbildung ebenfalls von der Art des Unternehmens ab.

Zu den wichtigsten Personengruppen im Krankenhaus, in Hinblick auf das *Management* und den Betrieb von Krankenhausinformationssystemen, zählen beispielsweise, neben Patienten und Besuchern, die Ärzte, Pflegekräfte, Verwaltungspersonal, medizintechnisches Personal und Personal für das Management und den Betrieb des Krankenhausinformationssystems. Auch Lieferanten von medizinischen Ver- und Gebrauchsgütern, z. B. Geräten, Medikamenten, Lebensmitteln etc., gehören dazu.

2.4 Modellierung von Informationssystemen

Informationssystemkomponenten müssen analysiert, bewertet, ausgewählt, bereitgestellt und eingeführt werden. Hierfür ist es hilfreich, ein geeignetes *Modell* des *Informationssystems* zur Verfügung zu haben.

> Unter einem *Modell* (ital. modello: Muster, Vorbild) verstehen wir eine vereinfachte Repräsentation der Wirklichkeit oder eines Ausschnittes davon. Ein Modell ist ausgerichtet auf bestimmte, für eine Frage- bzw. Aufgabenstellung wesentliche Aspekte der Wirklichkeit bzw. des Wirklichkeitsausschnitts.

Um einen Wirklichkeitsausschnitt geeignet abzubilden, wird ein adäquates *Modell* für die (oft formale) Repräsentation des Wirklichkeitsausschnitts benötigt. Adäquat bedeutet hier: zur Beantwortung der Fragen bzw. Aufgaben geeignet, einfach, präzise, intersubjektiv.

Mit einem einfachen Beispiel wollen wir die Bedeutung von *Modellen* verdeutlichen. Als Kinderspielzeug ist eine Modelleisenbahn als verkleinerte Ausgabe einer 'echten' Eisenbahn gut geeignet. Dieses Modell erfüllt die Aufgabe, für die Unterhaltung und Beschäftigung von Kindern (und Erwachsenen!) zu sorgen. Wenn Sie aber von Ort A nach Ort B fahren wollen, wird Ihnen dieses Eisenbahnmodell nicht weiterhelfen. Hier greifen Sie auf das Modell 'Fahrplan' zurück, das zur Beantwortung der Frage nach einer passenden Zugverbindung besser geeignet ist.

Modelle von *Informationssystemen* sind insbesondere wichtig für das *Management von Informationssystemen*, auf das wir in Kapitel 3 eingehen werden.

In Abbildung 2-1 werden Beziehungen zwischen den wichtigsten in diesem Kapitel definierten Begriffen modelliert.

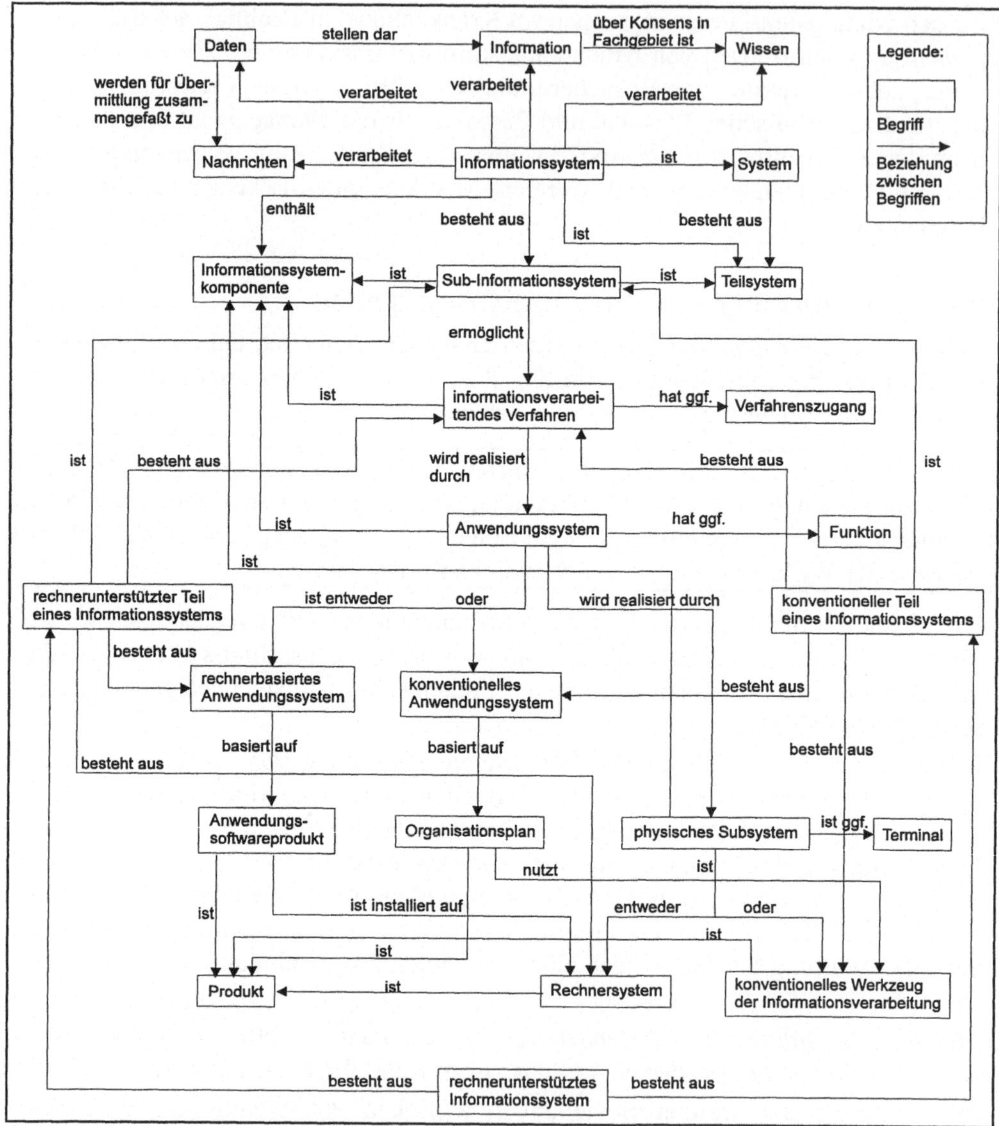

Abbildung 2-1: Beziehungen zwischen Begriffen im Umfeld von Informationssystemen.

2.5 Projekte

Projekte sind für das *Management von Informationssystemen* sehr wichtig. Wir wollen nun genau spezifizieren, was wir unter einem Projekt verstehen.

Ein *Projekt* (lat. proiectum: das vorwärts Geworfene) ist ein Vorhaben, das im wesentlichen durch Einmaligkeit der Bedingungen in ihrer Gesamtheit gekennzeichnet ist, wie z. B.

- Zielvorgabe,
- zeitliche, finanzielle, personelle oder andere Begrenzungen,
- Abgrenzung gegenüber anderen Vorhaben,
- projektspezifische Organisation.

Unter *Projektmanagement* versteht man die Gesamtheit von Führungsaufgaben, -organisation, -methoden und -mittel für die Abwicklung eines Projekts. (vgl. DIN 69901)

Haben Sie schon gemerkt: Wir haben es in diesem Buch mit zwei unterschiedlichen Arten von Management zu tun, nämlich mit dem *Management von Informationssystemen* und mit dem Management von *Projekten.* Das Projektmanagement ist notwendig für die Durchführung von Projekten, die wiederum dem Management von Informationssystemen dienen.

Projektorganisation

Ein *Projekt* kann von einer oder mehreren Projektgruppen bearbeitet werden. Mehrere Projektgruppen werden i. d. R. hierarchisch organisiert. Von dem Projektleiter maßgeblich abhängig ist die Art des Führungsstils, das Klima der Zusammenarbeit und der Grad an 'Reibungsverlusten'. Der Projektleiter vertritt das Projekt nach außen, er hat die ordnungsgemäße Projektdurchführung zu überwachen und ggf. einzugreifen. Bei umfangreichen Projekten ist es ratsam, einen Projektbeirat oder Lenkungsausschuß zu bestellen, der geeignet zusammenzusetzen ist und die verschiedenen Projektinteressen zu berücksichtigen hat.

Bei umfangreicheren *Projekten* ist eine systematische Projektplanung wichtig. Um Projekte überschaubar und kontrollierbar zu machen, werden sie in Phasen unterteilt. Eine Projektphase umfaßt einen zeitlichen Abschnitt eines Projektablaufs, der sachlich gegenüber anderen Abschnitten getrennt ist. Inhaltlich wird das Projekt zu jeder Phase üblicherweise in Teilaufgaben zerlegt, denen wiederum *Arbeitspakete* zugeordnet werden. *Prüfsteine* markieren wichtige Zeitpunkte im Projektablauf, meist am Anfang oder am Ende einer Projektphase.

Projektdokumentation

Die Planung, der Verlauf und der Abschluß eines *Projekts* sollten sorgfältig dokumentiert werden. Die Dokumente, die dabei entstehen, bilden die *Projektdokumentation.*

Die *Projektdokumentation* erfüllt mehrere Ziele:

- Gedächtnisstütze für alle Beteiligten,
- Festhalten verbindlicher Vereinbarungen,

- Grundlage für spätere *Arbeitspakete*,
- Ausgangspunkt für Änderungen und Erweiterungen,
- Darstellung von Ergebnissen,
- Vorlage für spätere, ähnliche *Projekte* (insbes. Aufwandschätzungen).

Je nachdem, wann die *Projektdokumentation* erfolgt, können wir unterscheiden zwischen *Projektplanungs-*, *Projektbegleitungs-* und *Projektabschlußdokumentation* (s. Abb. 2-2). In den folgenden Kapiteln, die sich auf die Projektphasen beziehen, werden die Dokumente und Dokumentationen erläutert.

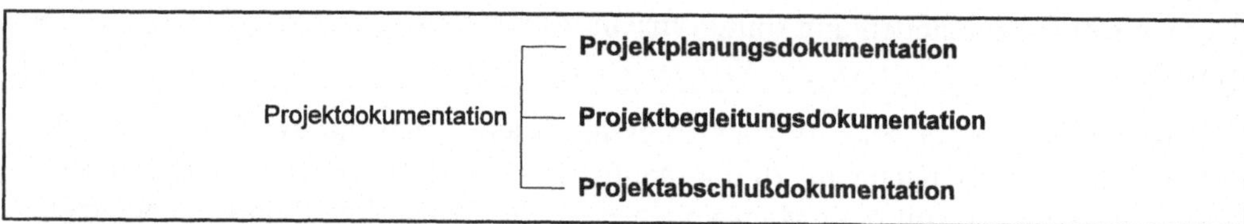

Abbildung 2-2: Aufbau der Projektdokumentation.

Bei größeren *Projekten*, d. h. Projekte, an denen mehrere Mitarbeiter beteiligt sind und die über einen längeren Zeitraum (mehrere Monate) laufen, empfiehlt es sich, ein *Projektsekretariat* einzurichten, das von einem oder mehreren Mitarbeitern besetzt wird. Die Aufgabe des Projektsekretariats ist es u. a., die *Projektdokumentation* zu verwalten, d. h. die Dokumente zu sammeln und zu archivieren, Dokumente gemäß dem Zeitplan anzufordern, den Zugriff auf Dokumente zu kontrollieren und die Einhaltung der Dokumentationsrichtlinien zu überprüfen. Das bedeutet aber nicht, daß Mitarbeiter komplett für das Führen der Projektdokumentation abgestellt werden müssen! Bei kleineren Projekten können diese Arbeiten meist parallel zu den inhaltlichen Tätigkeiten durchgeführt werden. Oder das Projektsekretariat kann von der Projektleitung mit übernommen werden.

2.6 Beispiel

Die *Medizinische Hochschule Plötzberg* (MHP) ist seit 1953 in Betrieb. Sie besteht aus 12 Kliniken mit Stationen, Ambulanzen und Funktionsbereichen für Diagnostik und Therapie, sechs Instituten, darunter dem Institut für Medizinische Informatik mit dem Rechenzentrum, und der Verwaltung mit den Abteilungen Allgemeine Verwaltung und Personal, Finanz- und Rechnungswesen, Technik, Wirtschafts- und Beschaffungswesen. Dazu kommen als zentrale Einrichtungen die Apotheke und die Blutbank. Die MHP hat ca. 5.000 Mitarbeiter und rund 1.500 Betten.

Das *Informationssystem* der MHP, d. h. ihr Krankenhausinformationssystem oder kurz KIS genannt, hat seit Bestehen der Hochschule stark an Umfang und Komplexität zugenommen. So wird heute ein großer Teil der *Verfahren* mit Hilfe von rechnerbasierten *Werkzeugen* durchgeführt. Insbesondere alle Abteilungen der Verwaltung sowie die größeren Funktionsbereiche verfügen über rechnerbasierte *Anwendungssysteme* zur Realisierung der dort angesiedelten Verfahren. Alle Stationen aller Kliniken haben ein rechnerbasiertes Anwendungssystem zur Unterstützung des Verfahrens Arztbriefschreibung einschließlich der Diagnosen- und Therapiedokumentation, z. B. DS-CHIR in der Chirurgischen Klinik. Einige dieser Anwendungssysteme sind erweitert um Funktionen für die Befundpräsentation Alle diese Anwendungssysteme sind auf einem zentralen KLINIKSERVER eingerichtet. Für die Material- und Medikamentenanforderung gibt es pro Station ein Anwendungssystem auf einem Stationsarbeitsplatzrechner, der über das Kommunikationsnetz mit dem KLINIKSERVER verbunden ist. Außerdem gibt es an allen Arbeitsplätzen, soweit Bedarf besteht, sogenannte *Standardsoftwareprodukte*, z. B. für die Textverarbeitung, Tabellenkalkulation, Graphikerstellung und den Zugang zum Internet.

2.7 Übungen

Übung 1: Was ist ein *System*? Nennen Sie die Elemente und Beziehungen zwischen den Elementen beim Nervensystem und beim Abrechnungssystem eines Unternehmens.

Übung 2: Kann man ein *Informationssystem* im Sinne der Definition dieses Buches kaufen? Kann man es programmieren?

Übung 3: Warum ist es bei dem *Management von Informationssystemen* notwendig, auch die nicht rechnerunterstützte Informationsverarbeitung zu berücksichtigen?

Übung 4: Nennen Sie zwei *Modelle*, die eine Stadt repräsentieren. Welches Ziel verfolgen Sie jeweils mit dem Modell?

Übung 5: Überlegen Sie, welche *Projekte* Sie in Ihrem Alltag schon durchgeführt haben.

3 Management von Informationssystemen

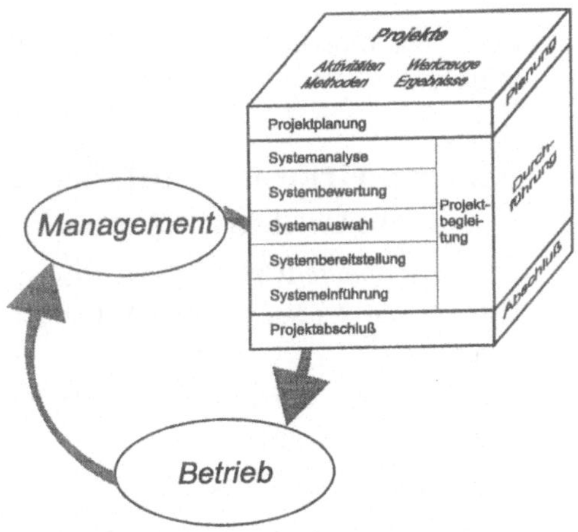

Wozu dient dieses Kapitel?
Dieses Buch behandelt das *Management von Informationssystemen* als zentrales Thema, genauer gesagt, das *taktische Management* (s. unten). In diesem Kapitel wollen wir unser Verständnis von dem Management von Informationssystemen darlegen. Es gibt auch andere Managementkonzepte. Wir weisen darauf im Literaturverzeichnis hin.

Was sollen Sie lernen?
Dieses Kapitel soll Ihnen vermitteln, welche Einwirkungen es auf das *Management von Informationssystemen* geben kann und welche Aufgaben das Management zu erfüllen hat. Die Aufgaben des *taktischen Managements* können anhand eines *Phasenmodells für Projekte* bearbeitet werden.

3.1 Definition

Im letzten Kapitel haben wir Ihnen die aus unserer Sicht wichtigsten Begriffe im Zusammenhang mit *Informationssystemen* vorgestellt und definiert. Nun geht es um das *Management von Informationssystemen.*

Management von Informationssystemen bedeutet, *Informationssysteme* zu planen, auf der Grundlage dieser Planungen den Aufbau und die Weiterentwicklung ihrer Architektur und ihren Betrieb zu steuern und die Einhaltung der Planvorgaben und den Betrieb zu überwachen. Die Steuerung von Informationssystemen erfolgt i. d. R. in Form von *Projekten.*

Der Aufbau eines *Informationssystems* (so wie wir es hier eingeführt haben - bitte vergegenwärtigen Sie sich nochmals die Definition) fängt frühestens mit dem Beginn der Planung eines Unternehmens an und ist mit dem Beginn des Betriebs abgeschlossen. Mit dem Betrieb des Informationssystems folgen für das *Manage-*

ment von Informationssystemen die Aufgaben der Überwachung und Weiterentwicklung.

3.2 Einwirkungen auf das Management von Informationssystemen

Das *Management von Informationssystemen* wird beeinflußt durch Faktoren 'von außen', wirkt aber auch selbst 'nach außen' auf Personengruppen und Institutionen ein.

Einwirkungen auf das *Management von Informationssystemen* können beispielsweise erfolgen durch:

- Vorgaben der Unternehmensleitung oder der Vertragspartner,
- Anforderungen der im Unternehmen tätigen Personengruppen,
- Gesetze und Verordnungen und
- allgemeine Fortschritte bei *Informationssystemen.*

Diese Einwirkungen haben i. d. R. zur Folge, daß das *Informationssystem* angepaßt werden muß.

Einwirkungen durch das *Management von Informationssystemen* können z. B. erfolgen auf:

- die Unternehmensleitung, die Vertragspartner,
- die im Unternehmen tätigen Personengruppen und
- allgemeine Fortschritte bei *Informationssystemen.*

Diese Einwirkungen erfolgen besonders dadurch, daß über Möglichkeiten und Grenzen von *Informationssystemen* informiert wird. Häufig bedingen durch das *Management von Informationssystemen* identifizierte Schwachstellen bei der Informationsverarbeitung auch einen Handlungsbedarf bei der Reorganisation des Unternehmens. Nicht zuletzt kann so der Gesetzgeber zu Änderungen oder Ergänzungen von Gesetzen und Verordnungen motiviert werden. Wenn beispielsweise in einem Krankenhaus ein *Anwendungssystem* zur rechnerunterstützten Anforderung von Medikamenten eingeführt werden soll, das statt der vorher üblichen Unterschrift des Bestellers auf einem (Papier-) Rezept mit einer 'digitalen Unterschrift' arbeitet, muß gesetzlich geregelt werden, unter welchen Voraussetzungen derartige Unterschriften die gleiche Gültigkeit haben wie konventionelle.

Auch für den Betrieb eines *Informationssystems* gilt, daß Einflüsse 'von außen' bzw. 'nach außen' vorliegen können. Da wir uns in diesem Buch aber schwerpunktmäßig mit dem *Management von Informationssystemen* beschäftigen, werden wir nicht auf diese Einflüsse eingehen.

3.3 Aufgaben für das Management von Informationssystemen

Aufgaben für das *Management von Informationssystemen* unterteilen sich in Aufgaben

- für das *strategische Management* von *Informationssystemen* und
- für das *taktische Management* von Informationssystemen,

die i. d. R. jeweils in Form von *Projekten* durchgeführt werden.

Sowohl für das *strategische* wie auch für das *taktische Management* unterteilen sich die Aufgaben in

- Planung,
- Steuerung und
- Überwachung.

Strategisches Management von Informationssystemen

Im Vordergrund steht bei dem *strategischen Management von Informationssystemen das Informationssystem* als Ganzes oder in wesentlichen Teilen und seine grundsätzliche zukünftige Entwicklung.

Die Planung von *Informationssystemen* im Rahmen des *strategischen Managements* bezeichnet man als *Rahmenplanung von Informationssystemen.* Sie gibt, i. d. R. für einen vorgegebenen Zeitraum, allgemeine Leitlinien für den Aufbau bzw. die Weiterentwicklung von Informationssystemen als Ganzes oder wesentlicher Teile vor. Das Ergebnis der Rahmenplanung ist ein Rahmenplan oder ein Rahmenkonzept; teilweise wird auch von einem Gesamtkonzept gesprochen. Ein solches Rahmenkonzept enthält beispielsweise die Beschreibung des Ist-Zustands (Organisation des Unternehmens und Informationssystem), die Beschreibung des Soll-Zustands und eine grobe Darstellung, wie man vom Ist zum Soll kommen möchte. Das Rahmenkonzept ist regelmäßig fortzuschreiben (z. B. im Abstand von einigen Jahren). Die Erstellung solcher Rahmenkonzepte erfolgt in einem (zeitlich befristeten) *Projekt.*

Im Rahmen des *strategischen Managements* ist es das Ziel der Steuerung, die Vorgaben des Rahmenkonzepts des *Informationssystems* in die Realität umzusetzen und das Informationssystem dadurch zu befähigen, die im Rahmenkonzept vorgegebenen Aufgaben erledigen und die dort enthaltenen Ziele erreichen zu können. Die Architektur des Informationssystems ist somit ein Ergebnis der Durchführung der strategischen Aufgaben. Die Steuerung ist eine ständige Aufgabe des strategischen Managements und erfolgt i. d. R. durch die Initiierung von *Projekten,* die sich mit dem Aufbau oder der Weiterentwicklung einzelner *Komponenten des Informationssystems* befassen. Beispielsweise soll in einem Krankenhaus - so im Rahmenkonzept festgelegt - in den nächsten 2 Jahren nach Abschluß der Rahmenplanung das Patientenverwaltungssystem abgelöst werden. Projekte dieser Art fallen dann jedoch in den Bereich des *taktischen Managements.*

Überwachung bedeutet im Rahmen des *strategischen Managements* von *Informationssystemen* die laufende Überprüfung, ob das Informationssystem entsprechend dem Rahmenkonzept strukturiert ist und die zugewiesenen Aufgaben erfüllt. Die Ergebnisse der Überwachung können in Rückwirkung auf die Steuerung zur Initiierung weiterer Projekte des *taktischen Managements* oder in Rückwirkung auf die Planung zur Korrektur des Rahmenkonzepts, d. h. zu Aktivitäten des strategischen Managements führen. Auch die Überwachung ist eine ständige Aufgabe des strategischen Managements.

Taktisches Management von Informationssystemen

Die Aufgaben der Planung im Rahmen des *taktischen Managements* von *Informationssystemen* beziehen sich im wesentlichen auf die Vorbereitung und Planung der *Projekte*, die aufgrund der Überwachungstätigkeiten auf der strategischen Ebene als erforderlich erkannt worden sind. Im Vordergrund steht hier i. d. R. ein bestimmtes *informationsverarbeitendes Verfahren. Projekte* für das taktische Management von Informationssystemen enthalten Phasen zur

- Analyse,
- Bewertung,
- Auswahl,
- Bereitstellung und
- Einführung

von *Informationssystemkomponenten.*

Die generelle Zielsetzung solcher *Projekte* ist letztendlich die Einführung neuer oder die Änderung bestehender *Informationssystemkomponenten*, z.B. im Hinblick auf eingesetzte *Werkzeuge* bestehender *informationsverarbeitender Verfahren.* Dies gilt selbst dann, wenn Projekte sich nahezu ausschließlich auf die Auswahl und/oder Einführung eines *Anwendungssoftwareprodukts* beschränken (und dadurch die Gefahr besteht, daß der Blick für die zu unterstützenden Verfahren verloren geht). Im Beispiel vorher wurde bei der Steuerung im Rahmen des *strategischen Managements* ein Projekt für die Einführung eines neuen Patientenverwaltungssystems initiiert; im Rahmen des *taktischen Managements* ist das Projekt nun mit der Pflichtenhefterstellung, der Auswahl, der Beschaffung und der Einführung detailliert zu planen.

Im Rahmen des *taktischen Managements* erfolgt der steuernde Eingriff in das jeweilige *Informationssystem* durch die Durchführung der geplanten *Projekte.*

Überwachung bedeutet im Rahmen des *taktischen Managements* von *Informationssystemen* die laufende Überprüfung des fehlerfreien Betriebs einzelner, im Informationssystem vorhandener *informationsverarbeitender Verfahren* nach ihrer Einführung. Die Ergebnisse der Überwachung wirken zurück auf die Ebene des *strategischen Managements* und erfordern dort ggf. die Initiierung weiterer *Projekte.*

Die Beziehungen zwischen *strategischem* und *taktischem Management* werden in Abbildung 3-1 dargestellt.

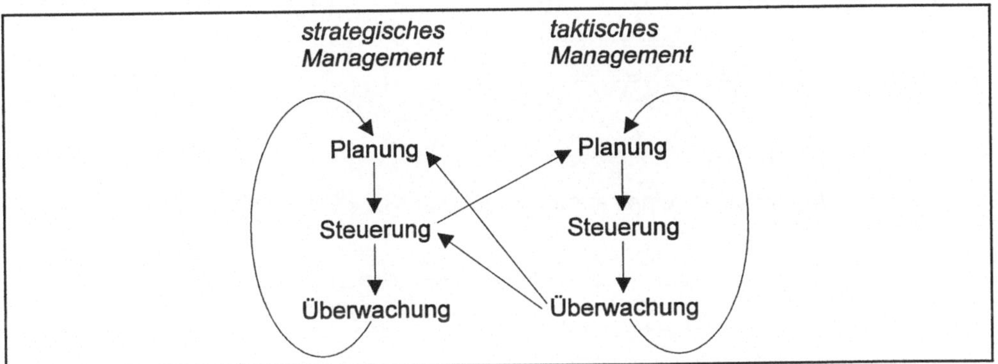

Abbildung 3-1: Zusammenhänge zwischen strategischem und taktischem Management.

Management und Betrieb von Informationssystemen

Die Betreuung der *informationsverarbeitenden Verfahren* und *Werkzeuge* gehört nicht mehr zum *Management von Informationssystemen*, sondern wird als ständige Aufgabe ihrem Betrieb zugeordnet.

Der zeitliche Bezug von Management und Betrieb eines *Informationssystems* ist in Abbildung 3-2 dargestellt.

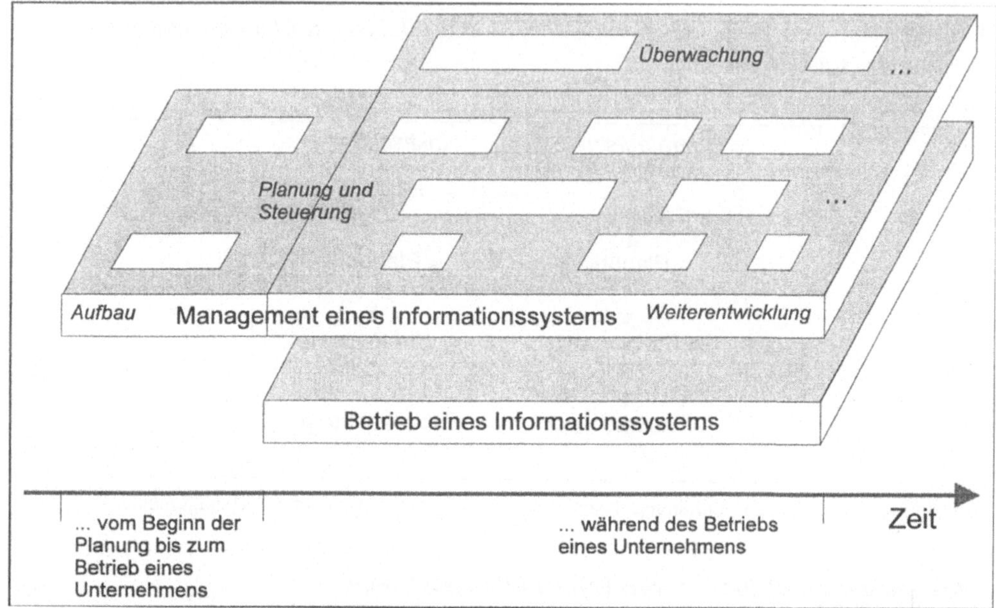

Abbildung 3-2: Zeitlicher Bezug von Management und Betrieb eines Informationssystems, unter Hervorhebung von Projekten für das Management (weiße Rechtecke).

Im vorliegenden Buch beschränken wir uns auf das *taktische Management* von *Informationssystemen.* Sinnvollerweise sollte ein entsprechender Rahmenplan existieren bzw. vorher erstellt werden, in den das taktische Management eingebettet ist.

Personen für das Management von Informationssystemen

Der Verantwortliche für das *Management von Informationssystemen* wird im englischen Sprachraum als 'Chief Information Officer' bezeichnet. Er berichtet direkt der Unternehmensleitung. Diese Person kann übersetzt als Direktor des Geschäftsbereichs Informationsverarbeitung bezeichnet werden. In einem Krankenhaus kann dies der Direktor eines Instituts für Medizinische Informatik oder auch eines Klinischen Rechenzentrums sein.

Übersicht

In Abbildung 3-3 werden die wichtigsten Aussagen zum Management und Betrieb eines *Informationssystems* dargestellt.

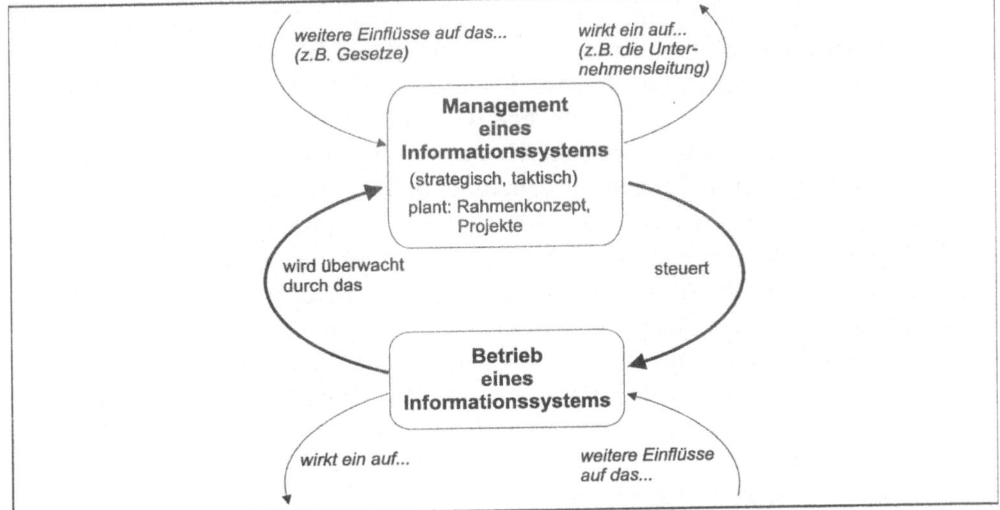

Abbildung 3-3: Management von Informationssystemen - Aufgaben und Einflüsse.

Übrigens: Das Schema in Abbildung 3-3 dürfte Ihnen bereits, in vereinfachter Darstellung, vom Titelbild her bekannt sein. Der würfelförmige Teil der Titelgraphik ist an dieser Stelle noch unverständlich; die Erklärung dafür erhalten Sie im folgenden Unterkapitel.

3.4 Ein Phasenmodell für Projekte für das Management von Informationssystemen

Zur Vorgehensweise bei der Planung, Durchführung und dem Abschluß von *Projekten* für das *Management von Informationssystemen* legen wir ein *Phasenmodell für Projekte* zugrunde (s. Abbildung 3-4). Die einzelnen Phasen spiegeln sich wider in der Gliederung dieses Buches.

Planung	Projektplanung	
Durchführung	Systemanalyse	Projektbegleitung
	Systembewertung	
	Systemauswahl	
	Systembereitstellung	
	Systemeinführung	
Abschluß	Projektabschluß	

Abbildung 3-4: Phasenmodell für das Management von Informationssystemen.

Nicht jedes *Projekt* durchläuft jede Phase. Umgekehrt müssen Phasen innerhalb eines Projektes ggf. wiederholt werden, z. B. wenn nach Einführung einer *Informationssystemkomponente* die Situation danach analysiert und bewertet werden soll (Vorher-/Nachher-Vergleich). Ob und wie umfangreich die jeweiligen Phasen durchlaufen werden, hängt von dem *Vorgehensplan* und insbesondere von der Frage- bzw. Aufgabenstellung des Projektes ab (s. Kapitel 4).

In diesem Buch wollen wir nun für jede Projektphase typische Aktivitäten, *Methoden*, *Werkzeuge* und Ergebnisse vorstellen. Unter typischen Aktivitäten verstehen wir die Tätigkeiten, die üblicherweise durchgeführt werden, um die Zielsetzung und die Frage- bzw. Aufgabenstellung, die in einer Phase verfolgt werden, zu erreichen. Methoden sind planmäßige Vorgehensweisen zur Erreichung eines bestimmten Ziels. Eine Methode besteht aus einer festgelegten und dokumentierten Vorgehensbeschreibung, die immer wieder verwendet werden kann. Werkzeuge sind, neben Gegenständen, die für die Durchführung einer Tätigkeit verwendet werden, auch beispielsweise *Anwendungssoftwareprodukte*. Unter rechnerbasierten Werkzeugen verstehen wir in diesem Zusammenhang *Rechnersysteme* und die darauf installierten *Anwendungssysteme*, kurz Hardware und Software. Diese Werkzeuge zur Unterstützung der einzelnen Phasen, z. B. Anwendungssoftwareprodukte für die Textverarbeitung, werden in diesem Buch nicht detailliert behandelt, sondern nur generell beschrieben. Sie sollten individuell nach den Vorgaben und Rahmenbedingungen des *Projektes* ausgewählt und angewendet werden. Jede Phase bringt Ergebnisse hervor. Diese Ergebnisse können Dokumente sein, z. B. der *Vorgehensplan* in der Phase Projektplanung, aber auch Ergebnisse anderer Art, z. B. liegt nach der Phase Systemeinführung ein Anwendungssystem im Betrieb vor.

Schauen Sie sich jetzt noch einmal das Titelbild an: Verstehen Sie nun den Aufbau und die Bezeichnungen auf dem Würfel? Zur besseren Orientierung werden wir jedem Kapitel - und haben das in diesem Kapitel bereits getan - die Graphik voranstellen und dabei die Phase grau unterlegen, mit der wir uns im zugehörigen Kapitel beschäftigen.

3.5 Beispiel

Der für das Management des Krankenhausinformationssystems der *Medizinischen Hochschule Plötzberg* (MHP) erarbeitete Rahmenplan wurde von dem Institut für Medizinische Informatik vor zwei Jahren aktualisiert und durch den Vorstand der MHP verabschiedet.

Er beinhaltet die Beschreibung des (damaligen) Ist-Zustands, der Schwachstellen und des *Soll-Zustands*, der innerhalb von fünf Jahren erreicht werden soll. Als Schwachstellen wurden u. a. die folgenden identifiziert:

- Patienten haben oft lange Wartezeiten, z. B. in den Ambulanzen und bei klinikinternen Transporten.
- Auf einigen Stationen können Laborbefunde rechnerunterstützt empfangen und präsentiert werden. Es ist aber noch unklar, ob die Befunde dadurch rechtzeitiger vorliegen und sicherer ankommen als auf Stationen, die Befunde noch konventionell empfangen.
- Trotz weitgehender Rechnerunterstützung sind einige wichtige *Bereiche* nicht ausreichend versorgt. Insbesondere die patientenbezogene Leistungsanforderung und die Speisenanforderung werden nicht im erforderlichen Maße unterstützt.
- Das Ambulanzmanagement wird nur unzureichend unterstützt.

Im Soll-Konzept werden zur Behebung dieser Schwachstellen folgende Maßnahmen vorgesehen:

- Die Patientenwartezeiten in den Ambulanzen und bei klinikinternen Transporten sollen untersucht und durch geeignete Maßnahmen reduziert werden.
- Es soll untersucht werden, ob die rechnerunterstützte Befundübermittlung dazu geführt hat, daß Befunde rechtzeitiger vorliegen und sicherer ankommen.
- Für den stationären *Bereich* sollen eine patientenbezogene Leistungsanforderung und eine patientenbezogene Speisenanforderung rechnerunterstützt realisiert werden.
- Alle Ambulanzen sollen einheitliche *Anwendungssysteme* für die Verwaltung der Ambulanz einschließlich Terminierung und Terminrückmeldung erhalten.

Mit der Umsetzung dieser Maßnahmen wurde bereits begonnen; es sind jedoch noch nicht alle Schwachstellen beseitigt.

Für dieses Buch wollen wir zwei *Projekte* beispielhaft herausgreifen. Diese Projekte wurden von unterschiedlichen *Projektauftraggebern* bei dem Institut für Medizinische Informatik in Auftrag gegeben. Wir werden nun die Projektleiter bei der Planung, Durchführung und dem Abschluß ihrer Projekte begleiten.

Das erste *Projekt* beschäftigt sich mit der Bewertung der rechnerunterstützten Befundübermittlung (im folgenden: Projekt 'Befundübermittlung'). Nach Einführung des neuen *Verfahrens* auf einigen Stationen der Chirurgischen Klinik hat der Chefarzt, Herr Prof. Dr. H., den Eindruck, daß Befunde bei der anfordernden Stelle nun rechtzeitiger vorliegen und gleichzeitig weniger Befunde nicht oder zu spät ankommen, die Befundübermittlung also sicherer geworden ist. Der Chefarzt der Medizinischen Klinik, Herr Prof. Dr. K., ist nicht ganz überzeugt davon und meint, daß der Einsatz eines zusätzlichen Boten für den Transport der Befunde auf konventionellem Weg dieselben Ergebnisse bringen kann. Beide bitten den Direktor des Instituts für Medizinische Informatik, Herrn Prof. Dr. X., zu untersuchen, ob die Einführung der rechnerunterstützten Befundübermittlung und der Einsatz eines zusätzlichen Boten in bezug auf Rechtzeitigkeit und Sicherheit ähnliche Ergebnisse bringen bzw. welches Verfahren besser abschneidet. Auf Aspekte wie Arbeitsaufwand auf Station, Kosten etc. soll nicht eingegangen werden. Prof. Dr. X. bittet Frau H., die Projektleitung zu übernehmen. Sie wird unterstützt von den studentischen Hilfskräften Frau M. und Herr W. Das Projekt umfaßt die Phasen Projektplanung, Projektbegleitung, Systemanalyse, Systembewertung und Projektabschluß. Im Projekt soll auf je einer Station der Chirurgischen und der Medizinischen Klinik der MHP - die bisher das rechnerbasierte Anwendungssystem nicht verwenden - eine Untersuchung auf Rechtzeitigkeit und Sicherheit der Befundvorlage vor und nach Einführung des rechnerbasierten Anwendungssystems bzw. Einsatz des zusätzlichen Boten durchgeführt werden. Die Ergebnisse sollen dann verglichen werden.

In einem weiteren *Projekt* soll ein *Anwendungssoftwareprodukt* ausgewählt und eingeführt werden, das die Speisenanforderung von Station patientenbezogen ermöglicht (im folgenden: Projekt 'Speisenanforderung'). *Projektauftraggeber* sind hierbei der Direktor des Instituts für Medizinische Informatik, Herr Prof. Dr. X., sowie die Pflegedirektorin, Frau W. Die Projektleitung wird Herrn S. aus dem Institut übertragen, seine Mitarbeiter sind Herr B. und Frau G. Dieses Projekt verläuft über die Phasen Projektplanung, Projektbegleitung, Systemauswahl, Systembereitstellung, Systemeinführung und Projektabschluß. Nach einem Routinebetrieb über ca. sechs Monate ist ein Vorher-Nachher-Vergleich geplant, der aber Inhalt eines neuen Projekts sein wird.

3.6 Übungen

Übung 1: In der Regelungstechnik werden geregelte *Systeme* beschrieben. Hierbei wird eine Terminologie verwendet, welche sich auf das *Management von Informationssystemen* übertragen läßt. Versuchen Sie, die Begriffe aus Liste 1 (Bezeichnungen aus dem Management von Informationssystemen) den synonymen Begriffen aus Liste 2 (Bezeichnungen aus der Regelungstechnik) zuzuordnen. Beide Listen finden Sie neben Abbildung 3-5, die Ihnen ein typisches *Modell* für einen Regelungskreis zeigt, um Ihnen bei der Lösung der Aufgabe zu helfen.

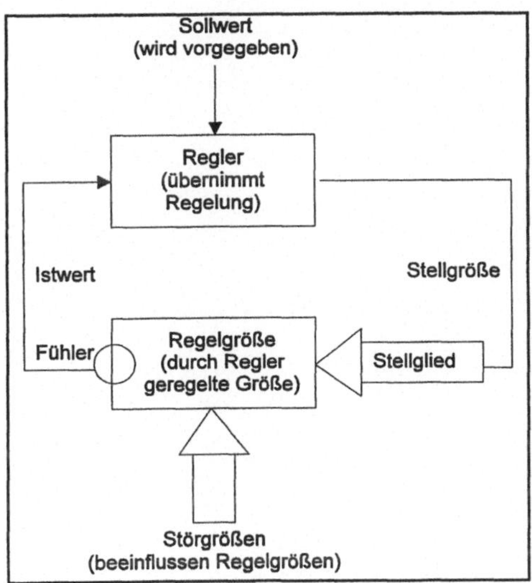

Abbildung 3-5: Modell Regelungskreis.

Liste 1:
Planung, Management, Steuerung, Betrieb, Überwachung, sonstige Einflüsse (auf das Informationssystem).

Liste 2:
Istwert mit Fühler messen, Regelung, Vorgabe Sollwert, Einfluß von Störgrößen auf geregelte Größe, Stellgröße in Stellglied einstellen, geregelte Größe (Regelgröße).

Übung 2: Finden Sie Beispiele für 'Störgrößen' bei *Informationssystemen.*

Übung 3: Sollten das *strategische* und das *taktische Management* eher in derselben oder in unterschiedlichen Abteilungen eines Unternehmens durchgeführt werden? Warum?

Übung 4: Welche Phasen werden durchlaufen in einem *Projekt* „Beschaffung eines neuen Telefons"? Welche *Werkzeuge* verwenden Sie in diesem Projekt, welche Ergebnisse gibt es zu jeder Phase?

Übung 5: Erklären Sie jemandem, der dieses Buch (noch) nicht gelesen hat, den Aufbau der Titelgraphik.

4 Projektplanung

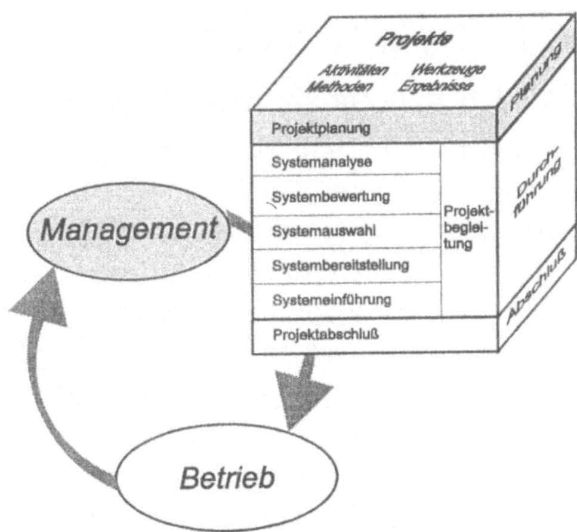

4.1 Einleitung

Wozu Projektplanung, was ist das Ziel?

Projekte für das *Management von Informationssystemen* müssen vor ihrer Durchführung sorgfältig geplant werden. Andernfalls besteht in deutlich höherem Maße das Risiko, daß die durchgeführten Arbeiten nicht die gewünschten Ergebnisse erzielen bzw. zusätzliche, an sich unnötige Folgearbeiten nach sich ziehen. Das wiederum hat i. d. R. zur Konsequenz, daß zugesagte Zeiten für Projektabschlüsse nicht eingehalten, sondern überschritten werden und daß höhere Aufwände entstehen.

Wann wird die Phase durchgeführt?

Die Projektplanung steht zu Beginn eines *Projekts*. Auf ihr aufbauend werden die weiteren Phasen durchgeführt.

Welche Ergebnisse liegen nach Abschluß dieser Phase vor?

Der Projektbeginn sowie als Dokumente die Bestätigung der Projektannahme, der (verabschiedete) *Vorgehensplan* und Dokumentationsrichtlinien.

Was sollen Sie lernen?

Nach der Lektüre dieses Kapitels sollen Sie wissen, was sich hinter einem *Projektauftrag* verbirgt, das *Vorgehen* bei einem Projekt planen und den *Vorgehensplan* so präsentieren können, daß er verabschiedet werden kann.

Dazu sollten Sie mit der *5-Stufen-Methode zur Vorgehensplanung* und mit der Erstellung und Analyse von *Netzplänen* vertraut sein sowie eine Vorstellung darüber haben, welche *Werkzeuge* und weiteren *Methoden* in dieser Phase zur Anwendung kommen können.

4.2 Typische Aktivitäten

4.2.1 Entgegennahme des Projektauftrags

Ein *Projekt* besteht vor seiner 'Geburt' zunächst aus einer Idee. Diese meist noch vage Vorstellung muß konkretisiert werden, damit sie in Form eines Projekts durchgeführt werden kann. Der Ideenträger formuliert dazu Ziele, die er erreichen möchte. Um schließlich ein Projekt zu initiieren, gibt es der *Projektauftraggeber* an einen Auftragnehmer, der mit der Durchführung betraut werden soll. Dies kann ein *Bereich* im selben Unternehmen oder auch ein anderes Unternehmen sein.

Der *Projektauftrag* sollte in schriftlicher Form vorliegen, unabhängig davon, ob das *Projekt* von *Bereichen* innerhalb des Unternehmens oder von einem externen Kunden veranlaßt wird. Die wichtigsten Inhalte des Projektauftrags sind

- Name und Adresse bzw. Abteilung des Auftraggebers,
- Bezeichnung des *Projekts*,
- (grobe) Zielbeschreibung für das Projekt,
- Terminvorstellungen, insbesondere über Beginn und Ende des Projekts,
- Angaben zum Budget und zur Art der Mittelfreigabe,
- ggf. Rahmenbedingungen, z. B. Richtlinien, Bezug zu anderen Projekten,
- und ggf. bereits eine detaillierte Beschreibung des Projekts.

Insbesondere bei internen *Projekten* enthält der *Projektauftrag* zumeist nur eine Teilmenge dieser Angaben. Die fehlenden werden dann im Laufe der Vorgehensplanung erarbeitet bzw. angegeben. Die Angaben zu den verfügbaren finanziellen Mitteln und der Art der Mittelfreigabe, z. B. ob alle Mittel gleich zu Projektbeginn oder sukzessive im Verlauf des Projekts freigegeben werden, sind eine wichtige Grundlage für die Entscheidung der Annahme oder Ablehnung eines Projekts. Eine ausführliche Beschreibung des Projekts kann, muß aber im Projektauftrag nicht enthalten sein. Der *Vorgehensplan*, durch den ein Projekt definiert wird, entsteht i. d. R. nach Annahme des *Projektauftrags* durch den Projektdurchführenden in Zusammenarbeit mit dem Auftraggeber (s. Abschnitt 4.2.2).

Wenn die durchführende Stelle das *Projekt* akzeptiert, erhält der Auftraggeber ein Antwortschreiben mit der Zusage. Damit beginnt das Projekt. Der *Projektauftrag* und die Kopie des Antwortschreibens sind die ersten Dokumente der *Projektdokumentation*. Um Unstimmigkeiten zu diskutieren bzw. das weitere Vorgehen abzusprechen, legt der Projektdurchführende mit dem Auftraggeber einen gemeinsamen Besprechungstermin fest.

4.2.2 Vorgehensplanung

Zur Definition des *Projekts* wird ein schriftlicher *Vorgehensplan* erstellt. Der Vorgehensplan ist das wichtigste Dokument der *Projektdokumentation* in der Phase

Projektplanung. Basierend auf dem *Projektauftrag* wird in Zusammenarbeit mit dem Auftraggeber, ggf. unter Einbeziehung betroffener Personengruppen, aus den eher groben Zielvorstellungen das konkrete Vorgehen geplant. Hilfreich ist dabei, wenn sich der Projektdurchführende zuvor vor Ort vertraut macht mit den Gegebenheiten und Problemen, die im zu untersuchenden Bereich vorherrschen. Die Vorgehensplanung bezieht sich auf das WAS, WARUM, WOZU, WANN und WER. Abhängig von den Gepflogenheiten des Unternehmens bzw. der Struktur des Projekts, wird außerdem mehr oder weniger ausführlich festgelegt, WIE das Projekt durchgeführt werden soll.

Zur Beantwortung der Fragen nach dem WAS, WARUM und WOZU werden organisatorische Voraussetzungen, Gegenstand und Motivation für das *Projekt*, die Problemstellung, die Zielsetzung und die genaue Frage- bzw. Aufgabenstellung beschrieben. Das WIE der Projektdurchführung wird mit voraussichtlich anfallenden Aktivitäten, die in *Arbeitspaketen* zusammengefaßt werden, definiert. WANN diese Arbeitspakete abgearbeitet werden sollen, in welcher Reihenfolge, mit welcher Dauer, mit welchem finanziellen, personellen und sonstigen Aufwand, wird als *Netzplan* ebenfalls im *Vorgehensplan* festgehalten. Schließlich wird geklärt, WER an dem Projekt mitarbeiten soll, insbesondere werden der Projektleiter bzw. der Lenkungsausschuß bestellt und die Arbeitspakete den Projektmitarbeitern zugewiesen.

Der *Vorgehensplan* enthält u. U. auch schon konkretere Vorgaben, z. B. können bereits *Bewertungskriterien* für das zu analysierende *System* angegeben werden, oder es kann hier schon festgelegt werden, welche Systeme für eine Systemauswahl in Frage kommen. Da diese Angaben aber eher typisch sind für die entsprechenden Phasen, werden sie dort ausführlich behandelt, wobei immer im Auge behalten werden soll, daß sie bereits im Vorgehensplan enthalten sein können.

Eine *Methode zur Vorgehensplanung* stellen wir in Abschnitt 4.3.1 vor. In Abschnitt 4.3.2 finden Sie eine Methode für die Erstellung und Analyse von *Netzplänen*.

4.2.3 Verabschieden des Vorgehensplans

Nach Fertigstellung eines Entwurfs des *Vorgehensplans* sollte er dem *Projektauftraggeber* zur Verabschiedung vorgelegt werden. Wünscht der Auftraggeber Änderungen in dem Vorgehensplan, so muß die Projektleitung diese entsprechend einarbeiten; anderenfalls ist zu begründen, warum dies nicht möglich oder sinnvoll ist. Ist der Auftraggeber mit dem Vorgehensplan einverstanden, dann kann dieser verabschiedet werden. Das kann in schriftlicher Form erfolgen, indem der Projektauftraggeber den Vorgehensplan unterschreibt, oder im Rahmen einer mündlichen Absprache. Vorzuziehen ist die schriftliche Form. Dann ist eher gewährleistet, daß die Ausrichtung des *Projekts* nicht während der Durchführung geändert wird bzw. daß Änderungen ebenfalls schriftlich protokolliert werden müssen.

Besonders für die Phasen Systemanalyse, Systembewertung und Systemauswahl gilt: Das geplante *Projekt* muß anhand des *Vorgehensplans* - zumindest prinzipiell - auch für andere Personen nachvollziehbar sein. Ist dies nicht der Fall, besteht die Gefahr, daß die Projektergebnisse wertlos sind, da eine Überprüfung nicht möglich ist.

4.2.4 Berichterstattung

Die *Projektdokumentation* (s. Unterkapitel 2.5) beginnt mit der *Projektplanungsdokumentation.* Sie setzt sich zusammen aus den Dokumenten, die in den vorhergehenden Abschnitten erwähnt wurden: dem *Projektauftrag*, dem Schreiben mit der Annahme des Projektauftrags und dem *Vorgehensplan* (vgl. Abb. 4-1).

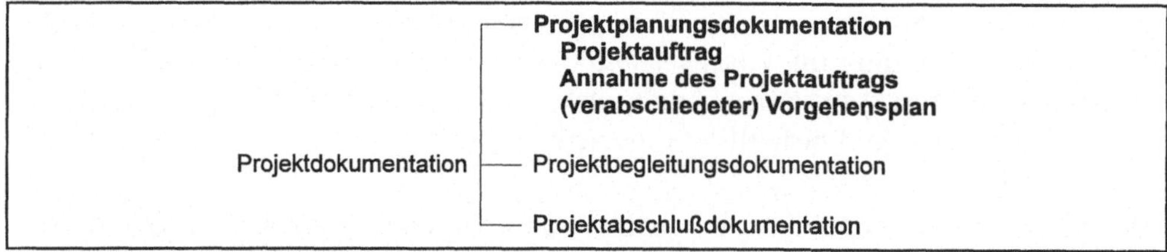

Abbildung 4-1: Einordnung der Projektplanungsdokumentation.

Es ist sinnvoll, Richtlinien für die Dokumentation festzulegen, die beispielsweise einheitliche Formate für einzelne Dokumente (z. B. Kopfzeile, Aufbau) und die gesamte Dokumentation (z. B. Gliederung) enthalten. Diese Dokumentationsrichtlinien sind verbindlich für die gesamte *Projektdokumentation.* Die Projektdokumentation sollte an einer zentralen Stelle aufbewahrt werden, ggf. mit Verweisen auf Dokumente, die sich an anderen Orten befinden.

4.3 Methoden

Für die Entgegennahme des *Projektauftrags*, die Berichterstattung und die Verabschiedung des *Vorgehensplans* werden einfache Methoden angewendet. Auf diese werden wir nicht näher eingehen.

Für die Vorgehensplanung wollen wir hier eine *5-Stufen-Methode zur Vorgehensplanung* vorschlagen. Dabei müssen auch Aufwände geschätzt und in einen zeitlichen Zusammenhang gestellt werden. Dazu werden wir eine Methode für die Erstellung von *Netzplänen* vorstellen.

4.3.1 Eine 5-Stufen-Methode zur Vorgehensplanung

Ein *Projekt* kann nur sinnvoll geplant werden, wenn dabei zielgerichtet vorgegangen wird. Zielgerichtet bedeutet in diesem Zusammenhang, daß die Inhalte des *Vorgehensplans* aus der Zielsetzung, die mit dem Projekt erreicht werden soll, abgeleitet werden und daß im Projektverlauf kontinuierlich geprüft wird, ob diese Ziele noch erreichbar sind. Verfehlt eine Vorgehensplanung diese Zielsetzung, können Ergebnisse häufig nur eingeschränkt oder überhaupt nicht verwendet werden. Dies führt zu zusätzlichen Arbeiten, u. U. sogar zu einer erneuten Initiierung des gesamten Projekts und damit leicht zu höheren finanziellen und zeitlichen Aufwänden.

Mit der *5-Stufen-Methode zur Vorgehensplanung* können *Vorgehenspläne* erstellt werden, in denen folgende Aspekte enthalten sind:

1. der Gegenstand, um den es in dem *Projekt* gehen soll, und die Motivation, die ein solches Projekt notwendig erscheinen läßt,
2. die Problemstellung,
3. die Zielsetzung des Projekts,
4. die Frage- bzw. Aufgabenstellung,
5. die *Arbeitspakete* und *Prüfsteine*.

Zusätzlich können in einer Einleitung Aussagen über Randbedingungen gesetzlicher, organisatorischer, personeller und finanzieller Art sinnvoll sein.

In den folgenden Unterabschnitten stellen wir die einzelnen Stufen vor. Zur Veranschaulichung können Sie parallel dazu das Beispiel in Unterkapitel 4.6 verfolgen.

Einleitung

In einer Einleitung werden Aussagen getroffen über Randbedingungen gesetzlicher, organisatorischer, personeller und finanzieller Art. Gesetze und Verordnungen müssen erwähnt werden, wenn sie im Verlauf des *Projekts* berührt werden und ihre Einhaltung gewährleistet werden muß, z. B. Datenschutzgesetze. Organisatorische Aspekte können beispielsweise die Zuweisung bestimmter Arbeitsräume, Geräte und Arbeitszeiten zum zu planenden Projekt betreffen. In der Einleitung wird weiterhin festgehalten, aus welchen Personen das Projektteam gebildet wird, insbesondere, wer die Projektleitung erhält. Schließlich wird aufgeführt, wie die Finanzierung und Mittelfreigabe erfolgen sollen.

Gegenstand und Motivation

Auf der ersten Stufe der Vorgehensplanung gilt es, den Gegenstand des *Projekts* in knapper Form zu beschreiben, seine Bedeutung für das Umfeld, in dem das Projekt angesiedelt ist, herauszustellen, die Problematik, die zu diesem Projekt führen soll, festzuhalten, und die Motivation, daß es sich lohnt, ein Projekt durchzuführen, zu begründen. Zur Motivation gehört insbesondere der erwartete Nutzen. Diese Motivation läßt sich gut verwenden, um zu prüfen, ob die Kosten, die das Projekt verursacht, durch den erwarteten Nutzen gerechtfertigt sind.

Problemstellung

Aus der geschilderten Problematik wird nun in der zweiten Stufe das Problem bzw. werden die konkreten Probleme hergeleitet, die in der dargestellten Problematik enthalten sind und in diesem *Projekt* gelöst werden sollen. Häufig ist das nur eine Teilmenge der gesamten Problematik.

Je präziser Gegenstand, Bedeutung, Problematik und Motivation beschrieben wurden, desto einfacher lassen sich die Probleme identifizieren. Jedes Problem muß aus der vorher beschriebenen Problematik und Motivation heraus klar begründet sein.

Zielsetzung

Als dritte Stufe der zielgerichteten Vorgehensplanung wird aus jedem der in der zweiten Stufe formulierten Probleme mindestens ein Projektziel abgeleitet. Die Projektziele sollen nach ihrem Erreichen zur Lösung der jeweiligen Probleme führen.

Je präziser die Probleme beschrieben wurden, desto einfacher lassen sich anschließend die Ziele ableiten. Zunächst sollten die allgemeinen Ziele herausgearbeitet werden. Jedes Ziel muß aus mindestens einem der vorher beschriebenen Probleme heraus begründet sein. Dazu ist es zweckmäßig, den Zusammenhang entsprechend zu kennzeichnen.

Frage- bzw. Aufgabenstellung

In der vierten Stufe wird aus jedem in der dritten Stufe formulierten Ziel mindestens eine Frage bzw. Aufgabe abgeleitet, anhand deren Beantwortung bzw. Lösung das jeweilige Projektziel erreicht werden kann.

Diese Ziele dürfen während des gesamten *Projekts* nicht aus den Augen verloren werden. Je klarer die Ziele beschrieben wurden, desto einfacher läßt sich anschließend die Frage- bzw. Aufgabenstellung ableiten. Die Fragen bzw. Aufgaben sollten so detailliert sein, daß aussagekräftige Antworten bzw. klare Lösungen erhalten werden können und daß die in der nächsten Stufe zu erarbeitenden *Arbeitspakete* aufgestellt und kritisch geprüft werden können.

Jede Frage bzw. Aufgabe muß aus einem der vorher beschriebenen Ziele heraus begründet sein; dies ist entsprechend zu kennzeichnen. Ausnahmen dazu sind allerdings möglich. Dann muß gewährleistet sein, daß die Gesamtheit der zu den einzelnen Fragen bzw. Aufgaben erwarteten Antworten bzw. Lösungen für die Erfüllung der übergeordneten Ziele ausreichen.

Bei jeder Frage bzw. Aufgabe sollte auch festgehalten werden, über welches *Arbeitspaket* bzw. welche Arbeitspakete diese beantwortet bzw. gelöst werden soll. Die Zuordnung läßt sich natürlich erst treffen, nachdem die Arbeitspakete festgelegt wurden.

Arbeitspakete und Prüfsteine

Als fünfte Stufe der zielgerichteten Vorgehensplanung werden aus den in der vierten Stufe formulierten Fragen bzw. Aufgaben *Arbeitspakete* abgeleitet, anhand derer die Fragen bzw. Aufgaben beantwortet bzw. gelöst werden können. Außerdem können wichtige Projektzeitpunkte als *Prüfsteine* festgehalten werden.

Arbeitspakete beschreiben Aktivitäten zur Beantwortung von Fragen bzw. zur Lösung von Aufgaben. Sie bestehen i. d. R. aus:

- der Beschreibung des Arbeitsablaufs in Form von sequentiell zu bearbeitenden Aktivitäten, evtl. mit Einzelterminen,
- den zu verwendenden *Methoden*,
- den zu erstellenden Dokumenten und ggf. Organisationsmitteln,
- den zur Erledigung der Aktivitäten verfügbaren bzw. notwendigen *Ressourcen* (z. B. Personal, Werkzeuge, Etat),
- der Angabe, zu welchen anderen *Arbeitspaketen* Beziehungen bestehen, insbesondere,
  - welche Arbeitspakete vorher erledigt sein müssen, um dieses Arbeitspaket beginnen zu können,
  - ggf. welche Dokumente daraus benötigt werden, und
  - welche anderen Arbeitspakete die Ergebnisse dieses Arbeitspakets benötigen, um beginnen zu können,
- Beginn und Ende des *Arbeitspakets*, ggf. noch weiter differenziert nach frühestem, spätestem und vorgesehenem Zeitpunkt, Zeitdauer, Unterscheidung von Ergebnisvorlage- und Berichtsabgabezeitpunkt etc.,
- der Angabe, zu welcher Phase des *Phasenmodells* das *Arbeitspaket* gehört.

Prüfsteine kennzeichnen wichtige Zeitpunkte im Projektverlauf. Sie können dazu verwendet werden, den Projektverlauf zu überprüfen auf Einhaltung der Zielsetzung und der zeitlichen und sonstigen Vorgaben. I. d. R. gibt es zumindest zwei Prüfsteine in jedem *Vorgehensplan*: den Projektbeginn und das Projektende.

Die *Arbeitspakete* werden zusammen mit den *Prüfsteinen* in einem *Netzplan* zusammengestellt und im Hinblick auf die Reihenfolge ihres Ablaufs zueinander in Beziehung gesetzt. Um die notwendigen *Ressourcen* und die Dauer für die Durchführung des *Projekts* zu ermitteln, wird eine Aufwandschätzung vorgenommen.

Je präziser die Fragen bzw. Aufgaben beschrieben wurden, desto einfacher lassen sich anschließend die *Arbeitspakete* erstellen. Jedes Arbeitspaket muß aus mindestens einer der vorher beschriebenen Fragen und Aufgaben oder aus einem anderen Arbeitspaket heraus begründet sein.

Arbeitspakete sollten sinnvoll zusammengesetzt sein; beispielsweise sollten alle Aktivitäten von den angegebenen Personen oder mit denselben *Methoden* bearbeitet werden und in enger zeitlicher und/oder inhaltlicher Beziehung stehen. Aus diesem Grunde ist es oft sinnvoll, gemeinsame Aktivitäten für verschiedene Frage- bzw. Aufgabenstellungen in einem Arbeitspaket zusammenzufassen. Die Praktikabilität von Arbeitspaketen sollte ggf. anhand von Voruntersuchungen (Probeläufen) geprüft werden.

Bei umfangreicheren *Projekten* ist es evtl. notwendig, einen Teil der Fragen bzw. Aufgaben erst während des Projekts zu erarbeiten. Beispielsweise könnten in einem *Arbeitspaket* anhand der Ergebnisse eines vorherigen Arbeitspakets gezielt weitere Untersuchungen zu planen sein. Die Angaben zu diesen Fragen und Aufgaben bzw. zur Ableitung zusätzlicher Arbeitspakete gelten hier entsprechend.

In Abbildung 4-2 wird ein typischer Aufbau eines *Vorgehensplans* dargestellt.

Vorgehensplan zum Projekt ...	
Einleitung	**5 Arbeitspakete und Prüfsteine**
Randbedingungen: Gesetze und Verordnungen, organisatorische Aspekte; Projektteam; Finanzierung und Mittelfreigabe	5.1 Arbeitspakete
1 Gegenstand und Motivation	AP1: ...
1.1 Gegenstand und Bedeutung	Bezeichnung: ...
1.2 Problematik	Bezug zu Fragen F1.1.1, ...,
1.3 Motivation	Bezug zu Aufgaben A1.1.1, ...
2 Problemstellung	Ressourcen:
Problem P1: ...	Personal: ...
Problem P2: ...	Werkzeuge: ...
3 Zielsetzung	Sonstige: ...
Ziele zu Problem P1:	Kosten: ...
Z1.1: ...	Beginn: ...
Z1.2: ...	Ergebnisvorlage: ...
Ziele zu Problem P2:	Initialereignis: ...
Z2.1: ...	Phasenbezeichnung: ...
4 Frage- bzw. Aufgabenstellung	Aktivitäten: ...
Fragen zu Ziel Z1.1:	Methoden: ...
F1.1.1: ...	Ergebnisse: ...
(Arbeitspakete AP1, AP2, ...)	AP2: ...
Aufgaben zu Ziel Z1.1:	5.2 Prüfsteine
A1.1.1: ...	PS1: ...
(Arbeitspakete AP1, AP3, ...)	Bezeichnung: ...
	Bezug zu Arbeitspaketen AP1, ...
	5.3 Netzplan

Abbildung 4-2: Typischer Aufbau eines Vorgehensplans.

4.3.2 Netzpläne: Erstellung und Analyse

Definition

Ein *Netzplan* ist die graphische oder tabellarische Darstellung von Abläufen und deren Abhängigkeiten. (DIN69900)

Die Erstellung von Netzplänen umfaßt alle Verfahren zur Analyse, Beschreibung, Planung, Steuerung und Überwachung von Abläufen, wobei Zeit, Kosten, Ressourcen und weitere Einflußgrößen berücksichtigt werden können.

Netzpläne werden eingesetzt zur Planung, Koordinierung und Überwachung von *Projekten*, insbesondere wenn viele, teilweise parallele Tätigkeiten terminlich aufeinander abgestimmt werden müssen. Sie erlauben die anschauliche graphische Darstellung von komplexen zeitlichen Projektstrukturen. Der Netzplan in Form eines gerichteten Graphen kann in Balkendiagramme und Tabellen überführt werden.

Netzpläne basieren auf Ereignissen und Vorgängen zwischen Ereignissen innerhalb eines Projekts. Ein *Vorgang* ist eine Tätigkeit mit einem definierten Anfang und einem definierten Ende. Ein Ereignis ist ein bestimmter Zustand, z. B. am Anfang oder Ende eines Vorgangs. So ist beispielsweise die 'Vorgehensplanung' ein Vorgang, mit dem Initialereignis 'Projektauftrag angenommen' und dem Endereignis '*Vorgehensplan* erstellt'. Vorgänge können aus *Arbeitspaketen* bestehen, ausgewählte Ereignisse stellen dann *Prüfsteine* dar.

In der Darstellung werden Ereignisse und *Vorgänge* als Knoten bzw. Pfeile präsentiert. Mit diesen Elementen werden zeitliche Abläufe modelliert.

Vorgänge und Ereignisse auf der Projektseite und Knoten und Pfeile auf der Darstellungsseite können auf unterschiedliche Weise miteinander kombiniert werden. Daraus entstehen verschiedene Klassen von *Netzplänen.* Wir werden uns in den folgenden Ausführungen und Beispielen auf sogenannte Vorgangsknoten-Netzpläne beziehen. Hier liegt die Betonung auf den Vorgängen, die als Knoten dargestellt werden. Beispielsweise gibt es praktisch in jedem *Projekt* einen Vorgang 'Vorgehensplanung'. In einem Vorgangsknoten-Netzplan wird er als Knoten dargestellt, z. B. in einem Rechteck, das neben der Bezeichnung des Vorgangs weitere Merkmale enthält, wie z. B. die (geschätzte) Dauer.

Einsatz

Netzpläne können zur Planung und zur Begleitung von *Projekten* eingesetzt werden. Während der Projektbegleitung (s. Kapitel 5) dienen Netzpläne als Basis für die Überwachung von Leistungen, Terminen, Kosten und *Ressourcen* sowie als Grundlage für die projektbegleitende Berichterstattung.

Vorgehen

Netzpläne können am effektivsten angewendet werden, wenn schrittweise vorgegangen wird. Dabei lassen sich drei Phasen unterscheiden: Vorbereitung, Ausarbeitung und Anwendung des Netzplans. Zur Vorbereitung gehören die Definition des *Projekts* im *Vorgehensplan* und die Gliederung in Teilaufgaben. Die Ausarbeitung umfaßt die Strukturanalyse, Zeitanalyse, Kostenanalyse und Ressourcenanalyse sowie die Festlegung der konkreten Kalenderdaten für die Durchführung des Projekts. Der Netzplan wird im Rahmen der Projektbegleitung ständig aktualisiert und ggf. modifiziert. Auf die Anwendung von Netzplänen gehen wir in Kapitel 5 noch näher ein.

Strukturanalyse

Als Grundlage für die Erstellung eines *Netzplans* müssen zunächst alle aufzunehmenden *Vorgänge* und Ereignisse ermittelt werden. Dazu wird, abhängig von der Projektgesamtdauer, zuerst der Feinheitsgrad festgelegt. Bei sehr großen *Projekten* mit einer Laufzeit von bis zu mehreren Jahren ist es nicht sinnvoll, Vorgänge mit Dauer unter einer Woche zu planen - zumindest nicht im ersten Entwurf des Netzplans für die gesamte Projektdauer. Abgesehen davon können bei vielen Projekten am Anfang die einzelnen Vorgänge noch gar nicht detailliert abgeschätzt werden. Welche Vorgänge inhaltlich zur Zielerreichung des Projekts notwendig sein können, kann basierend auf Erfahrungen und Auswertungen ähnlicher, abgeschlossener Projekte in Absprache mit allen Beteiligten festgelegt werden.

Dann wird die Ablaufstruktur entworfen. Dazu müssen für jeden *Vorgang* folgende Fragen beantwortet werden:

- Welche Vorgänge sind unmittelbare Voraussetzung für den betrachteten?
- Welche Vorgänge können einem betrachteten unmittelbar folgen?
- Welche Vorgänge können unabhängig vom betrachteten ausgeführt werden?

Daraus kann abgeleitet werden, welche *Vorgänge* parallel und welche sequentiell durchgeführt werden müssen bzw. können. Mit diesen Informationen kann nun ein erster *Netzplan* gezeichnet werden.

Bei Anwendung der *5-Stufen-Methode zur Vorgehensplanung* werden als Vorgänge *Arbeitspakete* ermittelt. Wichtige Ereignisse zwischen der Durchführung von Arbeitspaketen werden durch *Prüfsteine* markiert. Diese Prüfsteine werden, ähnlich wie Arbeitspakete, ebenfalls im Netzplan aufgenommen. Dadurch entsteht eine Mischform des Netzplans: innerhalb einer primär vorgangsbezogenen Darstellung werden auch wichtige Ereignisse gekennzeichnet. Der Netzplan dient dann im wesentlichen zur Darstellung der Ablaufstruktur und als Grundlage für die Aufwandschätzung.

Aufwandschätzung

Die Aufwandschätzung umfaßt die Zeitanalyse, die Kostenanalyse und die Ressourcenanalyse.

In der Zeitanalyse werden aus Zeitdauern Zeitpunkte berechnet. Zu jedem *Vorgang* im *Netzplan* wird zunächst die voraussichtliche Dauer in Zeiteinheiten angegeben (deterministische Zeitschätzung). Bei großer Unsicherheit über die tatsächliche Dauer können Zeitabstände unter verschiedenen Voraussetzungen zu Hilfe genommen werden (stochastische Zeitschätzung), aus denen ein Erwartungswert berechnet wird. Beispielsweise könnte für jeden Vorgang eine optimistische, eine erwartete und eine pessimistische Zeitangabe verwendet werden.

Anschließend wird die Zeitberechnung durchgeführt. Dazu werden in der Vorwärts-Rechnung die frühesten Zeitpunkte, in der Rückwärts-Rechnung die spätesten Zeitpunkte für den Beginn der *Vorgänge* ermittelt. Bei der Vorwärts-Rechnung wird beim Start des *Projekts* begonnen. Jeder direkt nachfolgende Vorgang hat den Zeitpunkt des Projektstarts als frühesten Anfangszeitpunkt. Der früheste Endzeitpunkt eines Vorgangs ergibt sich durch Addieren der Dauer zum frühesten Anfangszeitpunkt. Auf dieselbe Weise wird für jeden nachfolgenden Vorgang verfahren. So können die frühesten Anfangs- und Endzeitpunkte für den gesamten *Netzplan* berechnet werden. Das Projektende erhält dann einen frühestmöglichen Zeitpunkt für den Abschluß. In der Rückwärts-Rechnung werden nun von diesem Zeitpunkt ausgehend die jeweils spätestmöglichen Anfangs- und Endzeitpunkte für alle Vorgänge ermittelt. Dadurch ergeben sich für manche Vorgänge Pufferzeiten. Alle Zeitpunkte, die Dauer und die Pufferzeit werden zu jedem Vorgang notiert. Die Folge von Vorgängen, die keine Pufferzeit aufweisen, wird als *kritischer Pfad* bezeichnet.

In Abbildung 4-3 wird ein Ausschnitt eines (fiktiven) *Netzplans* für die Projektplanung mit Zeitpunkten, Dauer und Pufferzeit für mehrere Arbeitspakete dargestellt. *Prüfsteine* als wichtige Zeitpunkte im Projektablauf sind ebenfalls eingetragen.

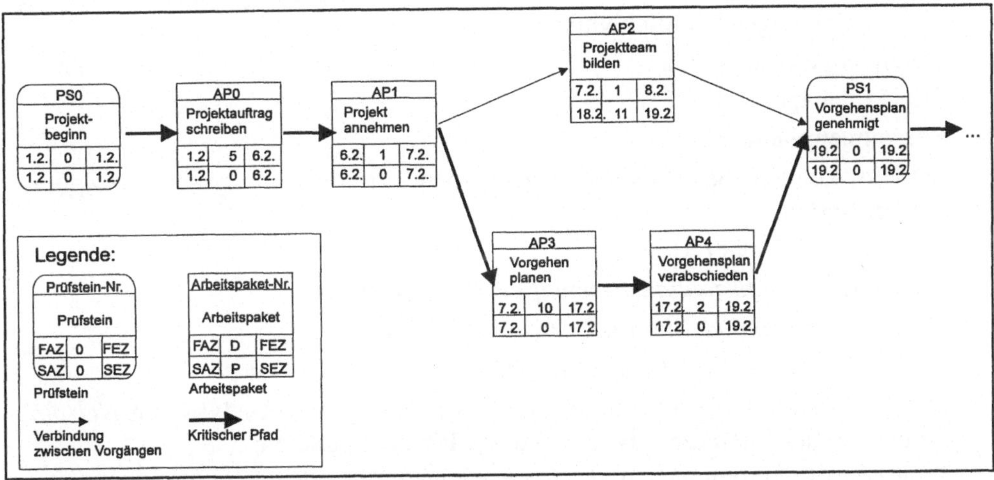

Abbildung 4-3: Ausschnitt aus einem Netzplan.

(mit den Einträgen: FAZ = Frühester Anfangszeitpunkt, FEZ = Frühester Endzeitpunkt, D = Dauer, SAZ = Spätester Anfangszeitpunkt, SEZ = Spätester Endzeitpunkt, P = Pufferzeit)

In der Kostenanalyse wird versucht, möglichst alle Kosten frühzeitig zu ermitteln, um aussagekräftige Daten für die Finanzplanung zu liefern. Aus den Kosten, die für jeden *Vorgang* bei normaler Dauer angenommen werden, lassen sich die Gesamtkosten des Projekts berechnen. Zu den Kostenarten, die in Betracht kommen können, zählen

- Personal,

- Investitionen,
- Verbrauchsmaterial (Büromaterial, Telefon etc.),
- Reisekosten.

Die Ressourcenanalyse ist notwendig, wenn bestimmte *Ressourcen* (z. B. Personal oder Maschinen) nur in begrenzter Anzahl zur Verfügung stehen. Zu jedem *Vorgang* wird der Bedarf an Ressourcen geschätzt. Über die gesamte Projektdauer kann dieser Bedarf in Form eines Belastungshistogramms dargestellt werden, so daß Zeiten der Überbeschäftigung bzw. Leerkapazitäten abgelesen werden können. Durch geschicktes Ausnutzen der Pufferzeiten können Bedarfsspitzen durch Verschieben der Vorgangsanfänge gemildert werden.

Kosten und *Ressourcen* zu schätzen, ist nicht einfach. Auch hier können Erfahrungen aus alten *Projekten* und Hinweise aus der Literatur zu Hilfe genommen werden.

4.3.3 Weitere Methoden

Weitere und weiterführende *Methoden* zur Vorgehensplanung finden Sie in der Literatur unter folgenden Stichpunkten:

- Dokumentationsplanung
- Projektmanagement
- Ressourcenplanung

Außerdem können Sie Methoden anwenden, die wir in späteren Kapiteln vorstellen werden:

- *Gespräch* (s. Kapitel 5)
- *Methoden zur Informationsbeschaffung* (s. Kapitel 6)
- *Geschäftsprozeßmodellierung* (s. auch Kapitel 6)
- *Nutzen-Kosten-Analyse* (s. auch Kapitel 7)

Weitere und weiterführende Methoden zur Erstellung und Analyse von *Netzplänen* gibt es in der Literatur z. B. unter folgenden Stichpunkten:

- Programm-Evaluierungs- und -Überprüfungs-Technik (Program Evaluation and Review Technique (PERT))
- Kritischer-Pfad-Methode (Critical Path Method (CPM))
- Normalfolgen-Methode (NFM)
- Metra-Potential-Methode (MPM)
- Hamburger Methode (HMN)

4.4 Werkzeuge und Ergebnisse

In Tabelle 4-1 sind *Methoden*, rechnerbasierte *Werkzeuge* und die Ergebnisse, meist die erstellten Dokumente, aufgeführt, die während der typischen Aktivitäten in der Phase Projektplanung verwendet werden können bzw. erreicht werden.

Aktivität	Methode(n)	Soft-/Hardware für ...	Ergebnis(se)
Entgegennahme des Projektauftrags	-	Textverarbeitung	Bestätigung der Projektannahme Projektbeginn
Vorgehensplanung	5-Stufen-Methode zur Vorgehensplanung; Netzpläne: Erstellung und Analyse Gespräch (s. Kapitel 5) Methoden zur Informationsbeschaffung (s. Kapitel 6) Geschäftsprozeßmodellierung (s. Kapitel 6) Nutzen-Kosten-Analyse (s. Kapitel 7)	Textverarbeitung Projektmanagement Geschäftsprozeßmodellierung	Vorgehensplan inkl. Netzplan
Verabschieden des Vorgehensplans	-	-	verabschiedeter Vorgehensplan
Berichterstattung	-	Textverarbeitung	Dokumentationsrichtlinien

Tabelle 4-1: Aktivitäten, Methoden, Werkzeuge für die und Ergebnisse der Projektplanung.

4.5 Merkliste

Die folgende Merkliste für die Projektplanung gibt einen Überblick über die einzelnen Schritte für diese Phase und enthält Empfehlungen für die Durchführung. Sie können die Liste verwenden als Grundlage und zur Überprüfung Ihrer Planung eines *Projekts*.

Entgegennahme des Projektauftrags

- Ist der *Projektauftrag* vollständig (Auftraggeber, Bezeichnung des *Projekts*, Zielbeschreibung, Termine, Budget, Rahmenbedingungen)?
- Kann das *Projekt* durchgeführt werden (Personal, Zeit, Kosten)?
- Legen Sie einen Besprechungstermin mit dem *Projektauftraggeber* fest.

Vorgehensplanung

- Ist der *Vorgehensplan* vollständig (Gegenstand und Motivation, Problemstellung, Zielsetzung, Frage- bzw. Aufgabenstellung, *Arbeitspakete* und *Prüfsteine*, *Netzplan*)?
- Ist der Vorgehensplan in sich schlüssig?

- Sind die geschätzten Aufwände realistisch?
- Führt das Vorgehen, das im Vorgehensplan festgelegt ist, zum gewünschten Ziel?

Verabschieden des Vorgehensplans

- Halten Sie alle wichtigen Punkte, einschließlich der Änderungen, schriftlich fest.
- Ist das *Projekt* anhand des *Vorgehensplans* auch für Außenstehende nachvollziehbar?

Berichterstattung

- Legen Sie Dokumentationsrichtlinien für die *Projektdokumentation* fest.
- Sammeln Sie alle Dokumente an einer zentralen Stelle.

Nach unserer Erfahrung müssen im Rahmen der Projektplanung insbesondere die folgenden Punkte beachtet werden:

- Es ist wichtig, künftige Anwender von Anfang an in die Projektplanung einzubinden! Sonst kann es leicht passieren, daß an den Bedürfnissen der Anwender vorbeigeplant wird. Schließlich sind die künftigen Anwender die beste Informationsquelle für das bisherige und das neue *Informationssystem*. Und nicht zuletzt erfüllt ein verbessertes Informationssystem nur dann seine Ziele, wenn es auch von den Benutzern akzeptiert wird.
- In größeren *Projekten* ist ein Lenkungsausschuß notwendig, in dem alle beteiligten Personengruppen vertreten sind! Ähnlich wie die Anwender müssen auch alle sonstigen Beteiligten rechtzeitig ihre Kenntnisse und Anforderungen einbringen können. Gespräche der Projektleitung mit je nur einem Teil des betroffenen Kreises verursachen einen deutlich größeren Aufwand für die Informierung aller Beteiligten und führen leichter dazu, daß Beteiligte nicht ausreichend oder unterschiedlich informiert werden.
- Wenn die Projektplanung nicht sauber durchgeführt wird, muß das weitere Vorgehen ggf. teuer bezahlt werden! Stellen Sie sich vor, Sie haben ein *Projekt* begonnen, das die Einführung eines *Anwendungssoftwareprodukts* für die OP-Dokumentation in einem Krankenhaus zum Inhalt hat. Bei den ersten Probeläufen des neuen *Anwendungssystems* stellen Sie fest, daß es die Eingabe von *Daten* verlangt, die bereits im Anwendungssystem für die Anästhesiedokumentation enthalten sind. Sie hatten nicht bedacht, daß auch dieses Anwendungssystem berücksichtigt werden muß. Nun müssen Sie Zeit und Geld investieren, um die Systeme über Kommunikationsschnittstellen zu verbinden. Dadurch verzögert sich das Projekt erheblich.

4.6 Beispiele

4.6.1 Projekt 'Befundübermittlung'

Im Februar diesen Jahres wird das *Projekt* 'Befundübermittlung' gestartet. Die Projektleiterin, Frau H., und ihre Mitarbeiter, Frau M. und Herr W., haben von den *Projektauftraggebern* die Problematik geschildert bekommen (vgl. Unterkapitel 3.5). Frau H. erstellt nun den *Vorgehensplan.*

Vorgehensplan zum Projekt 'Bewertung des Nutzens von Maßnahmen zur Unterstützung der Befundübermittlung'

Einleitung

Gesetze und Verordnungen

Da mit Patientendaten und ggf. mit Mitarbeiterdaten umgegangen wird, besteht Schweigepflicht gegenüber Dritten lt. §205, Abs. 1, Strafgesetzbuch.

Organisatorische Aspekte

Die Untersuchung wird auf Station 2 der Chirurgischen und auf Station 5 der Medizinischen Klinik durchgeführt. Sie bezieht sich auf Befunde des Klinisch-Chemischen Labors. Auf beiden Stationen werden je eine Woche vor und eine Woche nach Einführung von Maßnahmen zur Unterstützung der Befundübermittlung Daten zur Vorlage von Befunden auf Station erhoben. Dazwischen liegen zwei Wochen für die Einführung. Die Untersuchung wird jeweils von Montag bis Freitag zwischen 8 und 16 Uhr durchgeführt. [...]

Projektteam

Die Projektleitung hat Frau H., Institut für Medizinische Informatik. Weitere Mitarbeiter sind Herr W. und Frau M.

Finanzierung und Mittelfreigabe

Da es sich um ein internes Projekt der Medizinischen Hochschule handelt, ist die Finanzierung des Projekts über die Haushaltsmittel der Abteilung abgedeckt. Die Kosten für die Rechnerausstattung bzw. den Boten tragen die beteiligten Kliniken.

1 Gegenstand und Motivation

1.1 Gegenstand und Bedeutung

Die MHP ist räumlich auf mehrere Gebäude verteilt, die Kliniken mit Stationen, Ambulanzen und Leistungsstellen wie Labors etc. beherbergen. Das bedeutet, daß die Übermittlung der Ergebnisse von medizinischen Leistungen, z. B. Laborbefunde, an die anfordernde Stelle ggf. über eine längere Strecke erfolgen muß, z. B. von einem Gebäude in ein anderes. Das (rechtzeitige) Vorliegen der Befunde ist unabdingbar für die schnelle, problembezogene Behandlung des Patienten.

1.2 Problematik

Durch die u. U. langen Wege, die Befunde nach ihrer Erstellung zurücklegen müssen, kann es vorkommen, daß sie nicht rechtzeitig bei der anfordernden Stelle vorliegen. Rechtzeitig bedeutet, daß ein Befund zu dem Zeitpunkt vorliegt, zu dem darauf basierend medizinische oder organisatorische Entscheidungen getroffen werden sollen. Liegt ein Befund nicht oder zu spät vor, können diese Entscheidungen nicht oder nur verspätet getroffen werden, so daß höhere und unnötige Kosten entstehen können und die Versorgung der Patienten nicht optimal erfolgen kann.

1.3 Motivation

Im letzten Jahr wurde ein Verfahren entwickelt, das die Befunde des klinisch-chemischen Labors, die bisher mit Boten an die anfordernden Stellen verteilt wurden, automatisch vom rechnerbasierten Anwendungssystem des Labors an einen Arbeitsplatzrechner auf Station übermittelt. Dort können die Befunde am Bildschirm dargestellt oder über einen Drucker ausgegeben werden. Es wurde jedoch noch nicht untersucht, ob die Ablösung der konventionellen Befundübermittlung durch das rechnerbasierte Anwendungssystem die Rechtzeitigkeit und Sicherheit erhöht. Außerdem wurde noch nicht geprüft, ob durch den Einsatz von zusätzlichen Boten für den Transport der Befunde die Rechtzeitigkeit und Sicherheit ähnlich verbessert werden können.

2 Problemstellung

P1: Es ist nicht hinreichend bekannt, ob das rechnerunterstützte Verfahren zur Befundübermittlung die Rechtzeitigkeit und Sicherheit der Vorlage von Befunden verbessern kann.

P2: Es ist nicht hinreichend bekannt, ob der Einsatz von zusätzlichen Boten die Rechtzeitigkeit und Sicherheit der Vorlage von Befunden verbessern kann.

P3: Es ist unklar, ob eine der beiden Maßnahmen der anderen in bezug auf Rechtzeitigkeit und Sicherheit überlegen ist.

Auf weitere Aspekte, wie Zeitersparnis, Arbeitsaufwand im Labor und auf Station, Kosten etc. soll in diesem Projekt nicht eingegangen werden.

3 Zielsetzung

Ziele zu Problem P1:

Z1: Ziel des Projekts ist es, festzustellen, ob durch die Einführung der rechnerbasierten Befundübermittlung
- Z1.1: ... die Rechtzeitigkeit des Vorliegens der Laborbefunde erhöht werden kann.
- Z1.2: ... die Sicherheit des Vorliegens der Laborbefunde erhöht werden kann.

Ziele zu Problem P2:

Z2: Ziel des Projekts ist es, festzustellen, ob durch den Einsatz eines zusätzlichen Boten für die Befundübermittlung
- Z2.1: ... die Rechtzeitigkeit des Vorliegens der Laborbefunde erhöht werden kann.
- Z2.2: ... die Sicherheit des Vorliegens der Laborbefunde erhöht werden kann.

Ziele zu Problem P3:

Z3: Ziel des Projekts ist es, festzustellen, ob die Einführung der rechnerbasierten Befundübermittlung und der Einsatz eines zusätzlichen Boten für die Befundübermittlung
- Z3.1: ... in bezug auf Rechtzeitigkeit gleichwertig sind.
- Z3.2: ... in bezug auf Sicherheit gleichwertig sind.

4 Frage- bzw. Aufgabenstellung

Fragen zu Ziel Z1:

F1.1: Wie ist das Anforderungsverhalten auf Station 2 der Chirurgischen Klinik?
- F1.1.1: Wieviel Laboruntersuchungen werden täglich angefordert?
- F1.1.2: Wann werden diese Untersuchungen angefordert?

F1.2 Wie rechtzeitig liegen Befunde vor?
- F1.2.1: Wann muß ein Befund auf der Station spätestens vorliegen? (Achtung: gleicher Wert vorher und nachher!)
- F1.2.2: Wann liegen die Befunde vor?

F1.3: Wie sicher liegen Befunde vor?
- F1.3.1: Ab wann gilt ein Befund als verloren? (Achtung: gleicher Wert vorher und nachher!)
- F1.3.2: Wieviel der Befunde gehen verloren?

Fragen zu Ziel Z2:

F2.1: Wie ist das Anforderungsverhalten auf Station 5 der Medizinischen Klinik?
- F2.1.1: Wieviel Laboruntersuchungen werden täglich angefordert?
- F2.1.2: Wann werden diese Untersuchungen angefordert?

F2.2 Wie rechtzeitig liegen Befunde vor?
- F2.2.1: Wann muß ein Befund auf der Station spätestens vorliegen? (Achtung: gleicher Wert vorher und nachher!)
- F2.2.2: Wann liegen die Befunde vor?

F2.3: Wie sicher liegen Befunde vor?
- F2.3.1: Ab wann gilt ein Befund als verloren? (Achtung: gleicher Wert vorher und nachher!)
- F2.3.2: Wieviel der Befunde gehen verloren?

Fragen zu Ziel Z3:

F3.1: Wie hat sich die Rechtzeitigkeit durch die Maßnahme verändert
- F3.1.1: ... auf Station 2 der Chirurgischen Klinik ?
- F3.1.2: ... auf Station 5 der Medizinischen Klinik?

F3.2 Wie hat sich die Sicherheit durch die Maßnahme verändert

F3.2.1: ... auf Station 2 der Chirurgischen Klinik ?
F3.2.2: ... auf Station 5 der Medizinischen Klinik?

Die Fragen F1.1.1, F1.1.2, F1.2.2, F1.3.2, F2.1.1, F2.1.2, F2.2.2, F2.3.2 müssen bei der Vorher- und bei der Nachher-Untersuchung beantwortet werden.

5 Arbeitspakete und Prüfsteine

5.1 Arbeitspakete

Es lassen sich die folgenden Arbeitspakete identifizieren:

AP0 Vorgehensplanung
AP1 Projektüberwachung
AP2 Vorher-Untersuchung auf Station 2 der Chirurgischen Klinik
AP3 Nachher-Untersuchung auf Station 2 der Chirurgischen Klinik
AP4 Vorher-Untersuchung auf Station 5 der Medizinischen Klinik
AP5 Nachher-Untersuchung auf Station 5 der Medizinischen Klinik
AP6 Auswertung der Ergebnisse aus AP2 - AP5
AP7 Abschlußbericht und Präsentation

AP0	**Vorgehensplanung für das Projekt 'Bewertung des Nutzens der rechnerunterstützten Befundübermittlung'**
Bezug zu Frage:	-
Ressourcen: Personal: Werkzeuge: Sonstige:	 Frau H. Software für Textverarbeitung und Projektmanagement -
Kosten:	-
Beginn:	1.2.199x
Ergebnisvorlage:	16.2.199x
Initialereignis:	Projektbeginn (PS0)
Phasenbezeichnung:	Projektplanung
Aktivitäten:	1. Analyse des Projektauftrags 2. Erarbeiten von Gegenstand und Motivation, Problemstellung, Zielsetzung, Fragen- bzw. Aufgabenstellung, Arbeitspaketen und Prüfsteinen 3. Ressourcenzuteilung 4. Erstellung eines Netzplans 5. Vorlage bei den Projektauftraggebern 6. Verabschiedung 7. Weiterleitung des Vorgehensplans an alle Mitarbeiter
Methoden:	5-Stufen-Methode zur Vorgehensplanung, Erstellung von Netzplänen
Ergebnisse:	(verabschiedeter) Vorgehensplan

Tabelle 4-2: Projekt Befundübermittlung, Arbeitspaket AP0.

Die *Arbeitspakete* AP1 bis AP7 stellen wir in den folgenden Kapiteln vor.

5.2 Prüfsteine

Es lassen sich folgende Prüfsteine identifizieren:

PS0 Projektbeginn
PS1 Vorgehensplan verabschiedet
PS2 Voruntersuchungen abgeschlossen

PS3 Einführung der Maßnahmen abgeschlossen, Routinebetrieb 2 Wochen
PS4 Nachuntersuchungen abgeschlossen
PS5 Projektende

PS0	
Bezeichnung:	Projektbeginn
Bezug zu Arbeitspaketen:	Initialereignis für AP0

Tabelle 4-3: Projekt Befundübermittlung, Prüfstein PS0.

Die *Prüfsteine* PS1 bis PS5 sind analog aufgebaut.

5.3 Netzplan

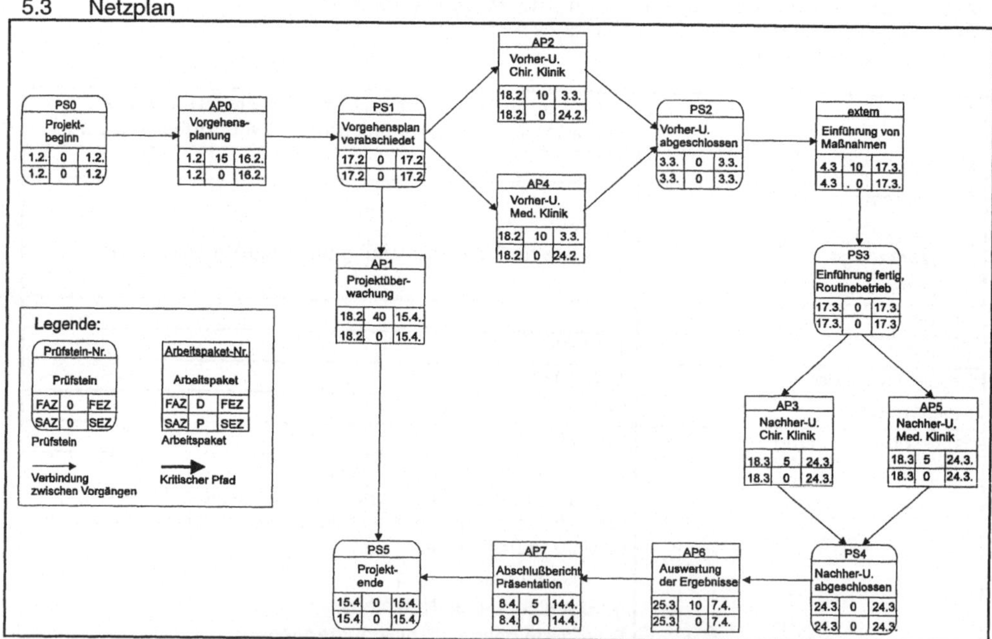

Abbildung 4-4: Projekt Befundübermittlung, Netzplan im Vorgehensplan.

(FAZ = Frühester Anfangszeitpunkt, FEZ = Frühester Endzeitpunkt, D = Dauer, SAZ = Spätester Anfangszeitpunkt, SEZ = Spätester Endzeitpunkt, P = Pufferzeit)

Bemerkungen zum Netzplan: Die Dauer jedes Arbeitspakets ist ggf. kürzer als die Differenz der Tage zwischen Anfangs- und Endtermin. Dies ergibt sich, weil eine Arbeitswoche nur fünf Arbeitstage hat. Da die parallel verlaufenden Arbeitspakete jeweils dieselbe Dauer aufweisen, gibt es keinen kritischen Pfad.

In einer *Besprechung* mit den *Projektauftraggebern* und dem Institutsleiter der Medizinischen Informatik stellt Frau H. den *Vorgehensplan* vor. Herr Prof. Dr. K. bittet darum, bereits nach der Vorher-Untersuchung über die Ergebnisse informiert zu werden, Herr Prof. Dr. H. schließt sich diesem Wunsch an. Frau H.

nimmt in das *Arbeitspaket* AP1 eine Aktivität 'Zwischenbericht erstellen' auf und ergänzt *Prüfstein* PS2 um 'Zwischenbericht erstellt'. Daraufhin verabschieden Prof. Dr. H. und Prof. Dr. K. den Vorgehensplan mit ihrer Unterschrift.

4.6.2 Projekt 'Speisenanforderung'

Im letzten Jahr wurde im Rahmen eines *Projekts* das Vorgehen bei der Anforderung von Mahlzeiten für stationäre Patienten der *Medizinischen Hochschule Plötzberg* untersucht. Es stellte sich heraus, daß beim bisherigen *System*, bei dem die Speisen pro Mahlzeit auf beleglesbaren Karten bestellt und per Klinikpost an die Küche geschickt werden, die Anforderungen sehr früh weggeschickt werden müssen (mindestens zwei Tage vorher) und kurzfristige Änderungen, z. B. wenn ein Patient neu aufgenommen oder eine geplante Operation verschoben wird, nicht mehr an die Küche gemeldet werden können. So werden auf den Stationen häufig 'Sicherheitsessen' bestellt, was dazu führt, daß pro Jahr ca. 40.000 Essen zuviel von der Küche ausgeliefert werden - ein nicht unbeträchtlicher Kostenfaktor für die MHP.

Ein Vergleich mit dem *Verfahren* im Justus-Liebig-Klinikum Oberholz führte zu dem Entschluß, die Speisenanforderung in Zukunft rechnerunterstützt durchzuführen. Wenn Bestellungen bzw. Stornierungen zeitnah übermittelt werden können, wird angenommen, daß die Zahl der 'Sicherheitsessen' stark zurückgeht und so Kosten eingespart werden können. Außerdem wird erwartet, daß mit einem *Anwendungssystem*, dessen Bedienung den Mitarbeitern vertraut ist (z. B. aus dem Umgang mit *Standardsoftwareprodukten* oder anderen in der Hochschule eingesetzten Anwendungssystemen), die Bestellung auf Station schneller durchgeführt werden kann.

Im *Projekt* 'Auswahl eines Anwendungssoftwareprodukts für die Anforderung von Speisen für Patienten', kurz Projekt 'Speisenanforderung', soll nun ein geeignetes *Anwendungssoftwareprodukt* ausgewählt, beschafft und eingeführt werden. Das *Produkt* soll nach ein oder zwei *Pilotinstallationen* sukzessive in der gesamten *Medizinischen Hochschule Plötzberg* verbreitet werden. Besonders wichtig ist, daß das neue *Anwendungssystem* an jedem bereits vorhandenen bzw. noch einzurichtenden Arbeitsplatzrechner auf den Stationen aufgerufen werden kann und daß Schnittstellen zu den in der MHP vorhandenen Anwendungssystemen bestehen, z. B. zum Patientenverwaltungssystem.

Herr S., Herr B. und Frau G. vergegenwärtigen sich die Ergebnisse des vorangegangenen *Projekts*. Sie sprechen mit Mitarbeitern der Küche und mit Pflegekräften, die mit der Speisenanforderung auf Station betraut sind. Dann erstellen sie den *Vorgehensplan*.

4.7 Übungen

Übung 1: Erläutern Sie die Bedeutung des *Vorgehensplans*. Warum sollte er in schriftlicher Form vorliegen?

Übung 2: Warum ist die ausdrückliche Verabschiedung des *Vorgehensplans* durch den *Projektauftraggeber* notwendig?

Übung 3: Welche Vorteile bietet die Verwendung von *Netzplänen* bei der Projektplanung? Welche Grenzen hat diese *Methode*?

Übung 4: Was fehlt im *Netzplan* in Abbildung 1-1? Tragen Sie die fehlenden Komponenten ein; schätzen Sie dazu Ihr individuelles Arbeitstempo.

Übung 5: Zu Beispiel 'Speisenanforderung': Zwar haben Herr S., Herr B. und Frau G. den *Vorgehensplan* zum *Projekt* erstellt, er wurde aber aus Platzgründen hier nicht abgedruckt. Überlegen Sie, wie der Vorgehensplan aussehen könnte. Verwenden Sie dazu die *5-Stufen-Methode zur Vorgehensplanung*.

5 Projektbegleitung

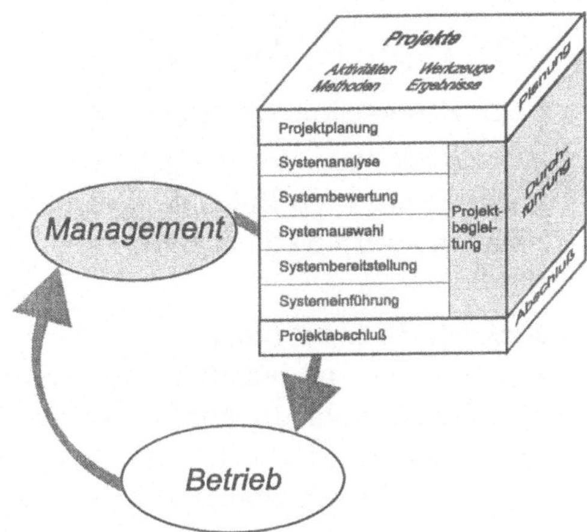

5.1 Einleitung

Wozu Projektbegleitung, was ist das Ziel?

Wenn ein *Projekt* sorgfältig geplant wurde, ist ein wichtiger Schritt getan, um die Projektziele erreichen zu können. Nach der Planung muß ein Projekt aber weiterhin organisatorisch begleitet werden. Es besteht sonst die Gefahr, daß es aus dem Ruder läuft. Die Projektbegleitung dient deshalb der Kontrolle des Projekts in Hinblick auf die Einhaltung des *Vorgehensplans* und der Überwachung der Ergebnisse. Darauf basierend können bei Bedarf korrigierende Maßnahmen eingeleitet werden. Eine projektbegleitende Berichterstattung hält den jeweils aktuellen Stand des Projekts fest.

Wann wird die Phase durchgeführt?

Die Projektbegleitung schließt sich an die Projektplanung an und verläuft dann parallel zu allen übrigen Phasen der Projektdurchführung.

Welche Ergebnisse liegen nach Abschluß dieser Phase vor?

Das überwachte *Projekt* sowie Dokumente der *Projektbegleitungsdokumentation* mit der Verlaufsdokumentation und Zwischenberichten.

Was sollen Sie lernen?

Nach der Lektüre dieses Kapitels sollen Sie wissen, wie Sie ein *Projekt* überwachen können und wie eine Berichterstattung während des Projektverlaufs aussehen kann.

Dazu sollten Sie mit *Methoden* wie dem *Gespräch*, der *Merklistenerstellung* und der Anwendung von *Netzplänen* vertraut sein und eine Vorstellung darüber haben, welche *Werkzeuge* und weiteren Methoden in dieser Phase zur Anwendung kommen können.

5.2 Typische Aktivitäten

5.2.1 Projektüberwachung

Zur Projektüberwachung gehören die ständige Überwachung des Projektverlaufs, das Erkennen und Behandeln von Problemen und die Sicherstellung der Kommunikation zwischen allen Beteiligten. Diese Aktivität wird auch als 'Projektcontrolling' bezeichnet.

Ständige Überwachung

Der zeitliche und inhaltliche Verlauf eines *Projekts* sollte anhand der ausgewählten *Methoden* ständig kontrolliert werden. Als günstig erweist sich der Einbau von 'Sollbruchstellen', d. h. von *Prüfsteinen* zu bestimmten Projektzeitpunkten, an denen ein Projektabbruch oder eine Änderung der Definition des Projekts mit im Vergleich zu anderen Projektzeitpunkten möglichst geringen Kosten durchgeführt werden kann.

Dazu wird regelmäßig der Ist-Zustand des *Projekts* ermittelt. Nach unseren Erfahrungen ist es zweckmäßig, dies zu bestimmten, festgelegten Zeitpunkten durchzuführen oder nach Beendigung jedes *Arbeitspakets* festzuhalten. Zum Ist-Zustand gehören die tatsächlichen Anfangs- und Endzeiten eines Arbeitspakets, ggf. der Fertigstellungsgrad (in %), die Aufwände und Kosten, die entstanden sind, sowie die Aktivitäten, die durchgeführt wurden. Mit diesen Angaben kann der *Netzplan* des Projekts aktualisiert werden.

Diese *Daten* werden nun mit den Planungsdaten aus dem *Vorgehensplan* verglichen. Damit kann der *kritische Pfad* überprüft werden, festgestellt werden, ob *Prüfsteine* erreicht werden konnten und ob der Vorgehensplan auch im Hinblick auf die Zielsetzung eingehalten wurde. Bei Abweichungen müssen ggf. korrigierende Maßnahmen eingeleitet werden. Wenn genügend Pufferzeit vorhanden ist, wird ein verspätetes *Arbeitspaket* bzw. werden die von ihm abhängigen *Vorgänge* im *Netzplan* verschoben. Dadurch kann sich auch der kritische Pfad ändern. Wenn es nicht genügend Pufferzeit mehr gibt, kann versucht werden, durch Umstrukturierungen und Zeitverkürzungen das Projektende dennoch beizubehalten. Im schlimmsten Fall muß das Projektende nach hinten verschoben werden. Besonderes Augenmerk sollte darauf gerichtet werden, festzustellen, ob die Ergebnisse plausibel sind und tatsächlich zur Zielerreichung beitragen. Wenn dem nicht so ist, wurde entweder das Projekt nicht sorgfältig genug geplant, oder bei der Durchführung der Arbeitspakete traten Fehler auf. Ermitteln Sie die Ursachen für die Abweichungen und suchen Sie nach geeigneten Lösungen. Es ist besser, Sie ändern die Definition des Projekts oder brechen das Projekt ab, als daß sich die Ergebnisse zum Schluß als unbrauchbar erweisen.

Im Rahmen der Projektüberwachung müssen auch *Ressourcen* koordiniert werden. Wenn Ausgaben notwendig sind, sollten *Daten* dazu immer gleich beim Entstehen erfaßt werden, damit bei Bedarf ein frühzeitiges Eingreifen möglich ist. Ressourcen, d. h. alle benötigten Arbeitskräfte, Finanzmittel, Maschinen, Geräte und Materialien, müssen rechtzeitig in erforderlicher Menge und Qualität zur Verfügung gestellt werden. Ist dies nicht möglich, so muß bei Engpässen umdisponiert oder müssen zusätzliche Hilfsmittel eingesetzt werden.

Je größer ein *Projekt* ist, desto strenger sollten diese Richtlinien beachtet werden. Bei kleinen Projekten erfolgt die Überwachung oft eher intuitiv, auch die Berichterstattung kann dann weniger formal und dennoch ausreichend vonstatten gehen.

Problembehandlung

Ein *Projekt* kann noch so gut und sorgfältig geplant sein; es wird dennoch häufig zu Problemen bei der Durchführung kommen. Solche Probleme entstehen, wenn sich Randbedingungen unvorhergesehen ändern, z. B. Lieferzeiten sich verlängern oder am Projekt Beteiligte plötzlich ausscheiden. Aufgabe der Projektbegleitung ist es, diese Probleme zu erkennen, ihre Ursachen zu ermitteln und Lösungen zu erarbeiten. Ein ausgeschiedener Mitarbeiter kann beispielsweise durch einen anderen ersetzt werden, oder seine Aufgaben werden auf die anderen Projektbeteiligten verteilt. In beiden Fällen kann dies eine Verlängerung der Projektdauer zur Folge haben. Welche von mehreren Möglichkeiten zur Behebung eines Problems angewendet wird, hängt davon ab, wie Prioritäten in bezug auf die Einhaltung des Projektplans, die veranschlagten Kosten usw. gesetzt werden.

Kommunikation

Der *Projektauftraggeber*, die Projektleitung und alle beteiligten Mitarbeiter sollten ständig über den Verlauf des *Projekts* und über Schwierigkeiten informiert werden. Insbesondere müssen allen Beteiligten rechtzeitig Änderungen im Vorgehen mitgeteilt werden. Die Projektleitung sollte frühzeitig auf Probleme in der Durchführung hingewiesen werden, um rechtzeitig reagieren zu können.

Nicht zuletzt gehören die Motivierung und Anleitung der Mitarbeiter in organisatorischer Hinsicht zur Projektüberwachung. Das bedeutet, daß Mitarbeiter beispielsweise auf die rechtzeitige Abgabe von Teilergebnissen und deren Bedeutung für weitere Aktivitäten hingewiesen und mit den Dokumentationsrichtlinien für die projektbegleitende Berichterstattung vertraut gemacht werden (s. Abschnitt 4.2.4).

5.2.2 Berichterstattung

Der umfangreichste Teil der *Projektdokumentation* (s. Unterkapitel 2.5) fällt während der Projektbegleitung an. Sie umfaßt in dieser Phase die Verlaufsdokumentation und die Ergebnisdokumentation sowie Zwischenberichte (vgl. Abb. 5-1).

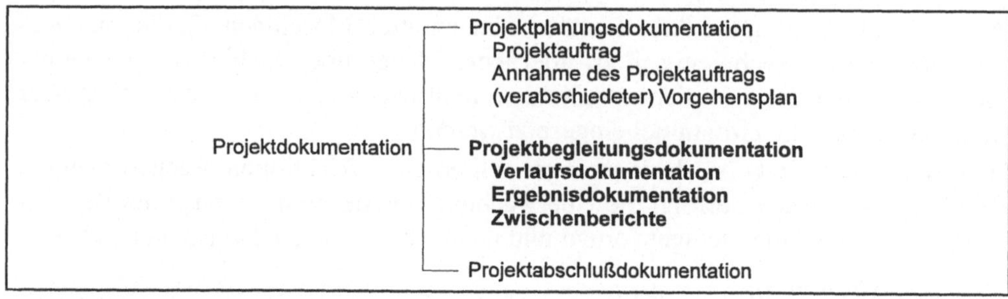

Abbildung 5-1: Einordnung der Projektbegleitungsdokumentation.

Die *Projektbegleitungsdokumentation* sollte während der Projektbegleitung laufend aktualisiert werden. Änderungen und Korrekturen müssen frühzeitig dokumentiert und weitergegeben werden.

Verlaufsdokumentation

In der Verlaufsdokumentation wird der Verlauf des *Projekts* festgehalten, ohne auf die bisher erreichten inhaltlichen Ergebnisse aus den einzelnen Phasen direkt einzugehen. Im wesentlichen enthält sie somit die Ergebnisse der Projektüberwachung, also *Daten* zu den geplanten und tatsächlichen Anfangs- und Endzeitpunkten der *Vorgänge*, zu den geplanten und angefallenen Kosten und *Ressourcen*, zum Fertigstellungsgrad von Vorgängen bzw. eine Übersicht, welche Aktivitäten durchgeführt wurden und welche zur Erledigung noch anstehen. Daraus wird der *Netzplan* des Projekts aktualisiert.

Als Grundlage für die Ermittlung der aktuellen *Daten* des gesamten *Projekts* dienen Angaben der Projektmitarbeiter über die bereits geleistete Arbeit. Dies kann in Projektbesprechungen mündlich mitgeteilt oder in regelmäßigen schriftlichen Arbeitsmeldungen notiert werden. Zu jedem *Arbeitspaket* wird der Fertigstellungsgrad (z. B. ca. 75%) angegeben, ebenso die tatsächlichen Anfangs- und Endzeitpunkte und der erbrachte Aufwand.

Neben dem aktualisierten *Netzplan* gehören zur Verlaufsdokumentation alle Unterlagen, die während der Durchführung des *Projekts* anfallen und nicht unbedingt direkt einzelnen Phasen des *Phasenmodells für Projekte* zugeordnet werden können. Dies sind beispielsweise

- Merklisten zu erledigten und noch ausstehenden Aktivitäten,
- Zwischenberichte,
- Protokolle und Aktennotizen,
- Schriftwechsel (extern und projektintern),
- Richtlinien, die eingehalten werden müssen,
- Literatur zum Projekt.

Ergebnisdokumentation

Die Ergebnisdokumentation enthält die Ergebnisse der *Arbeitspakete*. Dokumente dazu entstehen in jeder Phase des *Projekts*. Diese Dokumente dienen als Basis für die darauf aufbauenden Arbeitspakete bzw. Phasen und für Zwischenberichte. In jeder Phase können mehrere unterschiedliche Dokumente entstehen. An dieser Stelle wollen wir nicht weiter auf die möglichen Dokumentenarten eingehen; diese werden in den entsprechenden Kapiteln zu den einzelnen Phasen aufgeführt und erläutert.

Generell gilt, daß Dokumente von Form und Inhalt her so aufbereitet werden sollen, daß sie für die Zielgruppe, für die sie gedacht sind, verständlich sind. Natürlich müssen sie auch alle relevanten Ergebnisse bereitstellen. Außerdem sollte eindeutig gekennzeichnet sein, wer das Dokument erstellt hat und auf welches *Arbeitspaket* es sich bezieht.

Zwischenbericht

Der Zwischenbericht ist eine spezielle Form der *Projektdokumentation.* Er faßt wichtige Aussagen der Verlaufs- und der Ergebnisdokumentation zusammen. Zwischenberichte sollten am Ende von größeren Abschnitten im Projektverlauf entstehen. So können jeweils zum Abschluß einzelner Projektphasen Zwischenberichte vorgesehen werden. Bei Projekten, die nur eine oder wenige Phasen umfassen, sind Zwischenberichte auch nach Beendigung eines oder mehrerer Arbeitspakete sinnvoll. Zeitpunkte für Zwischenberichte müssen bereits bei der *Projektplanung* festgelegt werden, auf die Erstellung von Zwischenberichten folgen *Prüfsteine* zum weiteren Projektverlauf. Ein Vorschlag für die Gliederung eines Zwischenberichts enthält Tabelle 5-1.

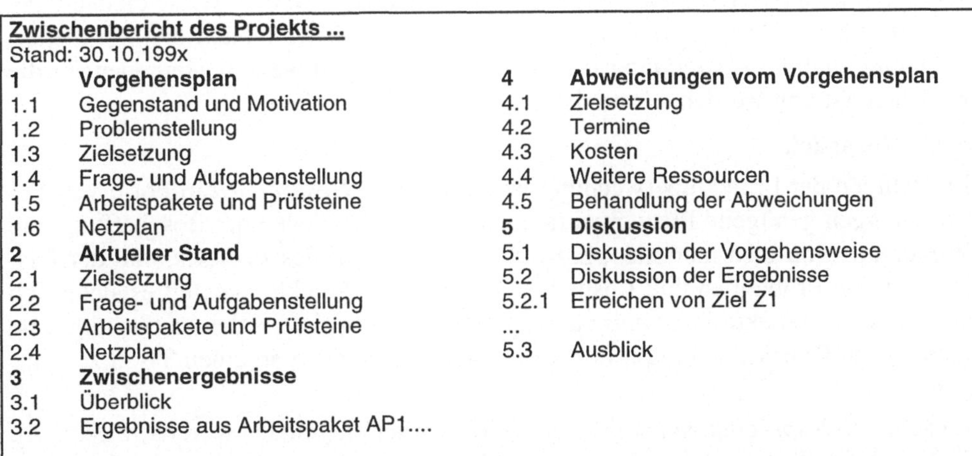

Zwischenbericht des Projekts ...
Stand: 30.10.199x

1 Vorgehensplan
1.1 Gegenstand und Motivation
1.2 Problemstellung
1.3 Zielsetzung
1.4 Frage- und Aufgabenstellung
1.5 Arbeitspakete und Prüfsteine
1.6 Netzplan
2 Aktueller Stand
2.1 Zielsetzung
2.2 Frage- und Aufgabenstellung
2.3 Arbeitspakete und Prüfsteine
2.4 Netzplan
3 Zwischenergebnisse
3.1 Überblick
3.2 Ergebnisse aus Arbeitspaket AP1....
4 Abweichungen vom Vorgehensplan
4.1 Zielsetzung
4.2 Termine
4.3 Kosten
4.4 Weitere Ressourcen
4.5 Behandlung der Abweichungen
5 Diskussion
5.1 Diskussion der Vorgehensweise
5.2 Diskussion der Ergebnisse
5.2.1 Erreichen von Ziel Z1
...
5.3 Ausblick

Tabelle 5-1: Mögliche Gliederung eines Zwischenberichts.

Das Ziel eines Zwischenberichts ist die knappe, aber präzise Darstellung des aktuellen Projektstands. Er bildet so die Grundlage für Entscheidungen über den weiteren Projektverlauf. Dazu sollten Aussagen zur Planung des *Projekts*, zum aktuellen Stand und zu Abweichungen enthalten sein. Der *Vorgehensplan* sollte, zumindest in Stichworten, aufgenommen werden, um den Vergleich zwischen geplantem und tatsächlichem Projektverlauf zu erleichtern; u. U. reicht auch ein Verweis auf das bereits vorliegende Dokument. Dann sollte kurz auf den aktuellen Stand eingegangen werden: Welche Ziele, Fragen, Aufgaben wurden bisher bearbeitet, welche *Arbeitspakete* und *Prüfsteine* begonnen bzw. beendet, wie sind die aktuellen Termine im *Netzplan*? Anschließend sollten die wichtigsten bereits vorhandenen Zwischenergebnisse zusammengefaßt werden. Wesentlich ist auch, Probleme, die sich im Projektverlauf ergeben haben, sowie Maßnahmen zur Behandlung dieser Probleme und daraus resultierend Hinweise auf die Wahrscheinlichkeit der Einhaltung von vorgegebenen Terminen (vgl. Prüfsteine), v. a. des geplanten Endtermins des Projekts, festzuhalten.

Der Zwischenbericht ist insbesondere grundlegend für die Entscheidung, ob das *Projekt* wie geplant weitergeführt wird, oder ob es aufgrund der Abweichungen abgebrochen werden soll. Ein frühzeitiger Projektabbruch erspart u. U. hohe Kosten. Andererseits muß die Entscheidung gut begründet sein, d. h. alle möglichen Alternativen müssen sorgfältig geprüft werden.

5.3 Methoden

Eine wichtige, wenngleich auch einfache und offensichtliche *Methode*, die während der Projektüberwachung ständig angewendet werden sollte, ist das *Gespräch*. Weiterhin können Merklisten und *Netzpläne* eingesetzt werden. Diese dienen dann gleichzeitig der Berichterstattung. Dazu stellen wir als Methoden die *Merklistenerstellung* und die Anwendung von *Netzplänen* vor. Auf weitere Methoden für die Berichterstattung werden wir an dieser Stelle nicht eingehen.

5.3.1 Gespräch

Im Rahmen der Projektüberwachung ist es sinnvoll, *Gesprächen* in Form von *Besprechungen* genügend Platz einzuräumen. Gespräche dienen der Beschaffung und Weitergabe von Informationen, z. B. über den Verlauf des *Projekts*, und der Diskussion von Problemen und Lösungen. Bei kleinen Projekten genügt es sicherlich oft, einzelne Aspekte informell zu besprechen. Häufig ist es aber notwendig, alle betroffenen Projektbeteiligten in regelmäßigen Abständen an einen Tisch zu bringen.

Zu solchen *Besprechungen* sollte rechtzeitig vorher eingeladen werden, wobei Ort, Zeit und die Tagesordnung bekanntgegeben werden. Unterlagen, auf die in der Besprechung Bezug genommen werden soll, sollten unbedingt mit der Einladung rechtzeitig vorher verschickt werden. Der Gesprächsleiter, i. d. R. ein Mitglied der

Projektleitung, führt durch die Tagesordnung. Ein zuvor bestimmter Protokollant hält alle wesentlichen Punkte, insbesondere Beschlüsse und zu erledigende Aktivitäten, schriftlich fest. Das Protokoll der Besprechung wird hinterher an alle Teilnehmer der Besprechung verteilt, evtl. auch zur Information an alle Projektbeteiligten.

Eine andere Möglichkeit besteht darin, regelmäßige *Gespräche* zu festen Terminen vorzusehen, z. B. wöchentlich am gleichen Tag und zur selben Zeit. Dann können sich alle Beteiligten langfristig die Termine freihalten. Zudem ist so eine gewisse Kontinuität bei der Projektüberwachung gewährleistet.

5.3.2 Merklistenerstellung

Eine einfache *Methode*, die während der Projektbegleitung eingesetzt werden kann, ist die *Merklistenerstellung*. Dabei werden zu einzelnen *Arbeitspaketen*, Phasen oder zum gesamten *Projekt* Aktivitäten aufgelistet, mit dem Ziel, die bereits erledigten Aktivitäten 'abhaken' zu können. In Abb. 5-2 wird eine Merkliste in Anlehnung an den Netzplan in Abbildung 4-3 dargestellt. Merklisten sind sehr schnell erstellt und leicht zu pflegen; sie geben einen guten Überblick darüber, was getan werden muß, was bereits abgeschlossen ist und welche Aktivitäten, die zuerst vorgesehen waren, gestrichen wurden. Außerdem können auf einfache Weise *Ressourcen* wie Personal zugeordnet werden. Allerdings werden Merklisten leicht unübersichtlich, wenn eine Menge an weiteren *Informationen* wie Termine, Verzögerungen etc. aufgenommen werden. Für den Projektverlauf besonders wichtige Termine sollten jedoch ggf. auch in einer Merkliste erscheinen.

Projekt ...
Merkliste zur Projektplanung
- Projektauftrag schreiben (Herr B.) ✓
- Projekt annehmen (Frau A.)
- ~~Rücksprache mit Vorstand (Herr B.)~~
- Projektteam bilden (Frau A.)
- Vorgehen planen (Frau A.)
- Vorgehensplan verabschieden (Frau A., Herr B.), 17.2.199x

Abbildung 5-2: Beispiel für Merkliste.

(✓ bedeutet, die Aktivität ist abgeschlossen, — bedeutet, die Aktivität wurde gestrichen)

5.3.3 Netzpläne: Anwendung

Netzpläne, deren Erstellung wir in Abschnitt 4.3.2 geschildert haben, eignen sich auch für die Unterstützung der Projektbegleitung. Um sie für die Projektüberwachung anwenden zu können, werden zunächst die zu einem bestimmten Zeitpunkt in Bearbeitung befindlichen oder bereits abgeschlossenen *Vorgänge* markiert. Der

Netzplan, der dafür zugrunde gelegt wird, ist der letzte gültige, also zu Projektbeginn der Netzplan aus dem *Vorgehensplan*. Durch die Vorgänge, in deren Bearbeitungszeitraum der zu betrachtende Zeitpunkt fällt, wird eine Datumslinie gezogen, d. h. eine Linie, die durch alle Vorgänge verläuft, die am betrachteten Zeitpunkt in Bearbeitung sein müßten (vgl. Abb. 5-3). Es ist nun möglich, den aktuellen Projektstand abzulesen, indem überprüft wird, ob die Vorgänge, die vor der Datumslinie hätten begonnen oder abgeschlossen sein sollen, dies auch sind.

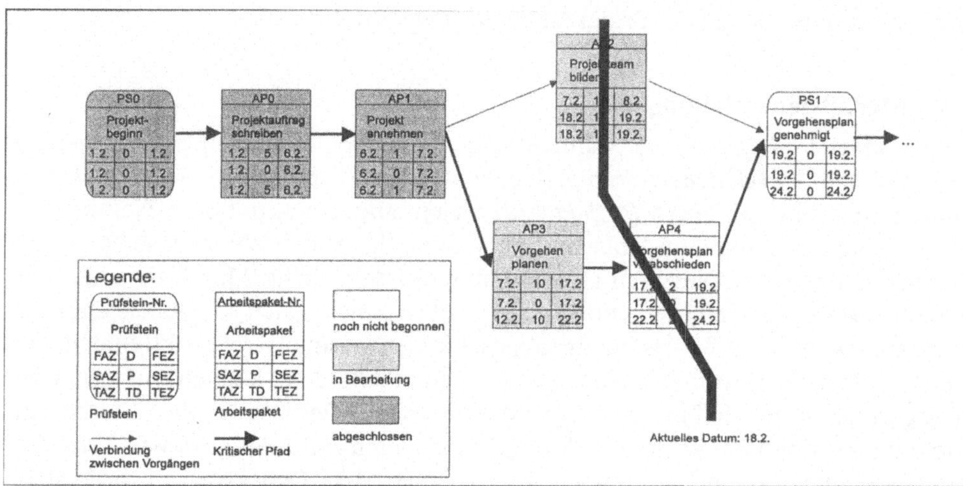

Abbildung 5-3: Netzplan mit Datumslinie.

(mit FAZ = Frühester Anfangszeitpunkt, FEZ = Frühester Endzeitpunkt, D = Dauer, SAZ = Spätester Anfangszeitpunkt, SEZ = Spätester Endzeitpunkt, P = Pufferzeit, TAZ = Tatsächlicher Anfangszeitpunkt, TEZ = Tatsächlicher Endzeitpunkt, TD = Tatsächliche Dauer)

Zum aktuellen Datum sind die Arbeitspakete AP0 und AP1 abgeschlossen und die Arbeitspakete AP2 und AP3 in Bearbeitung. Das Arbeitspaket AP3 kann erst später beendet werden als geplant. Auf das Arbeitspaket AP2 hat dies keine Auswirkung, da hier keine Abhängigkeit besteht. Das Arbeitspaket AP4 und der Prüfstein PS1 werden aber erst später als geplant begonnen bzw. abgeschlossen werden können.

Bei komplexeren *Netzplänen* wird diese Darstellung jedoch schnell unübersichtlich. Abhilfe schafft die Überführung des Netzplans in ein Balkendiagramm. Hierzu werden auf der x-Achse die Zeit und auf der y-Achse die *Vorgänge* eingetragen. In Arbeit befindliche und abgeschlossene Vorgänge werden wieder markiert, ebenso die Pufferzeiten für die Vorgänge dargestellt. Eine nunmehr vertikale Datumslinie zeigt auf einen Blick den Stand des *Projekts*. Abbildung 5-4 enthält die Überführung des Netzplans aus Abbildung 5-3 in ein Balkendiagramm.

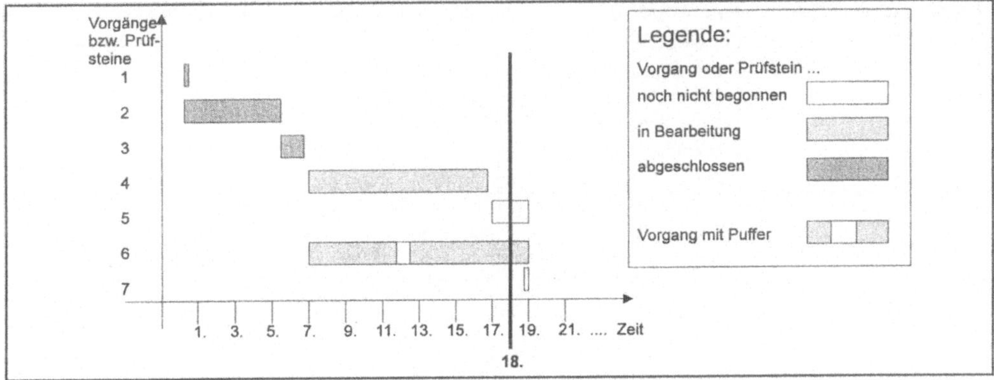

Abbildung 5-4: Balkendiagramm mit Datumslinie.

Wenn *Vorgänge* verspätet oder - seltener - verfrüht abgeschlossen werden, muß der *Netzplan* des *Projekts* modifiziert werden. Dazu gibt es verschiedene Möglichkeiten. Entweder wird der Netzplan ab dem Zeitpunkt der Verschiebungen neu geplant. So kann sich ein neuer *kritischer Pfad* ergeben oder auch das Projektende sich ändern. Die Version des aktualisierten Netzplans muß dazu notiert werden. Oder der ursprüngliche Netzplan wird mit allen Planungsdaten beibehalten, dabei werden alle Vorgänge wie beschrieben gekennzeichnet sowie zusätzlich die tatsächlichen Zeitangaben zu Anfang, Ende und Dauer eines Vorgangs festgehalten (s. Abbildung 5-3). Dies hat den Vorteil, daß die Verzögerung des Projekts im Vergleich zur Planung auf einen Blick ersichtlich wird.

5.3.4 Weitere Methoden

Weitere und weiterführende *Methoden*, die während der Projektbegleitung Anwendung finden können, gibt es in der Literatur vor allem zu folgenden Stichpunkten:

- Projektmanagement
- *Geschäftsprozeßmodellierung* (s. auch Kapitel 6)

5.4 Werkzeuge und Ergebnisse

In Tabelle 5-2 sind *Methoden* und rechnerbasierte *Werkzeuge* aufgeführt, die während der typischen Aktivitäten in der Phase Projektbegleitung verwendet werden können sowie die Ergebnisse der Phase, z. B. die erstellten Dokumente.

Aktivität	Methode(n)	Soft-/Hardware für ...	Ergebnis(se)
Projektüberwachung	Gespräch Netzpläne: Anwendung Geschäftsprozeßmodellierung (s. Kapitel 6)	Textverarbeitung Projektmanagement Geschäftsprozeßmodellierung	überwachtes Projekt
Berichterstattung	Merklistenerstellung Netzpläne: Anwendung	Textverarbeitung Projektmanagement	Verlaufsdokumentation Zwischenberichte

5.5 Merkliste

Die folgende Merkliste für die Projektbegleitung gibt einen Überblick über die typischen Aktivitäten in dieser Phase und enthält Empfehlungen für die Durchführung. Sie können anhand der Liste die Begleitung Ihres *Projekts* überprüfen.

Projektüberwachung

- Ermitteln Sie regelmäßig zu jedem *Arbeitspaket* die tatsächlichen Zeiten und Aufwände.
- Überprüfen Sie den *Vorgehensplan*, den *kritischen Pfad* und das Erreichen von *Prüfsteinen*.
- Sind die bisher erreichten Ergebnisse plausibel? Tragen sie dazu bei, das Ziel des Projekts zu erreichen?
- Stimmt die Verwendung von *Ressourcen* überein mit den Planungen?
- Gibt es Probleme bei der Durchführung von *Arbeitspaketen*? Wenn ja, wie können diese gelöst werden?
- Legen Sie Besprechungstermine mit allen Betroffenen fest. Verschicken Sie vorher die Tagesordnung und notwendige Unterlagen.
- Kann das *Projekt* weitergeführt oder sollte es abgebrochen werden?
- Informieren Sie alle Beteiligten über den Stand des *Projekts*, Probleme, Änderungen usw.

Berichterstattung

- Haben Sie ein *Projektsekretariat* eingerichtet (vgl. Unterkapitel 2.5)?
- Liegen alle Informationen für die Erstellung der Verlaufsdokumentation vor?
- Erinnern Sie Ihre Mitarbeiter an die rechtzeitige Erstellung der Ergebnisdokumentation.
- Liegen alle Informationen für die Erstellung von Zwischenberichten vor?

Nach unserer Erfahrung müssen im Rahmen der Projektbegleitung insbesondere die folgenden Punkte beachtet werden:

- Die Verschickung der Unterlagen zu einer *Besprechung* muß rechtzeitig erfolgen, d. h. nicht erst kurz vor der Besprechung! Schließlich sollten alle Beteiligten ausreichend Zeit haben, sich mit Entwürfen, Ergebnissen etc. vertraut zu machen. Wenn die Unterlagen womöglich erst während der Besprechung gelesen werden (können), wird unnötig Zeit und Kraft verschwendet, die dann für wichtigere Dinge, z. B. die Diskussion von Problemen, fehlt.

- Es ist oft sinnvoll, *Gespräche* zu festen Terminen in regelmäßigen Abständen einzuplanen! Dies erhöht die Wahrscheinlichkeit, daß die meisten Projektbeteiligten an den Gesprächen teilnehmen, da sie bei ihrer Terminplanung von vornherein diese Gespräche berücksichtigen können. Und erfahrungsgemäß eignen sich regelmäßige Gespräche besonders, um kleinere Probleme frühzeitig gemeinsam durchsprechen zu können.
- Führen Sie die Kontrolle des *Projekts* sorgfältig durch! Durch rechtzeitiges Einschreiten zu gegebenem Zeitpunkt kann manch ein Projekt davor gerettet werden, keine brauchbaren Ergebnisse hervorzubringen.

5.6 Beispiele

5.6.1 Projekt 'Befundübermittlung'

Die Aktivitäten, die im Rahmen der Begleitung des *Projekts* 'Befundübermittlung' anfallen, sind im *Arbeitspaket* AP1 beschrieben (s. Tabelle 5-3):

AP1	**Projektüberwachung**
Bezug zu Frage:	-
Ressourcen: Personal: Werkzeuge: Sonstige:	 Frau H. Software für Textverarbeitung und Projektmanagement -
Kosten:	-
Beginn:	18.2.199x
Ergebnisvorlage:	1.3.199x (Zwischenbericht), 15.4.199x (Projektende)
Initialereignis:	Vorgehensplan verabschiedet (PS1)
Phasenbezeichnung:	Projektbegleitung
Aktivitäten:	1. Analyse und Überwachung des Vorgehensplans unter terminlichen Aspekten 2. Koordinierung der Einführung der Maßnahmen zur Unterstützung der Befundübermittlung 3. Entgegennahme von Ergebnissen, inhaltliche Kontrolle 4. Sammeln von Problemen, Klärung 5. Zwischenbericht nach den Vorher-Untersuchungen, Vorlage an Projektauftraggeber (1.3.199x)
Methoden:	Gespräch, Anwendung von Netzplänen
Ergebnisse:	überwachtes Projekt, aktualisierter Netzplan, Zwischenbericht

Tabelle 5-3: Projekt Befundübermittlung, Arbeitspaket AP1.

Frau H., die das *Projekt* überwacht, hält sich in regelmäßigen *Gesprächen* mit ihren beiden Mitarbeitern ständig auf dem laufenden. Die *Arbeitspakete* AP2 und AP4, die die Vorher-Untersuchungen zum Inhalt hatten, konnten erfreulicherweise in der geplanten Zeit bearbeitet werden, so daß *Prüfstein* PS2 termingerecht erreicht wird. Die Ergebnisse und den (bisher günstigen) Verlauf des Projekts faßt Frau H. in einem Zwischenbericht zusammen.

Bei den Maßnahmen zur Unterstützung der Befundübermittlung, die von anderen Stellen und nicht im Rahmen dieses *Projekts* durchgeführt werden sollen, gibt es allerdings Probleme: Der Arbeitsplatzrechner, auf dem die Station 2 der Chirurgischen Klinik die Laborbefunde präsentiert bekommen soll, wird nicht rechtzeitig geliefert, so daß sich Schulung und Einführung verzögern. Frau H. läßt aber dennoch die Nachher-Untersuchung in der Medizinischen Klinik durchführen (Dort wurde der Bote pünktlich eingestellt.). So ergibt sich ein *kritischer Pfad* von PS3 über AP3 zu PS4. Durch die Verzögerung wird ihr Mitarbeiter, Herr W., während der Auswertung der Ergebnisse, an denen er beteiligt sein sollte, bereits im Urlaub sein. In Absprache mit Herrn W. beschließt Frau H. deshalb, daß dieser während der unfreiwilligen 'Wartezeit' in der Chirurgischen Klinik bereits mit der Auswertung der *Daten* aus der Vorher-Untersuchung in der Medizinischen Klinik beginnt.

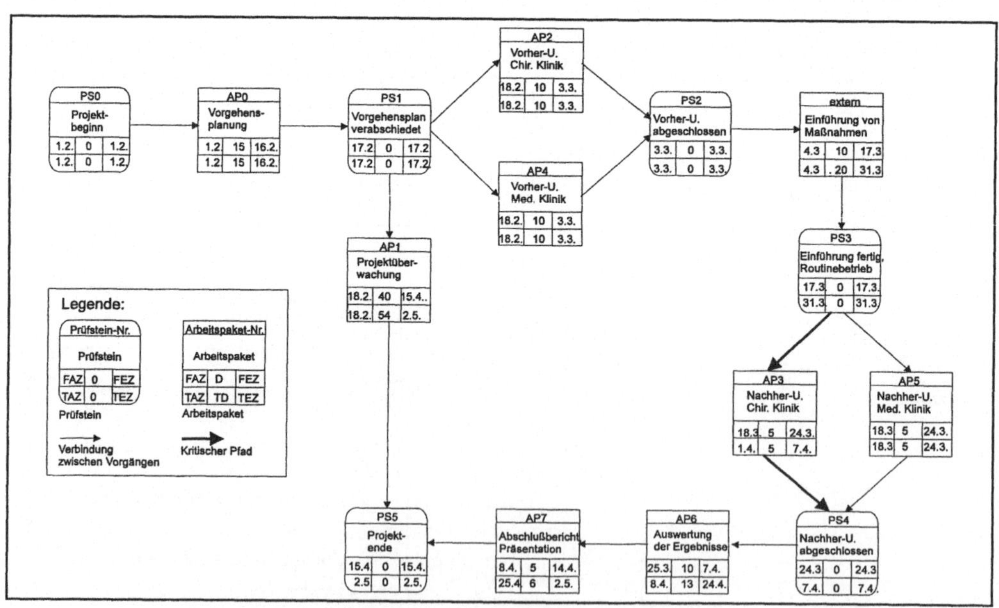

Abbildung 5-5: Projekt Befundübermittlung, Netzplan zu Projektende.

(FAZ = Frühester Anfangszeitpunkt, FEZ = Frühester Endzeitpunkt, D = Dauer, TAZ = Tatsächlicher Anfangszeitpunkt, TEZ = Tatsächlicher Endzeitpunkt, TD = Tatsächliche Dauer)

Dadurch nimmt die Dauer von *Arbeitspaket* AP6 nicht zu stark zu. Als endlich alle Arbeitspakete bearbeitet sind, hat sich das Projektende um drei Wochen nach hinten verschoben (s. Abbildung 5-5). Zum Glück beeinflußt dies weitere Projekte zur Einführung der rechnerunterstützten Befundübermittlung nicht nachhaltig.

5.6.2 Projekt 'Speisenanforderung'

Das *Projekt* 'Speisenanforderung' wird im März 199x begonnen. Herr S. und seine Mitarbeiter kommen zügig voran. Der *Vorgehensplan* (s. Unterkapitel 4.7, Übung 5) kann früher als geplant verabschiedet werden. Die Erstellung des *Pflichtenhefts* dauert dann etwas länger als vorgesehen, da den Mitarbeitern auf Station immer wieder Ergänzungen einfallen. Die Ausschreibung wird wie geplant durchgeführt. Es zeigt sich bald, daß nur zwei Produkte in die engere Auswahl gelangen. Allerdings kommen Herr S. und seine Mitarbeiter zu dem Schluß, daß eine endgültige Entscheidung erst getroffen werden kann, wenn beide *Anwendungssoftwareprodukte* über einige Wochen testweise in der MHP installiert werden. Da dies ursprünglich nicht geplant war, verschiebt sich das Projektende um drei Monate nach hinten, die Kosten für die Testinstallationen waren nicht vorgesehen und müssen nun über allgemeine Mittel der Medizinischen Hochschule gedeckt werden. Doch die Testinstallation lohnt sich: Das Anwendungssoftwareprodukt, das vorher von den involvierten Stationspflegekräften präferiert wurde, erweist sich in der Anwendung als unhandlich, langsam und in vielen *Funktionen* nicht ausgereift. Jetzt fällt die Entscheidung für das andere Produkt einstimmig. Die Beschaffung und Einführung werden wie geplant durchgeführt.

5.7 Übungen

Übung 1: Welche Folgen kann es haben, wenn ein *Projekt* während seiner Durchführung nicht begleitet wird?

Übung 2: Angenommen, Sie sind Leiter eines umfangreichen *Projekts* zur Auswahl und Einführung von *Informationssystemkomponenten* für die Patientendatenverwaltung. Wie würden Sie die Kommunikation zwischen den Projektbeteiligten organisieren?

Übung 3: Ihre Mitarbeiter beim *Projekt* aus Übung 2 sind nicht besonders angetan von der Aufgabe, zum Abschluß der Systemauswahl einen Zwischenbericht zu erstellen. Erläutern Sie ihnen die Notwendigkeit. Wie können Sie Hilfestellung für die Berichterstattung geben?

Übung 4: Wo befinden Sie sich in dem *Netzplan* aus Abbildung 1-1, den Sie in Kapitel 3, Übung 5, mit Zeiten ergänzt haben? Überführen Sie den Netzplan in ein Balkendiagramm.

Übung 5: Zu Beispiel 'Speisenanforderung': Den Ausführungen in Abschnitt 5.6.2 können Sie entnehmen, wie das *Projekt* ungefähr verläuft. Falls Sie bei der Projektplanung bereits einen *Netzplan* gezeichnet haben (s. Kapitel 4, Übung 5), aktualisieren Sie ihn nun anhand der *Informationen* zum Projektverlauf. Falls nicht, stellen Sie jetzt den Netzplan des Projekts dar, wie es geplant und tatsächlich durchgeführt wurde.

6 Systemanalyse

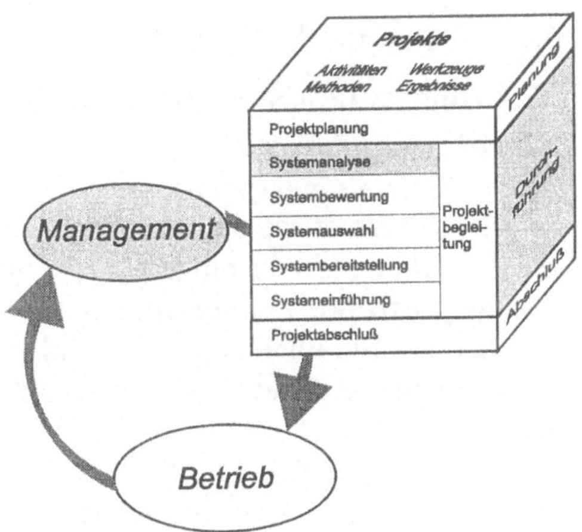

6.1 Einleitung

Wozu Systemanalyse, was ist das Ziel?

Ein *Projekt* wird dann initiiert, wenn ein Problem vorliegt, das es zu lösen gilt. I. d. R. sind aber Art und Umfang der Problemstellung zu Anfang noch nicht vollständig klar. Um den Problembereich beschreiben und die Ursachen und möglichen Lösungen ermitteln zu können, muß häufig zunächst das *(Sub-) Informationssystem* analysiert und beschrieben werden, das Gegenstand des Projekts ist. Je nach Art des Problems sollten noch andere (Sub-) Informationssysteme untersucht werden. Außerdem ist ggf. eine Marktanalyse notwendig.

Wann wird die Phase durchgeführt?

Die Systemanalyse ist nach der Projektplanung die zweite Phase im *Phasenmodell für Projekte* für das *Management von Informationssystemen*. Sie wird in vielen *Projekten* durchlaufen.

Welche Ergebnisse liegen nach Abschluß dieser Phase vor?

Die Beschreibung des *(Sub-) Informationssystems* des Unternehmens, ggf. anderer (Sub-) Informationssysteme und eine Übersicht über *Produkte* auf dem Markt.

Was sollen Sie lernen?

Nach der Lektüre dieses Kapitels sollen Sie wissen, wie Sie ein *(Sub-) Informationssystem* analysieren und beschreiben und wie Sie eine Marktanalyse vornehmen können.

Dazu sollten Sie mit *Methoden zur Informationsbeschaffung* und zur Beschreibung von *Informationssystemen* vertraut sein und eine Vorstellung darüber haben, welche *Werkzeuge* und weiteren *Methoden* in dieser Phase zur Anwendung kommen können.

6.2 Typische Aktivitäten

6.2.1 Analyse des (Sub-) Informationssystems des Unternehmens

Im *Vorgehensplan* wurde bereits festgelegt, welches *Informationssystem* bzw. welche *Informationssystemkomponente* (i. d. R. ein *Sub-Informationssystem*) im *Projekt* betrachtet werden soll. Nun müssen das (Sub-) Informationssystem und der *Bereich*, in dem es eingesetzt ist, untersucht werden. Ziel ist es, diese so darzustellen, daß die Problemsituation klar erkennbar ist. Dies hilft Ihnen zu entscheiden, ob Sie überhaupt das richtige Problem angehen, und zu erkennen, welche Komponenten zum betrachteten Bereich gehören und welche sich außerhalb befinden.

Die Analyse des *(Sub-) Informationssystems* des Unternehmens, kurz Systemanalyse, umfaßt eine Analyse und Beschreibung des Ist-Zustands des betrachteten *Bereichs* und seines *Informationssystems*. Natürlich können auch historische Aspekte einfließen, die für den aktuellen Betrieb beachtet werden müssen. Beispielsweise ist die Aussage, daß die Anzahl der Laboranforderungen, die von einer Station in einem Krankenhaus durchgeführt werden, seit fünf Jahren kontinuierlich ansteigt, von Bedeutung für das Informationssystem der Station.

Die *Systemanalyse* besteht i. d. R. zunächst aus der Erhebung und Erfassung von *Informationen*, z. B. durch *Beobachtung* oder *Befragung*. Wenn alle notwendigen Informationen gesammelt sind, werden sie so zusammengestellt, daß eine Beschreibung des *(Sub-) Informationssystems* entsteht. Diese Beschreibung kann statische wie auch dynamische Teile enthalten. Die statische Sicht wird z. B. wiedergegeben durch Mengengerüste, Listen und Aufzählungen. Die dynamische Sicht zeigt den logischen, zeitlichen, qualitativen und quantitativen Zusammenhang zwischen Informationen bzw. *Daten* auf.

Selbstverständlich müssen alle Aktivitäten, die Sie im Rahmen der Systemanalyse durchführen wollen, vorher geplant werden. Dies erfolgt i. d. R. bereits während der Vorgehensplanung (s. Kapitel 4). Die Auswertung der Aktivitäten ist Inhalt anderer Phasen. Deshalb werden wir an dieser Stelle nicht darauf eingehen.

Es ist zweckmäßig, die Systemanalyse strukturiert vorzunehmen, d. h. sich an ein Schema zu halten, das alle wichtigen Gesichtspunkte umfaßt. In Tabelle 6-1 stellen wir Ihnen mögliche Bestandteile einer strukturierten Systemanalyse vor. Im *Vorgehensplan* ist angegeben, welche Aspekte des *Informationssystems* in welcher Tiefe untersucht werden sollen. Möglicherweise ist nur ein Teil der vorgestellten Gliederung relevant für ein *Projekt*.

Zunächst wird in der globalen Aufgabenanalyse, der Einflußgrößenanalyse, der Strukturanalyse und der Ausstattungsanalyse der betrachtete *Bereich* beschrieben.

In der globalen Aufgabenanalyse wird kurz zusammengefaßt, welche Aufgaben der betrachtete *Bereich* auszuführen hat. Eine neurologische Station eines Krankenhauses hat beispielsweise die Aufgabe zu erfüllen, die diagnostische und therapeutische Versorgung der neurologischen Patienten sicherzustellen.

Globale Aufgabenanalyse	Welche Aufgaben hat der Bereich zu erfüllen?
Einflußgrößenanalyse	Welche Einflußgrößen gibt es, wie wirken sie?
Strukturanalyse	Welche räumliche, personelle und organisatorische Struktur hat der Bereich?
Ausstattungsanalyse	Welche Ausstattung an *informationsverarbeitenden Werkzeugen* liegt vor (*Anwendungssysteme* und *physische Subsysteme*, konventionell und rechnerbasiert)?
Dokumentationsanalyse	Welche Formulare werden verwendet, wie wird dokumentiert?
Kommunikationsanalyse	Welche Kommunikation erfolgt innerhalb des Bereichs, mit anderen Bereichen in und außerhalb des Unternehmens?
Tätigkeitsanalyse	Welche Tätigkeiten werden durchgeführt, von wem, in welcher Abfolge, mit welchen Abhängigkeiten?

Tabelle 6-1: Mögliche Bestandteile einer strukturierten Systemanalyse.

Die Einflußgrößen, die in der Einflußgrößenanalyse ermittelt werden, können unterschiedlichster Art sein. Neben Einflußgrößen 'von außen' - juristischer, politischer, wirtschaftlicher oder technischer Art - müssen auch unveränderliche Teile des Ist-Zustands berücksichtigt werden. Die Ermittlung von Einflußgrößen kann dabei helfen, Aspekte für mögliche Erweiterungen wie auch Beschränkungen für das *(Sub-) Informationssystem* zu erkennen. Einflußgrößen auf eine Station ergeben sich beispielsweise aus gesetzlichen Verordnungen wie Datenschutzgesetzen und der Bundespflegesatzverordnung.

Innerhalb der Strukturanalyse kann die räumliche Struktur eines *Bereichs* mittels Lageplänen dargestellt werden, die Personalstruktur anhand von Stellenplänen und -besetzungstabellen. Die organisatorische Struktur eines Bereichs betrifft z. B. Teilbereiche, Arbeits- und Sprechzeiten. So ist es bei einer Station bei manchen Fragestellungen von Interesse, daß die Pflegekräfte in Früh-, Spät- und Nachtschicht arbeiten.

In der Ausstattungsanalyse werden die *informationsverarbeitenden Werkzeuge* ermittelt und aufgelistet. Die Mitarbeiter einer Station benutzen z. B. Krankenakten auf Papierbasis, um den Verlauf der Behandlung eines Patienten aufzuzeichnen. Die Befunde aus den Labors werden hingegen mittels eines rechnerunterstützten *Anwendungssystems* empfangen und dann ausgedruckt.

Die Dokumentations-, Kommunikations- und Tätigkeitsanalysen beziehen sich auf das *(Sub-) Informationssystem* des untersuchten *Bereichs.*

In der Dokumentationsanalyse wird untersucht, welche Formulare verwendet bzw. welche Dokumente erstellt werden und welche Datenbanken vorliegen. Zu den Dokumenten können beispielsweise Autor, Dokumentenart, Zweck, Empfänger usw. notiert werden. Auf einer Station werden z. B. unterschiedliche Formulare verwendet, um diagnostische und therapeutische Leistungen bei Funktionsbereichen anzufordern.

Die Kommunikationsanalyse hat zum Ziel, die Inhalte, Häufigkeiten und Formen der Kommunikation zwischen Partnern darzustellen. Dabei kann unterschieden werden zwischen Kommunikation innerhalb des betrachteten *Bereichs*, z. B. zwischen Pflegekräften und Ärzten, Kommunikation mit anderen Bereichen im Unternehmen, z. B. zwischen der Station und den Funktionsbereichen, und Kommunikation mit Stellen außerhalb des Unternehmens, z. B. mit Lieferanten wie Pharmafirmen. Basierend auf diesen *Informationen* können Informationsflüsse analysiert und beschrieben werden.

In der Tätigkeitsanalyse werden schließlich die Tätigkeiten des im betrachteten *Bereich* beschäftigten Personals dargestellt. Im Rahmen der Analyse von *(Sub-) Informationssystemen* bezieht sich dies insbesondere auf Tätigkeiten informationsverarbeitender und -speichernder Art. Die Tätigkeiten können beschrieben werden anhand des Ablaufs, der Ausführenden (Zahl, Qualifikation), des Auslösers für die Tätigkeit, der Ein- und Ausgabeinformationen, der Dauer, der Häufigkeit und der verwendeten Hilfsmittel. Aus den Tätigkeiten lassen sich *informationsverarbeitende Verfahren* bzw. *Geschäftsprozesse* ableiten. Auf einer Station gibt es z. B. die Tätigkeit 'Anfordern einer diagnostischen Leistung'. Diese Tätigkeit wird von einer Pflegekraft durchgeführt, wenn sie vom Arzt angeordnet wurde. Für die Anforderung wird beispielsweise ein Formular ausgefüllt, das die Stammdaten des Patienten, die Diagnose, die Art der gewünschten Leistung und weitere Informationen enthält. Als 'Ausgabeinformation' wird ein Termin geliefert, zu dem die angeforderte Leistung stattfinden kann.

6.2.2 Analyse anderer (Sub-) Informationssysteme

Normalerweise - es gibt auch Ausnahmen - reicht es im Rahmen eines *Projekts* für das *Management von Informationssystemen* nicht aus, das eigene *(Sub-) Informationssystem* zu analysieren und zu beschreiben. Vielmehr ist es sinnvoll und hilfreich, ähnliche (Sub-) Informationssysteme in anderen *Bereichen* desselben Unternehmens oder in anderen Unternehmen ebenfalls zu analysieren. Das Ziel ist letztendlich, Ideen für die Behebung der bestehenden Probleme, d. h. für die Verbesserung des eigenen Informationssystems, zu erhalten. Andere, aus Sicht des Projekts 'fremde' Informationssysteme können mit dem eigenen verglichen werden bezüglich Leistung, Kosten und Akzeptanz.

Wenn im *Projekt* nur ein *Teilsystem* des gesamten *Informationssystems* eines Unternehmens betrachtet wird, ist es häufig möglich, ähnliche Teilsysteme in demselben Unternehmen zu untersuchen. Gibt es beispielsweise bei der Dokumentation der Pflegeleistungen auf einer Station eines Krankenhauses Probleme, so ist möglicherweise der Vergleich mit der Vorgehensweise auf einer anderen Station hilfreich, um Lösungsansätze für diese Probleme zu erkennen. Statt dessen können auch die entsprechenden Teilsysteme in anderen Unternehmen, die ähnlich ausgerichtet sind, analysiert werden. Wenn im obigen Beispiel das gesamte Krankenhaus auf einheitliche Art und Weise die Pflege dokumentiert, ist es sinnvoller, das Verfahren Pflegedokumentation mit den *Verfahren* in anderen Krankenhäusern zu vergleichen.

Die Analyse anderer *(Sub-) Informationssysteme* kann von der zeitlichen Abfolge her entweder parallel zu oder gleich nach der Analyse des eigenen (Sub-) Informationssystems erfolgen, oder aber - selektiver - erst nach der Bewertung des eigenen (Sub-) Informationssystems. Die Analyse anderer (Sub-) Informationssysteme parallel zu der oder direkt im Anschluß an die Analyse im betrachteten Bereich wird dann eher unter dem Blickwinkel 'Welche Möglichkeiten gibt es überhaupt? Wie machen es die anderen?' durchgeführt. Werden erst nach Bewertung des eigenen (Sub-) Informationssystems andere (Sub-) Informationssysteme herangezogen, geschieht dies schon nach ausgewählten Gesichtspunkten. Durch die Systembewertung (vgl. Kapitel 7) gibt es dann bereits eine Vorstellung über den Soll-Zustand des eigenen (Sub-) Informationssystems. Andere (Sub-) Informationssysteme werden nun gezielt dahingehend untersucht, ob sie diesen Soll-Zustand erfüllen.

Auch die Analyse anderer *(Sub-) Informationssysteme* sollte strukturiert erfolgen. Idealerweise bedient man sich derselben Gliederung wie bei der Analyse des eigenen (Sub-) Informationssystems (vgl. Abschnitt 6.2.1). Dadurch kann ein Vergleich leichter durchgeführt werden. Welche (Sub-) Informationssysteme untersucht werden sollen, ist dem *Vorgehensplan* zu entnehmen.

6.2.3 Marktanalyse

Eine Marktanalyse wird durchgeführt, wenn ein oder mehrere *Anwendungssysteme* innerhalb eines *Informationssystems* ausgetauscht oder modifiziert werden sollen. Dann wird untersucht, welche *Produkte* auf dem Markt verfügbar sind, auf deren Basis das bestehende Anwendungssystem ersetzt werden kann. Diese Produkte können *Anwendungssoftwareprodukte* sein oder auch *konventionelle Werkzeuge*. Da vorher bestimmte Vorstellungen gegeben sein müssen, wie das neue *System* auszusehen hat, erfolgt eine Marktanalyse i. d. R. erst nach der Analyse und Bewertung des eigenen Informationssystems. Sie hat zum Ziel, einen Überblick zu geben über kommerziell verfügbare Produkte, Anregungen zu liefern für die Lösung von Problemen im betrachteten Bereich, und geeignete Produkte auszuwählen, die für eine Bewertung in Frage kommen. Es kann aber auch sinnvoll sein, bereits begleitend zur Analyse des eigenen *(Sub-) Informationssystem* mit der Marktanalyse zu beginnen, um sich am 'Machbaren' orientieren zu können.

Um sich einen Überblick über die Marktsituation zu verschaffen, können unterschiedliche Quellen zu Rate gezogen werden. Hinweise auf geeignete *Produkte* können vergleichbare Unternehmen geben, d. h. Unternehmen derselben Branche, ähnlicher Größe usw. Auch Artikel und Anzeigen in Fachzeitschriften, Fachmessen, öffentliche Ausschreibungen oder Einträge in Software-Katalogen, in öffentlich zugänglichen Datenbanken oder Hinweise im 'Internet' können weiterhelfen, um an Adressen von Herstellern geeigneter Produkte zu kommen.

Um die notwendigen *Informationen* zu einem *Produkt* erhalten zu können, sollte möglichst konkret formuliert werden, welche Aspekte interessieren. Bei *Anwendungssoftwareprodukten* sind beispielsweise folgende Gesichtspunkte wichtig:

- Funktionalität des *Anwendungssoftwareprodukts,*
- Systemvoraussetzungen (*konventionelle* bzw. rechnerbasierte *Werkzeuge*),
- Kosten für Investition, Einführung und Betrieb,
- personeller Aufwand für Einführung und Betrieb,
- Realisierung von Datenschutz und Datensicherheit,
- Schnittstellen zu anderen Anwendungssoftwareprodukten,
- Erweiterbarkeit und Beschränkbarkeit,
- Referenzen des Anbieters.

Mit einem derartigen Anforderungsprofil können Firmen angesprochen bzw. angeschrieben werden mit der Bitte um Aussagen zu den aufgeführten Aspekten. Auskünfte geben auch Informationsmaterialien wie Prospekte und Demonstrationsprogramme, Vorführungen bzw. Präsentationen von bereits installierten *Anwendungssystemen* oder Testinstallationen im eigenen Unternehmen. Alle gewonnen Informationen können, ähnlich wie bei der Analyse von *(Sub-) Informationssystemen* anderer *Bereiche* bzw. Unternehmen, vergleichend nebeneinandergestellt werden, um eine Bewertung zu ermöglichen.

6.3 Methoden

Für die Analyse und Beschreibung von *(Sub-) Informationssystemen* gibt es eine Fülle von *Methoden.* Wir wollen im folgenden Methoden vorstellen, die sich nach unserer Meinung in der Praxis bewährt haben. Wir unterscheiden dabei zwischen *Methoden zur Informationsbeschaffung* und Methoden zur Beschreibung von *Informationssystemen.*

6.3.1 Methoden zur Informationsbeschaffung

Methoden zur Informationsbeschaffung setzen sich zusammen aus den Dimensionen 'Studienart' und 'Erhebungsart' für die Informationsbeschaffung. Es ergibt sich so eine zweidimensionale Tabelle (s. Tabelle 6-2). Wie Sie der Tabelle entnehmen können, ergibt nicht jede Kombination von Studien- und Erhebungsart einen Sinn. Die Tabellenfelder geben außerdem an, ob die Datenerhebung jeweils *prolektiv* oder *retrolektiv* erfolgt.

Wird ein Untersuchungskollektiv definiert, bevor auch nur ein Teil der *Daten* aufgezeichnet wurde, so handelt es sich um eine *prolektive* Auswertung ('mit vorheriger Auswahl'). Bei einer *retrolektiven* Auswertung wird das Untersuchungskollektiv erst festgelegt, nachdem zumindest ein Teil der Daten aufgezeichnet wurde. Bei einer prolektiven Auswertung kann die Aufzeichnung geplant und dabei gezielt auf die Fragestellung ausgerichtet werden, während man im retrolektiven Fall auf die Daten angewiesen ist, die unabhängig von der Fragestellung aufgezeichnet wurden - und die reichen dann oft nicht aus! Sie werden feststellen, daß bei den meisten Studienarten eine prolektive Auswertung möglich ist.

Informations-beschaffungs-methode *Erhebungsart* / *Studienart*	Mündliche Befragung	Schriftliche Befragung	Messung
Beobachtung	prolektiv	prolektiv	prolektiv
Experiment	prolektiv	prolektiv	prolektiv
Simulation	-	-	prolektiv
Umfrage	prolektiv	prolektiv	-
Datenbestandsanalyse	-	-	prolektiv oder retrolektiv

Tabelle 6-2: Dimensionen von Informationsbeschaffungsmethoden. Zeitlicher Bezug zwischen Vorgehensplanung und Datenerhebung je Studienart.

Die Erhebungsarten können auch gemischt verwendet werden, z. B. die *mündliche Befragung* und die *Messung*. Bei sämtlichen Erhebungsarten ist i. d. R. die *Methode 'Erhebungsbogenerstellung'* von Bedeutung.

Auch die Studienarten können gemischt verwendet werden, z. B. *Beobachtung* und *Umfrage*. Eine Studienart bezieht sich entweder auf mehrere Beobachtungseinheiten (übergreifende, i. d. R. statistische Auswertung) oder auf eine oder wenige Beobachtungseinheiten (kasuistische Auswertung, Einzelfallanalyse).

Dimension: Studienart

Beobachtung

Die *Methode Beobachtung* ist angezeigt, wenn der zu analysierende *Bereich* nicht zu sehr durch die Analyse belastet werden soll. Außerdem bietet sie sich an, wenn die zu erhebenden *Daten* nicht auf andere Weise dokumentiert sind oder nicht erfragt werden können. Beispielsweise könnte beobachtet werden, welche *Vorgänge* in einem Krankenhaus bei der Aufnahme von Patienten durchgeführt werden oder wie eine Laboruntersuchung verläuft.

Bei der *Beobachtung* kann unterschieden werden zwischen der Beobachtung einzelner Einheiten, z. B. ein Patient während der gesamten Zeit einer Behandlung in einer Ambulanz, und der Beobachtung vieler Einheiten, z. B. alle Patienten, die in einer Woche eine Ambulanz besuchen. Bei der Einzelbeobachtung ist das Ziel, möglichst viele Werte zu einer Beobachtungseinheit zu erhalten, d. h. die Beobachtung geht 'in die Tiefe'; bei der Beobachtung vieler Beobachtungseinheiten werden i. d. R. weniger Werte erhoben, aber von vielen Objekten ('in die Breite'), so daß bei der Auswertung beispielsweise Häufigkeiten oder Mittelwerte gebildet werden können.

Damit die Ergebnisse reproduzierbar und nicht von einem Beobachter abhängig sind, ist es wichtig, die *Beobachtung* so weit wie möglich zu planen.

Bei jeder Systemanalyse sollte die Projektleitung mindestens einmal den zu untersuchenden *Bereich* selbst aufsuchen und sich durch *Beobachtung* einen persönlichen Eindruck über den Bereich verschaffen.

Durchführung eines Experiments

Unter einem *Experiment* verstehen wir eine *Methode*, bei der ein Eingriff in betriebliche Abläufe vorgenommen wird. Dieses Experiment kann z. B. die Einführung einer neuen *Informationssystemkomponente* in ein *Informationssystem* sein. Dann können vor und nach der Einführung Werte gemessen oder Betroffene befragt werden. Diese Methode ist wichtig bei vergleichender Fragestellung.

Simulation

Bei der *Simulation* wird ein Wirklichkeitsausschnitt in ein *Modell* abgebildet. Mit Hilfe des Modells werden Zustände, die in der Wirklichkeit auftreten können, nachgebildet. Dazu werden Parameter verwendet, die geändert werden können. Sie können beispielsweise in einem Krankenhaus die Patientenbewegung simulieren. Aus den Angaben, in welchem Zeitraum erfahrungsgemäß wieviel Patienten aufgenommen werden, erhalten Sie den Bedarf an der Verfügbarkeit von Krankenakten. Bei terminierten Aufnahmen haben Sie mehr Zeit für die Bereitstellung der Krankenakten zur Verfügung als bei Notaufnahmen. Wenn Sie also in der Simulation von mehr Notfällen ausgehen, hat dies ggf. Auswirkungen auf die Archivorganisation. Achten Sie darauf, daß Sie nur die Aspekte in das Modell aufnehmen, die tatsächlich von Interesse sind für die zu betrachtenden Zustände.

Durchführung einer Umfrage

Eine *Umfrage* wird durchgeführt, indem eine repräsentative Auswahl von Personen zu einem Thema (oder mehreren) befragt werden. Die Umfrage kann schriftlich oder mündlich erfolgen. Ziel ist es meist, möglichst viele Aussagen zu den gewünschten Themen zu erhalten.

Datenbestandsanalyse

Unter *Datenbestandsanalyse* verstehen wir die Analyse von vorhandenen *Daten*, die *Informationen* über das zu untersuchende *(Sub-) Informationssystem* enthalten.

Sie bezieht sich auf die Daten des Datenbestands und/oder auf dessen Struktur (z. B. Datenstrukturen, Dokumententypen, Formulartypen), aber auch beispielsweise auf Daten aus der Literatur.

Aus Dokumenten konventioneller Art wie Berichten, Prospekten, Akten, Auftrags- und Rechnungsformularen, Bestands- und Bewegungslisten etc. werden gezielt relevante *Daten* erhoben und ausgewertet. In *rechnerunterstützten Informationssystemen* liegen oft beträchtliche Mengen von *Informationen* in Form von Dateien und Datenbanken vor. Die *Datenbestandsanalyse* sollte sich über einen vorher festgelegten Zeitraum erstrecken. Wichtig ist auch, die Zahl der ggf. nicht verfügbaren Daten festzuhalten. Eine Datenbestandsanalyse in einem Krankenhaus wird beispielsweise durchgeführt, wenn anhand des Laborjournals die Anzahl und Art der Laboruntersuchungen in einem bestimmten Zeitraum ermittelt werden sollen, oder wenn aus der Patientendatenbank die Anzahl der stationären Patientenaufnahmen eines Jahres ermittelt wird.

Die *Datenbestandsanalyse* steht neben der *Beobachtung* häufig am Anfang der Systemanalyse, um einen Einstieg in die Problemstellung zu erhalten. Allerdings ist die Brauchbarkeit der Ergebnisse stark abhängig von der Qualität der *Daten*. Außerdem muß berücksichtigt werden, daß die ermittelten *Informationen* vergangenheitsbezogen und damit nur eingeschränkt geeignet für das Ziehen von Schlußfolgerungen sein können. Verbrauchslisten von Medikamenten der letzten Jahre auf einer bestimmten Station eines Krankenhauses sind nicht sehr aussagekräftig für den zu erwartenden Medikamentenbedarf in den nächsten Jahren, wenn beispielsweise eine Erhöhung der Bettenzahl oder eine Verlagerung des fachlichen Schwerpunkts geplant ist.

Eine Sonderform der *Datenbestandsanalyse* ist die *Literaturanalyse*. Eine *Literaturanalyse* wird durchgeführt, indem zu einem bestimmten Thema oder zu einer Fragestellung Literatur gesucht und analysiert wird. Ziel ist es, einen Überblick zu erhalten über möglichst viele relevante Aussagen zum untersuchten Thema. Aus der gefundenen Literatur können Ideen für Lösungsmöglichkeiten eines eigenen Problems gefunden werden, oder es kann auch begründet werden, weshalb eine Lösung vorgezogen bzw. verworfen wird. Als Literaturquellen bieten sich Bücher, Artikel in Zeitschriften, Berichte anderer Unternehmen etc. an. Eine Literaturrecherche kann, außer durch konventionelles Suchen in Bibliothekskatalogen, über rechnerbasierte Datenbanken erfolgen, auf die z. B. über CD-ROMs oder online über Rechnernetze zugegriffen werden kann. Eine in der Medizin weit verbreitete Literaturdatenbank ist MEDLINE, in der auf Artikel in international bedeutenden Fachzeitschriften verwiesen wird.

Auch die *Formularanalyse* ist eine Form der *Datenbestandsanalyse*. Bei der Formularanalyse wird die Struktur von Formularen untersucht, die im zu analysierenden *(Sub-) Informationssystem* verwendet werden. Aus der Struktur können Informationsbedürfnisse abgeleitet werden. Allerdings können aussagekräftige Ergebnisse i. d. R. nur erreicht werden, wenn man weiß, wie Formulare ausgefüllt werden, welche Tätigkeiten zur Bearbeitung des Formulars geführt haben und wie das Formular von welchem Empfänger weiterverwendet wird. Die Analyse der Felder in dem Formular für die 'Fieberkurve', das in einem Krankenhaus verwendet wird, gibt Ihnen Aufschluß über die Informationen, die für eine Verlaufsdarstellung eines stationären Aufenthalts wichtig sind. Welche letztendlich tatsächlich verwendet werden, können Sie den ausgefüllten Formularen entnehmen.

Dimension: Erhebungsart

Erhebungsbogenerstellung

Grundlage für die Erhebung von *Daten* ist i. d. R. der *Erhebungsbogen*, der vorher erarbeitet werden sollte. Zum einen wird in ihm festgelegt, welche Daten erhoben, d. h. erfragt oder gemessen werden sollen. Zum anderen dient er gleichzeitig der Erfassung, d. h. der Niederschrift dieser Daten. Der Erhebungsbogen wird vor Durchführung der gewählten *Methode*, z. B. *Befragung* oder *Messung*, erstellt und in ausreichender Zahl vorbereitet. Die Gestaltung des Erhebungsbogens ist abhängig von der Art der Frage- bzw. Aufgabenstellung, die damit bearbeitet werden soll, und von der Art der geplanten Auswertung. Sie sollten dabei einige Regeln beachten:

- Jede Beobachtungseinheit sollte auf einem eigenen Bogen dokumentiert werden (z. B. wird für jeden Patienten, der befragt wird, ein Bogen ausgefüllt).
- Notieren Sie auf jedem Bogen das *Arbeitspaket* bzw. die Frage- oder Aufgabenstellung, auf die sich die Erhebung bezieht, außerdem das Datum der Erhebung und den Namen des Erhebenden.
- Verwenden Sie, soweit möglich, vorgegebene Antwortmöglichkeiten. Oder kodieren Sie mögliche Antworten, um schneller ausfüllen zu können.
- Sehen Sie Felder vor für den Fall, daß *Informationen* nicht erfaßt werden können bzw. keine Angaben dazu gemacht werden.
- Lassen Sie genügend Platz für Einträge; insbesondere sollten auch ergänzende Bemerkungen möglich sein.
- Gliedern Sie die Felder auf sinnvolle Art und Weise. Damit erleichtern Sie sich das Vorgehen bei der Erhebung und der Auswertung.
- Wenn Sie Informationen zu vielen gleichartigen Beobachtungseinheiten erheben wollen, sollten Sie einen Bezug zu jeder Beobachtungseinheit herstellen. Das kann durch die Verwendung eines eindeutigen Schlüssels erfolgen, z. B. können Sie zu jeder Krankenakte, die Sie analysieren, die Identifikation der Akte im Krankenaktenarchiv notieren.

Eine spezielle Form des *Erhebungsbogens* ist der *Fragebogen*, der bei der Studienart *Umfrage* verwendet wird. Bei der *schriftlichen Befragung* wird er, im Gegensatz zum Erhebungsbogen bei anderen Methoden, nicht vom Erhebenden, sondern vom Befragten selbst ausgefüllt. Regeln, die bei der schriftlichen Befragung, basierend auf Fragebögen, eingehalten werden sollten, sind im entsprechenden Unterabschnitt erläutert.

Mündliche Befragung

Eine *Befragung* kann mündlich oder schriftlich erfolgen. Sie dient dazu, *Informationen*, Einschätzungen, Wünsche oder Probleme von Personen im zu untersuchenden *Bereich* zu ermitteln. *Mündliche Befragungen* werden als *Interview* durchgeführt.

Um möglichst richtige und vollständige Antworten zu erhalten, sollten einige Regeln eingehalten werden (vgl. dazu [DAENZER 1982] und [LOCKEMANN et al. 1983]). Für *mündliche* wie auch *schriftliche Befragungen* gilt:

- Erläutern Sie den Zweck der *Befragung* zu Beginn.
- Die Befragung soll neue *Informationen* vermitteln, nicht bereits bestehende Meinungen bestätigen.
- Die Fragen sollten kurz, präzise und verständlich sein.
- Die Formulierung der Fragen muß auf die befragte Personengruppe abgestimmt sein.
- Wählen Sie einfache Formulierungen.
- Die Reihenfolge der Fragen soll sinnvoll gewählt sein, d. h. thematisch und im Schwierigkeitsgrad aufbauend.

Wenn Sie mündlich befragen, sollten Sie außerdem folgende Punkte beherzigen:

- Ein *Interview* ist kein Verhör!
- Beziehen Sie während des Interviews keine Stellung. Eine Ausnahme bilden provokative Aussagen, um Meinungen zu hören, die sonst nicht geäußert worden wären.
- Vermeiden Sie Hast.
- Lange Interviews ermüden, deshalb i. d. R. maximal eine halbe Stunde befragen, das Interview dann, wenn nötig, zu einem späteren Zeitpunkt fortsetzen.
- Das Interview sollte gut vorbereitet sein, da Mitarbeiter eines Unternehmens während ihrer Arbeitszeit zeitlich belastet sind. Nachfragen oder Wiederholen ist deshalb oft schwierig oder gar unmöglich.
- Halten Sie die Ergebnisse in schriftlicher Form fest, am besten mit Hilfe eines vorbereiteten *Erhebungsbogens*.

Die Erfassung der erhobenen *Information* kann auf unterschiedliche Weise erfolgen. Beispielsweise kann ein nachträgliches Gedächtnisprotokoll erstellt werden, die Erfassung kann unmittelbar nach Beantwortung der Fragen erfolgen, das *Interview* kann auf Tonband o. ä. aufgezeichnet und hinterher ausgewertet werden, oder die Antworten werden bereits direkt im Gespräch in ein vorgegebenes Antwortschema eingetragen.

Schriftliche Befragung

Schriftliche Befragungen werden i. d. R. mittels eines *Fragebogens* durchgeführt. Neben den Regeln zur *Erhebungsbogenerstellung* und allgemein zur Befragung sollten weitere Regeln eingehalten werden:

- Das Ausfüllen sollte möglichst nicht länger als eine halbe Stunde dauern.
- Der *Fragebogen* sollte Raum für persönliche Kommentare und Anregungen enthalten.
- Setzen Sie zum Beantworten angemessene Fristen. Wählen Sie diese so, daß noch Zeit bleibt für die Anmahnung ausstehender Fragebögen.
- Eine spätere statistische Analyse der *Daten* sollte angestrebt werden.

Eine *schriftliche Befragung* bietet sich z. B. an, wenn sich möglichst viele Mitarbeiter in einem Krankenhaus dazu äußern sollen, welche Tätigkeiten sie mit welcher Priorität durch ein rechnerbasiertes *Anwendungssystem* unterstützt haben wollen.

Ob eine *mündliche* oder eine *schriftliche Befragung* durchgeführt wird, hängt von verschiedenen Randbedingungen ab, z. B. von der zur Verfügung stehenden Zeit, der gewünschten Menge an zu befragenden Personen usw. Generell sollte, wenn möglich, das *Interview* der schriftlichen Befragung vorgezogen werden. Vorteile der mündlichen und Vorteile der schriftlichen Befragung werden in Tabelle 6-3 aufgeführt.

Vorteile der mündlichen Befragung	**Vorteile der schriftlichen Befragung**
Neben fachlichen Daten können auch Stimmungsbilder und Meinungen erhoben werden.	Die Qualität der Ergebnisse ist unabhängig vom Geschick des Interviewers.
Der Interviewer kann sich auf den Befragten einstellen.	Auch wenn interessierende Personen schwer verfügbar sind für ein Interview, können von ihnen Antworten erhalten werden.
Eine Prüfung der Antworten durch Kontrollfragen ist besser möglich.	Der Zeitaufwand für den Befragenden ist relativ gering.
Die Fragestellung kann ggf. erläutert werden.	Die Personengruppe, die während eines Zeitraums befragt werden kann, kann sehr groß sein.
Es besteht keine Gefahr der Manipulation durch Einbeziehen anderer, nicht befragter Personen.	Durch gleichzeitiges Ausfüllen von mehreren Personen kann eine Momentaufnahme einer Situation erhalten werden.

Tabelle 6-3: Vorteile der mündlichen und der schriftlichen Befragung.

Außer der Entscheidung, ob eine *mündliche* oder eine *schriftliche Befragung* durchgeführt werden soll, müssen Sie vorher noch festlegen, ob Sie freie oder standardisierte Fragen verwenden und ob Sie freie oder nur vorgegebene Antworten zulassen wollen. Natürlich sind auch Mischformen möglich. Eine Darstellung des möglichen Spektrums von freien bis standardisierten Fragen bzw. Antworten finden Sie in Tabelle 6-4.

Fragen	Antworten	Beschreibung	Personengruppe	Anforderungen an Interviewer	Vorbereitung	Auswertung
frei	frei	Gespräch	sehr klein	sehr hoch	gering	schwierig, Strukturierung nötig
standardisiert	frei	standardisierte Befragung mit offenen Antworten	groß	mittel	groß	mittelschwer, Vergleichbarkeit nicht unbedingt gewährleistet
standardisiert	standardisiert	standardisierte Befragung mit vorgegebenen Antworten	sehr groß	gering	sehr groß	einfach, maschinell möglich

Tabelle 6-4: Spektrum von freien bis standardisierten Fragen bzw. Antworten.

Messung

Unter der Methode *Messung* wollen wir alle Tätigkeiten zusammenfassen, die zu einer objektiven Datenerhebung führen. Dazu gehören das Messen von Strecken, Gewichten und der Zeit wie auch das Ermitteln einer Anzahl durch Zählen. Beim eigentlichen Messen müssen i. d. R. Hilfsmittel verwendet werden, z. B. ein Maßband für Strecken oder eine Stoppuhr für Zeitmessungen. Die Ergebnisse von Messungen lassen sich immer quantitativ darstellen.

Auch beim Messen sollten einige Aspekte beachtet werden:

- Das Personal im untersuchten *Bereich* sollte während der *Messung* möglichst wenig belästigt werden.
- Die verwendeten Hilfsmittel müssen korrekt eingestellt, ggf. geeicht sein. Bei einer wiederholten Messung sollten dieselben Hilfsmittel verwendet werden, um die Vergleichbarkeit der unterschiedlichen Messungen zu erhöhen.
- Für die Erhebung und Darstellung der Meßwerte sollten standardisierte (normierte) Größen verwendet werden, also z. B. ‘kg’ statt ‘Zentner’ etc.

Zeitmessungen werden beispielsweise durchgeführt, wenn die Wartezeiten von Patienten im ambulanten Bereich eines Krankenhauses festgestellt werden sollen. Gezählt werden z. B. die *Rechnersysteme* in einem Bereich, die übermittelten Befunde pro Tag oder die verbrauchten Medikamente auf einer Station in einem Monat.

6.3.2 Methoden zur Beschreibung von Informationssystemen

Informationssysteme bestehen aus statischen und dynamischen Komponenten. Zur Beschreibung dieser Aspekte gibt es mehrere *Methoden*. Wir gehen hier besonders auf Methoden ein, die die Darstellung der Struktur, der Kommunikationsbeziehungen und der Abläufe im Informationssystem unterstützen.

3LGM-Modellierung

Das graphenbasierte *Drei-Ebenen-Modell* (engl.: 3 level graph-based model, kurz *3LGM*) hat zum Ziel, mittels statischer Beschreibung von *Informationssystemen* das systematische Management zu unterstützen. Das 3LGM wurde für Krankenhausinformationssysteme entwickelt, läßt sich aber auf Informationssysteme in beliebigen Unternehmen anwenden.

Beim 3LGM wird unterschieden zwischen drei Ebenen:

- *Verfahrensebene,*
- *logische Werkzeugebene,*
- *physische Werkzeugebene.*

Alle Ebenen können mittels gerichteter Graphen beschrieben werden.

Die oberste Ebene des Modells - die *Verfahrensebene* - beschreibt die Funktionalität eines *Informationssystems*, d. h. das, WAS ein Informationssystem leistet. Dazu werden zum einen die verschiedenartigen *Verfahren* zur Informationsverarbeitung dargestellt, zum anderen wird hier beschrieben, welche dieser Verfahren miteinander *Informationen* austauschen.

Abbildung 6-1 zeigt im oberen Teil die *Verfahrensebene* des *rechnerunterstützten Teils* eines beispielhaften Krankenhausinformationssystems, in der *Verfahrenszugänge*, *Verfahren* und ihr Informationsaustausch dargestellt sind. Verfahren sind z. B. das Patientenmanagement und die verteilte Patientenbestandsführung, die miteinander Informationen, z. B. Patientenstammdaten, austauschen.

Für das *Management von Informationssystemen* ist auch die Kenntnis über die zur Realisierung der *Verfahren* eingesetzten *Werkzeuge* erforderlich. Diese Werkzeuge werden auf sogenannten Werkzeugebenen beschrieben. Es wird zwischen einer *logischen* und einer *physischen Werkzeugebene* unterschieden. In den Ebenen wird aufgezeigt, WOMIT die einzelnen Verfahren realisiert werden.

Auf der *logischen Werkzeugebene* werden *Anwendungssysteme* dargestellt. Diese können rechnerunterstützt sein (installierte und adaptierte *Anwendungssoftwareprodukte* auf *Rechnersystemen*) oder auch nicht rechnerunterstützt (z. B. Hauspost oder Archiv). Ein rechnerunterstütztes Anwendungssystem wäre z. B. das mit Hilfe des Anwendungssoftwareprodukts PATMANAG realisierte Patientendatenverwaltungssystem eines bestimmten Krankenhauses.

Anwendungssysteme sind auf Kommunikation angewiesen. Über *Nachrichten* müssen z. B. Patientendaten von dem Patientendatenverwaltungssystem an das

Anwendungssystem für die Labordiagnostik weitergegeben werden. Von dort gehen Nachrichten, welche Befunde darstellen, an andere Anwendungssysteme. Voraussetzung für diesen Nachrichtenversand sind Kommunikationsschnittstellen. In der *logischen Werkzeugebene* sind diese Kommunikationsschnittstellen durch Kanten zwischen den Anwendungssystemen repräsentiert.

Der mittlere Teil der Abbildung 6-1 zeigt eine solche *logische Werkzeugebene*. Hier bezeichnet z. B. PMS das *Anwendungssystem* für das Patientenmanagement und KOMSYS ein Kommunikationssystem. Außerdem sind *Funktionen der Anwendungssysteme* angedeutet.

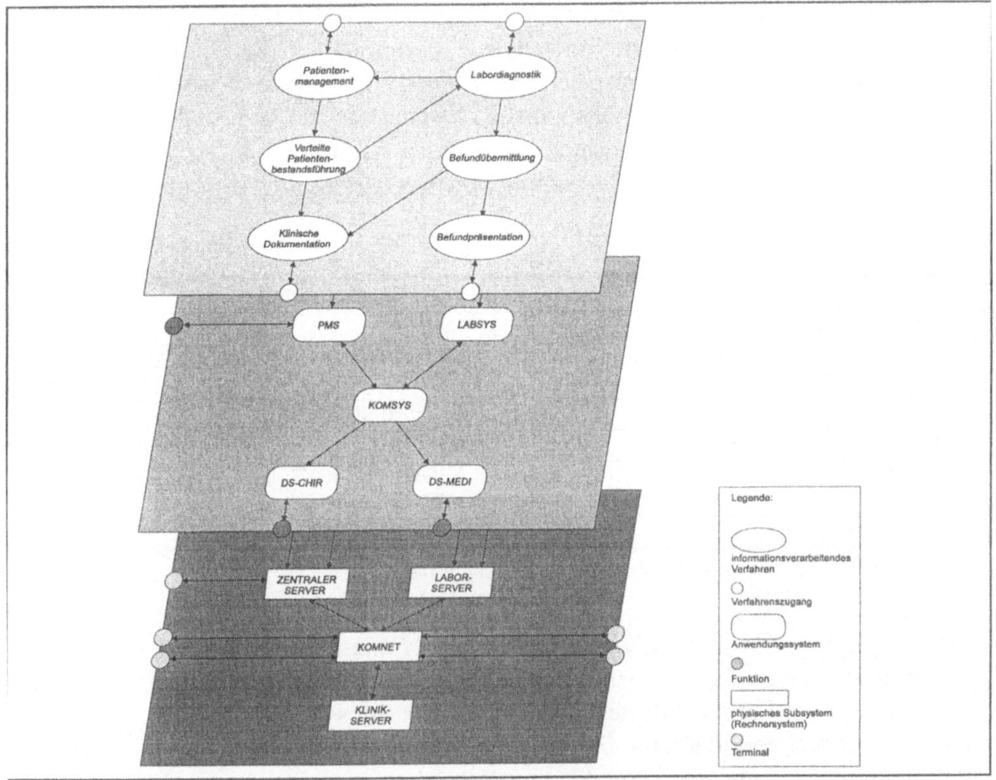

Abbildung 6-1: 3LGM eines Krankenhausinformationssystems (rechnerunterstützter Teil).
(PMS = Patientenmanagementsystem, LABSYS = Laborsystem, KOMSYS = Kommunikationssystem, DS-CHIR = Dokumentationssystem der Chirurgie, DS-MEDI = Dokumentationssystem der Medizinischen Klinik, KOMNET = Kommunikationsnetz)

Die auf der *physischen Werkzeugebene* dargestellten *physischen Subsysteme* dienen der Realisierung von *Anwendungssystemen*. Im rechnerunterstützten Teil der

Informationsverarbeitung handelt es sich dabei um *Rechnersysteme*, im nicht rechnerunterstützten Teil um konventionelle Werkzeuge, die z. B. zur Umsetzung der Hauspost verwendet werden. Im unteren Teil der Abbildung 6-1 realisiert das mit ZENTRALER SERVER bezeichnete physische Subsystem u. a. die Anwendungssysteme PMS und teilweise KOMSYS aus der *logischen Werkzeugebene*. *Terminale* sind ebenfalls angedeutet.

Die Zuordnung von *Verfahren* und *Verfahrenszugängen* zu *Anwendungssystemen* und *Funktionen* ist eine mengenwertige Abbildung. Ein Verfahren wird auf mindestens ein Anwendungssystem abgebildet, ein Verfahrenszugang auf mindestens eine Funktion. Jede Menge von Anwendungssystemen, die zu Realisierung eines Verfahrens notwendig sind, wird als die erforderliche Konfiguration des Verfahrens bezeichnet ('α-Konfiguration'). Die Zuordnung der Verfahren zu Anwendungssystemen aus dem obigen Beispiel können Sie Tabelle 6-5 entnehmen. Die Anwendungssysteme, die jeweils eine Konfiguration für ein Verfahren bilden, werden in der Darstellung innerhalb von runden Klammern aufgezählt. Zur Vereinfachung gehen wir auf die Abbildung von Verfahrenszugängen auf Funktionen nicht ein.

Verfahren	**Anwendungssystem(e)**
Patientenmanagement	(PMS)
Verteilte Patientenbestandsführung	(PMS, KOMSYS, DS-CHIR), (PMS, KOMSYS, DS-MEDI)
Klinische Dokumentation	(DS-CHIR), (DS-MEDI)
Labordiagnostik	(LABSYS)
Befundübermittlung	(LABSYS, KOMSYS, DS-CHIR), (LABSYS, KOMSYS, DS-MEDI)
Befundpräsentation	(DS-CHIR), (DS-MEDI)

Tabelle 6-5: Zuordnung von Verfahren zu Anwendungssystemen.

Die Zuordnung von *Anwendungssystemen* und *Funktionen* zu *physischen Subsystemen* und *Terminalen* ist ebenfalls eine mengenwertige Abbildung. Ein Anwendungssystem wird auf mindestens ein physisches Subsystem (das auch ein Terminal sein kann) abgebildet, eine Funktion auf mindestens ein Terminal. Jede Menge von physischen Subsystemen, die zur Realisierung eines Anwendungssystems notwendig sind, wird als eine mögliche Konfiguration des Anwendungssystems bezeichnet ('β-Konfiguration'). Die Zuordnung der Anwendungssysteme zu physischen Subsystemen aus dem obigen Beispiel können Sie Tabelle 6-6 entnehmen. Jede mögliche Konfiguration in der Darstellung wird ebenfalls innerhalb von runden Klammern aufgezählt.

Anwendungssystem	physische(s) Subsystem(e)
PMS	(ZENTRALER SERVER)
LABSYS	(LABORSERVER)
KOMSYS	(ZENTRALER SERVER; KOMNET; KLINIK-SERVER), (ZENTRALER SERVER; KOMNET; LABORSERVER)
DS-CHIR	(KLINIKSERVER)
DS-MEDI	(KLINIKSERVER)

Tabelle 6-6: Zuordnung von Anwendungssystemen zu physischen Subsystemen.

Ein Informationsaustausch auf der *Verfahrensebene* macht in vielen Fällen auf der *logischen Werkzeugebene* eine Kommunikation zwischen *Anwendungssystemen* erforderlich. Werden die entsprechenden Anwendungssysteme durch unterschiedliche *physische Subsysteme* realisiert, dann kommt eine Datenübertragung zwischen den betroffenen physischen Subsystemen hinzu. Hierzu sind Datenübertragungsschnittstellen notwendig, die als Kante zwischen den physischen Subsystemen dargestellt werden.

Damit die verschiedenen Ebenen auch tatsächlich zueinander 'passen', müssen Integritätsbedingungen formuliert werden. Dazu gehört beispielsweise, daß ein *Verfahren* nur dann von mehreren *Anwendungssystemen* realisiert werden kann, wenn diese untereinander *Nachrichten* austauschen können. Entsprechendes gilt für Anwendungssysteme und *physische Subsysteme*.

Die Struktur des *3LGM* deutet bereits die Möglichkeit an, auch in Teilbereichen von Unternehmen die Informationsverarbeitung in *Subinformationssystemen* zusammenzufassen. So kann es einerseits sinnvoll sein, bestimmte *Bereiche* eines Unternehmens getrennt zu betrachten und beispielsweise von Abteilungsinformationssystemen zu reden. Andererseits kann es nützlich sein, den *rechnerunterstützten Teil eines Informationssystems* getrennt zu betrachten. Eine mit einer solchen Aufgliederung des Informationssystems verbundene Fokussierung auf Teilbereiche kann insbesondere bei Detailplanungen der Informationsverarbeitung erforderlich oder nützlich sein.

Organisationsmodellierung

Eine grundlegende *Methode* zur statischen Beschreibung von *Informationssystemen* bzw. *Informationssystemkomponenten* ist die *Organisationsmodellierung*. Hier wird die Aufbauorganisation eines Unternehmens dargestellt.

Dies kann unter verschiedenen Gesichtspunkten erfolgen. Eine Sichtweise ist die Darstellung der Wege, über die Anweisungen erteilt werden bzw. Verantwortlichkeiten vorliegen. Im einfachsten Fall erfolgt dies streng hierarchisch (Einliniensystem) oder auch polyhierarchisch (Mehrliniensystem). In einem Krankenhaus liegt i. d. R. ein Gemisch aus Ein- und Mehrliniensystem vor. Im Verwaltungsbereich und im ärztlichen *Bereich* gibt es meist klare Weisungsbefugnisse, z. B. unterstehen Oberärzte direkt einem Chefarzt. Im pflegerischen Bereich gibt es zur Hierarchie innerhalb des Bereichs auch zusätzliche Weisungsbefugnisse des ärztlichen Bereichs.

Eine funktionelle Sichtweise veranschaulicht die nach Aufgaben gegliederte Struktur eines Unternehmens. Darin werden die *Organisationseinheiten* des Unternehmens dargestellt, die kleinere Einheiten wie Hauptabteilungen und Abteilungen repräsentieren. Die *Bereiche* in einem Krankenhaus, nämlich Stationen, Ambulanzen, Funktionsbereiche und die Verwaltung, bestehen jeweils aus Teilbereichen. So gehören zur Verwaltung beispielsweise die allgemeine Verwaltung, die Patientenverwaltung, die Technik usw. Der stationäre Bereich setzt sich aus allen Stationen im Krankenhaus zusammen. Auch die Unterteilung nach ärztlichen Fachgebieten ist möglich; dann bilden z. B. die Stationen, Ambulanzen, Labors usw. der Chirurgie zusammen den Bereich Chirurgische Klinik. Abbildung 6-2 zeigt in einem *Organigramm* eine beispielhafte funktionelle Organisation eines Krankenhauses. Ein Organigramm stellt Organisationsstrukturen dar, d. h. es werden Organisationseinheiten mit ihren Verknüpfungen beschrieben.

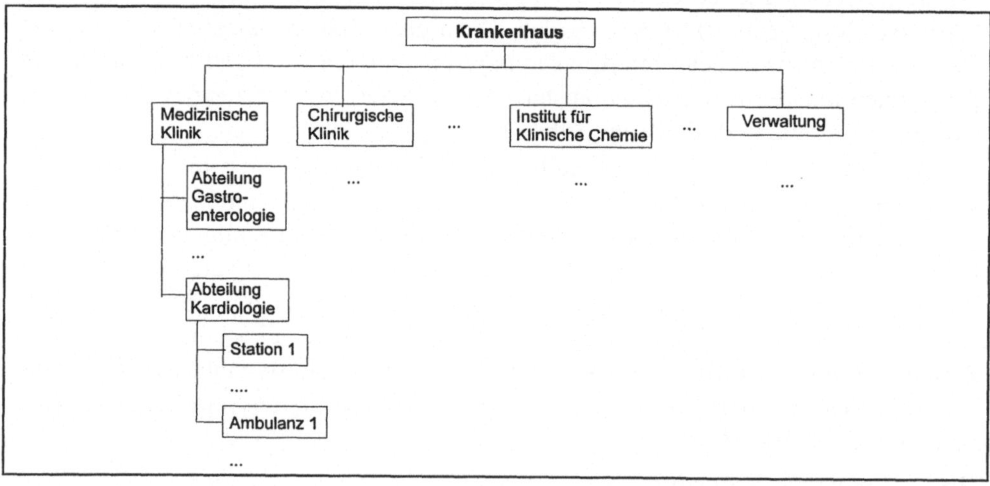

Abbildung 6-2: Organigramm eines Krankenhauses.

Datenmodellierung

Die *Datenmodellierung* dient der Darstellung der im Unternehmen verwendeten *Informationen*, *Nachrichten* und *Daten*. Dazu existieren *Objekt-Beziehungs-Modelle* (engl.: Entity-Relationship-Model, kurz *ER-Modell*). Ziel dieser Modelle ist es, *Objekttypen* des *Informationssystems* bzw. der *Informationssystemkomponente* und Beziehungstypen zwischen diesen Objekttypen zu beschreiben. Objekte sind reale oder abstrakte Dinge, die für den betrachteten Ausschnitt der Aufgaben eines

Systems von Interesse sind. Ein Objekttyp ist die Zusammenfassung (Menge) von mehreren Objekten mit übereinstimmenden Eigenschaften (Attributen). In einem Krankenhaus ist ein wichtiger Objekttyp der Objekttyp 'Patient'. Ein konkretes Objekt dazu wäre der Patient mit dem Namen 'Alfons Adam' und dem Geburtsdatum '11.9.1964'. Einzelne Objekte und deren Eigenschaften werden i. d. R. nicht oder nur beispielhaft angegeben. Ein klassisches Objekt-Beziehungs-Modell ist das ER-Modell von CHEN.

Zwischen zwei *Objekttypen* können Beziehungen unterschiedlicher Art (= Beziehungstypen) vorliegen. So kann ein Objekt eines Objekttyps zu einem, keinem oder mehreren Objekten eines anderen Objekttypen in Beziehung stehen. Beziehungstypen besitzen Kardinalitäten. Die wichtigsten Kardinalitäten des *ER-Modells* zwischen Objekttypen, ihre Beschreibung und graphische Notation ('Krähenfuß-Notation') sind in Tabelle 6-7 aufgeführt.

Bei diesen Beziehungstypen handelt es sich um einfache und grundlegende Beziehungstypen, die bei einer detaillierten Beschreibung noch zu erweitern sind. Weitere wichtige Beziehungstypen (auf die wir hier nicht eingehen werden) sind die Aggregation, Generalisation, Charakterisierung und Assoziierung. Außerdem ist auch ein Bezug eines *Objekttyps* auf sich selbst möglich, nämlich dann, wenn er verfeinert werden kann, oder wenn zwischen Objekten desselben Objekttyps Beziehungen bestehen (s. Abbildung 6-6).

Beziehung	**Beschreibung**	**Notation**
1:1	Ein Objekt vom Objekttyp A steht zu genau einem Objekt vom Objekttyp B in Beziehung.	A B
1:n	Ein Objekt vom Objekttyp A steht zu n Objekten vom Objekttyp B in Beziehung, n:=1,2,...	A B
1:(0|1)	Ein Objekt vom Objekttyp A steht zu keinem oder genau einem Objekt vom Objekttyp B in Beziehung.	A B
1:(0|n)	Ein Objekt vom Objekttyp A steht zu keinem oder n Objekten vom Objekttyp B in Beziehung, n:=1,2,...	A B
m:1	m Objekte vom Objekttyp A stehen zu genau einem Objekt vom Objekttyp B in Beziehung, m:=1,2,...	A B
Für die Beziehungen m:n, m:(0|1), m:(0|n), (0|1):1, (0|1):n, (0|1):(0|1), (0|1):(0|n), (0|n):1, (0|n):n, (0|n):(0|1), (0|n):(0|n) gilt entsprechendes bei Beschreibung und Notation.		

Tabelle 6-7: Wichtige Beziehungen zwischen zwei Objekttypen A und B.

In einem Krankenhausinformationssystem gibt es z. B. die *Objekttypen* Patient, Krankenakte und Dokument. Zu jedem Patienten gehören eine oder mehrere Krankenakten, die ein oder mehrere Dokumente enthalten (s. Abbildung 6-3).

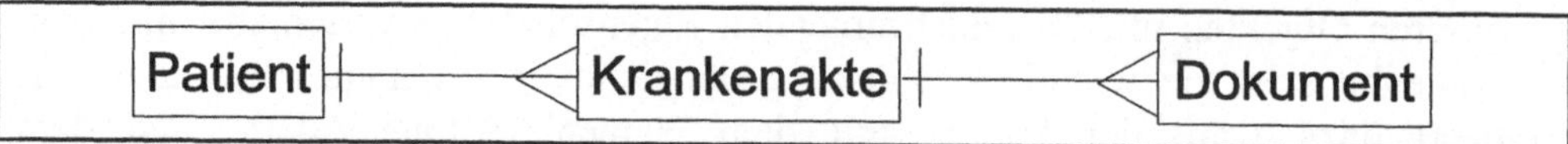

Abbildung 6-3: Beispiel für Objekt-Beziehungs-Modell.

Verfahrensmodellierung

Um darzustellen, welche *informationsverarbeitenden Verfahren* vorliegen, wird die Verfahrensstruktur aufgezeigt. Verfahren auf höchster Ebene unterstützen direkt die Unternehmensziele. Zur Reduktion der Komplexität dieser Verfahren, die i. allg. aus vielen Komponenten bestehen, können sie - bei Bedarf über mehrere Stufen - in Teilverfahren gegliedert werden. Eine beispielhafte Verfahrensstruktur ist in Abbildung 6-4 dargestellt. Darin wird das Verfahren 'Pflegedokumentation', das in einem Krankenhaus durchgeführt wird, in Teilverfahren aufgeschlüsselt. Das Verfahren selbst ist wiederum ein Teilverfahren des Verfahrens 'Klinische Dokumentation'.

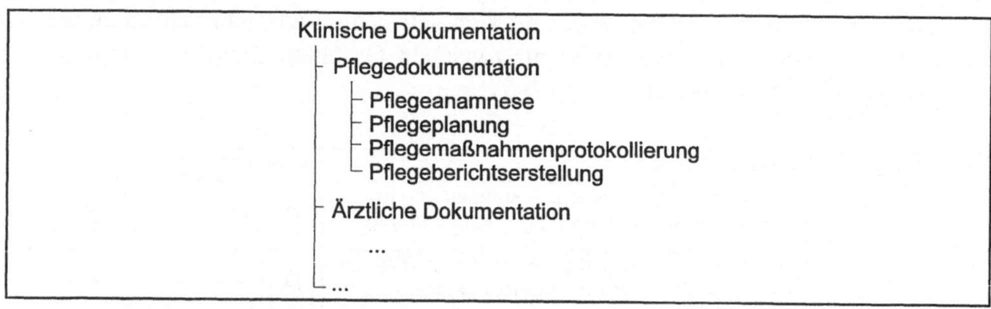

Abbildung 6-4: Beispiel für Verfahrensstruktur.

Eine einfache Methode, die aber einen guten Überblick über die Einordnung der *informationsverarbeitenden Verfahren* eines *(Sub-) Informationssystems* in seine Umgebung gibt, ist das Erstellen eines *Eingabe-Ausgabe-Modells* (engl.: 'Black Box'). Verfahren eines *Informationssystems* werden unter Vernachlässigung des inneren Aufbaus anhand der Transformation von Eingabe- in Ausgabedaten dargestellt. Die graphische Darstellung eines Eingabe-Ausgabe-Modells können Sie Abbildung 6-5 entnehmen. Hier sind die Ein- und Ausgabedaten des Verfahrens 'Pflegedokumentation' abgebildet.

Abbildung 6-5: Beispiel für Eingabe-Ausgabe-Modell.

Mit den Abläufen, die zwischen *Verfahren* vorliegen, beschäftigt sich die *Geschäftsprozeßmodellierung* (s. unten). Wir gehen deshalb an dieser Stelle nicht darauf ein. Der Informationsaustausch zwischen den Verfahren läßt sich wie im ersten Unterabschnitt dieses Abschnitts erwähnt beschreiben, wenn auf die Darstellung von Reihenfolgen bzw. Parallelitäten oder Bedingungen verzichtet werden kann.

Unternehmensmodellierung

Organisations-, *Daten-* und *Verfahrensmodellierung* bilden die Grundlage für die *Unternehmensmodellierung*. Bei der Unternehmensmodellierung wird der Aufbau eines Unternehmens dargestellt. Ziel ist es, in kurzer Zeit einen Überblick über die Struktur und die wesentlichen *Verfahren* zu ermöglichen. Die Komponenten, die dazu ermittelt werden, sind *Organisationseinheiten*, *Standorte*, Verfahren und *Objekttypen*, die im Unternehmen vorliegen. Zwischen diesen existieren Beziehungen. In Abbildung 6-6 sind die Komponenten eines Unternehmensmodells und die Beziehungen dazwischen mit Hilfe des *ER-Modells* graphisch dargestellt. Die Bezeichnung der Kanten befindet sich links bzw. oberhalb der Kante, wenn diese nach unten bzw. rechts gerichtet ist, und umgekehrt. Wenn nur eine Kantenbezeichnung vorliegt, gilt diese für beide Richtungen. Die Beziehungen zwischen zwei Komponenten können auch als Matrix abgebildet werden (s. Tabelle 6-8).

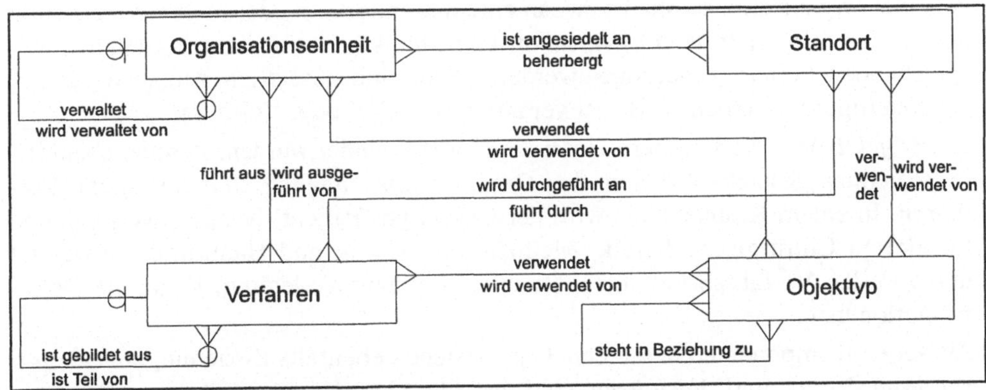

Abbildung 6-6: Begriffe für die Unternehmensmodellierung.

Die *Organisationseinheiten* eines Unternehmens kann man oft bereits vorliegenden *Organigrammen* entnehmen (s. *Organisationsmodellierung*). Jeder Organisationseinheit kann ein Leiter zugeordnet werden, z. B. Bereichsleiter, Abteilungsleiter.

Ein Unternehmen kann geographisch über mehrere Standorte verteilt sein. Große Unternehmen sind u. U. in mehreren Gebäuden oder Gebäudekomplexen untergebracht. Es ist nun möglich, die Standorte auf die *Organisationseinheiten* abzubilden und umgekehrt. Eine Organisationseinheit kann an mehreren Standorten lokalisiert sein; ebenso können an einem Standort mehrere Organisationseinheiten angesiedelt sein. In einem großen Krankenhaus kann beispielsweise die Patientenaufnahme verteilt sein auf mehrere Kliniken, die sich in unterschiedlichen Gebäuden befinden. Tabelle 6-8 zeigt als Beispiel einen Ausschnitt einer Matrix, die Organisationseinheiten auf Standorte abbildet.

Standort / **Organisationseinheit**	Verwaltungsgebäude	Medizinische Klinik	Chirurgische Klinik	Versorgungszentrum	...
Allgemeine Verwaltung	x		x		
Patientenverwaltung	x	x	x		
Stationen		x	x		x
Ambulanzen		x	x		x
Apotheke ...		x		x	

Tabelle 6-8: Abbildung von Organisationseinheiten auf Standorte.

Auch die *Verfahren* lassen sich in Beziehung setzen zu *Organisationseinheiten* und Standorten. Ein Verfahren kann von einer oder mehreren Organisationseinheiten an einem oder mehreren Standorten durchgeführt werden. Umgekehrt können bei einer Organisationseinheit bzw. an einem Standort ein oder mehrere Verfahren angesiedelt sein. Statt den Organisationseinheiten können Verfahren auch den entsprechenden Leitern zugeordnet werden. Dann sind zusätzlich Angaben zur Art der Beteiligung möglich, z. B. 'ist verantwortlich für' oder 'führt aus'.

Die *Objekttypen*, die in einem Unternehmen verwendet werden, können ebenfalls in Beziehung gesetzt werden zu den *Organisationseinheiten*, Standorten und *Verfahren*. In einem Krankenhaus wird der Objekttyp 'Patient' beispielsweise an den Standorten Chirurgische Klinik, Medizinische Klinik und Hautklinik verwendet und von den Verfahren Patientenaufnahme, Patientenverlegung, Klinische Dokumentation usw.

Zwischen Komponenten desselben Typs bestehen ebenfalls Beziehungen. *Organisationseinheiten* und *Verfahren* sind jeweils hierarchisch gegliedert, d. h. ein Verfahren besteht aus keinem oder mehreren anderen Verfahren und ist Teil von keinem oder einem Verfahren, *Objekttypen* und Standorte hingegen sind nicht unbedingt hierarchisch zusammengesetzt. Ein typisch hierarchischer Beziehungstyp ist die Aggregation, die als 'Teil-von'-Beziehung verstanden werden kann. So besitzt der Objekttyp 'Akte' 'Teil-von'-Beziehungen zu 'Dokumenten' (vgl. Abbildung 6-3). Alle Beziehungen lassen sich mit Hilfe der bei der *Datenmodellierung* vorgestellten Notation graphisch darstellen.

Geschäftsprozeßmodellierung

Eine weitere Methode zur Systemanalyse ist die *Geschäftsprozeßmodellierung*. Durch die Geschäftsprozeßmodellierung können Schwachstellen und Engpässe lokalisiert und Verbesserungsvorschläge geprüft werden. Grundlage hierfür ist die Analyse von Abläufen innerhalb eines *Informationssystems* und eine anschließende Erstellung eines *Modells*.

Ein *Geschäftsprozeß* besteht aus einer Menge von unternehmensspezifischen und zielgerichteten Aktivitäten, die sowohl in einem logischen als auch einem zeitlichen Zusammenhang stehen. Der Begriff 'Geschäftsprozeß' wird durch folgende Rahmenbedingungen definiert:

1. Ein Geschäftsprozeß benötigt mindestens eine Eingabe.
2. Ein Geschäftsprozeß liefert als Ausgabe ein Resultat.
3. Ein Geschäftsprozeß wird durch ein Ereignis ausgelöst.
4. Ein Geschäftsprozeß ist in sich abgeschlossen.

Das heißt, ein Geschäftsprozeß hat einen definierten Anfang, eine bestimmbare Dauer und ein definiertes Ende. Er beschreibt nicht nur die Aktivitäten und ihren zeitlichen und logischen Zusammenhang, sondern alle für die Durchführung notwendigen Parameter, z.B. *Informationen*, Dokumente, Personen. Ein Geschäftsprozeß kann sowohl Aktivitäten auslösen als auch das Ergebnis einer Aktivität sein.

In einem Krankenhaus gibt es beispielsweise den *Geschäftsprozeß* 'Terminverwaltung in der Ambulanz'. Die Eingabe sind u. a. *Daten* zum Patienten, freie Termine und die Art der durchzuführenden Untersuchung. Das Resultat ist eine Terminvereinbarung für den Patienten an einem bestimmten Tag zu einer bestimmten Zeit. Ausgelöst wird die Terminvergabe z. B. durch ein akutes Problem des Patienten, nach Beendigung eines stationären Aufenthalts zur Weiterbehandlung o. ä. Da es einen definierten Anfang gibt (ein Termin wird gewünscht) und ein definiertes Ende (ein Termin ist vereinbart), ist der Geschäftsprozeß in sich abgeschlossen.

Die *Geschäftsprozeßmodellierung* analysiert und beschreibt Informationssysteme, um so zu einer Grundlage für ein Soll-Konzept zu gelangen. Das Vorgehen bei der Geschäftsprozeßmodellierung untergliedert sich in fünf Schritte:

1. Festlegung des Ziels der Modellierung

2. Analyse des *Informationssystems*
3. (verbale) Beschreibung des Informationssystems
4. Identifikation von *Geschäftsprozessen*
5. (graphische) Modell-Darstellung

Vor dem eigentlichen Beginn der Modellierung muß im ersten Schritt festgelegt werden, welcher Teil des Unternehmens bzw. seines *Informationssystems* mit welchem Ziel modelliert werden soll. In einem Krankenhaus könnte ein solches Ziel sein, die Operationsvorbereitung zu optimieren, um dort unnötige Wartezeiten zu vermeiden und damit die Belastung für den Patienten und den Aufwand für das Personal zu verringern. Ausschließlich an dem festgelegten Ziel kann in den folgenden Schritten gemessen werden, welche Sachverhalte zu analysieren, zu beschreiben und schließlich zu modellieren sind. Schritt zwei, die Analyse des Informationssystems, kann mit den in diesem Buch bereits beschriebenen *Methoden* erfolgen. Aufbauend auf der Systemanalyse kann das Informationssystem verbal beschrieben werden (Schritt 3). Dabei werden die *Daten*, die verschiedenen *informationsverarbeitenden Verfahren* und die *Organisationseinheiten* identifiziert. Der Umfang und die Genauigkeit der Beschreibung hängen von dem in Schritt eins definierten Ziel ab. Die Analyse muß daher entsprechend sorgfältig durchgeführt werden, damit die zur Erreichung des Ziels erforderliche Vollständigkeit und Präzision erreicht wird. Aus der Beschreibung des Informationssystems kann man dann in Schritt vier Geschäftsprozesse mit Ereignissen, Verfahren und zugehörigen Organisationseinheiten sowie benötigten und erzeugten Informationen ableiten. Geschäftsprozesse können polyhierarchisch strukturiert sein. Dabei können zeitliche und logische Abhängigkeiten auch zwischen Geschäftsprozessen auf verschiedenen Hierarchieebenen definiert sein. Im fünften Schritt können Geschäftsprozesse bei Bedarf graphisch dargestellt werden. Dazu existieren verschiedene Modelle, wie z. B. *Vorgangsketten*, *Petri-Netze* und *Ereignisgesteuerte Prozeßketten*.

Vorgangsketten stellen eine sequentielle Verbindung zwischen Aktivitäten dar. Den Aktivitäten können *Organisationseinheiten* zugeordnet werden. Durch diese Zuordnung werden die von einer Organisationseinheit zu bearbeitenden Aktivitäten der Vorgangskette festgelegt. In Abbildung 6-7 ist ein Beispiel für eine einfache Vorgangskette abgebildet, die die Abfolge von Aktivitäten bei einer Laboruntersuchung darstellt. Jeder Aktivität ist die durchführende Organisationseinheit zugeordnet. Derartige Vorgangskettendiagramme können noch erweitert werden durch *Daten*, Ereignisse und Flüsse. Außerdem können Vorgangsketten statt aus Aktivitäten auch aus *Geschäftsprozessen* bzw. *Verfahren* hierarchisch aufgebaut werden.

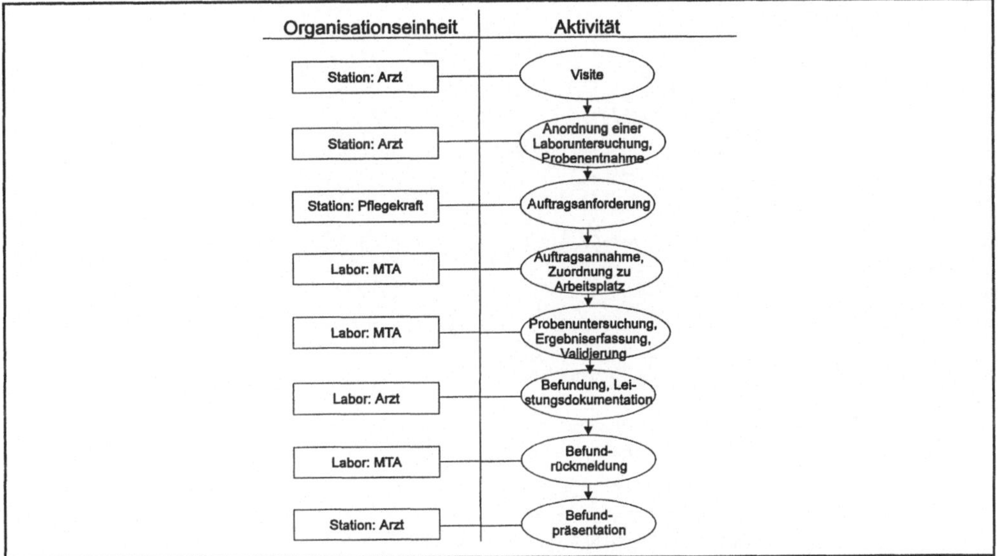

Abbildung 6-7: Beispiel für eine Vorgangskette.

Durch *Petri-Netze* können die dynamischen Eigenschaften von Prozessen dargestellt werden. Petri-Netze sind gerichtete bipartite Graphen, die aus zwei verschiedenen Arten von Knoten bestehen: Stellen und Transitionen. Eine Stelle (dargestellt durch einen Kreis) repräsentiert einen Zustand, eine Transition (dargestellt als Balken oder Rechteck) beschreibt eine Aktivität, z. B. die Verarbeitung von *Daten*. Die Kanten dürfen jeweils nur von einer Knotenart zur anderen führen. Um dynamische Vorgänge zu beschreiben, werden die Stellen mit Marken belegt, die durch die Transitionen weitergegeben werden ('geschaltet'). Dabei gelten folgende Schaltregeln:

- Eine Transition kann schalten, wenn die direkt vorausgehende Stelle mindestens eine Marke enthält.
- Folgen einer Stelle mehrere Transitionen, muß entschieden werden, in welcher bzw. welchen Transitionen die Marke geschaltet wird.
- Schaltet eine Transition, dann wird aus jeder direkt vorausgehenden Stelle eine Marke entfernt und zu jeder direkt nachfolgenden Stelle eine Marke hinzugefügt.

Eine Gruppe der *Petri-Netze* bilden die Bedingungs-Ereignis-Netze (B-E-Netze). Transitionen stellen die Ereignisse dar, Stellen sind Bedingungen, die erfüllt oder nicht erfüllt sein können. In Abbildung 6-8 ist ein Beispiel für ein B-E-Petri-Netz abgebildet. Es handelt sich dabei um den Ablauf der Anforderung eines Artikels von einem Verbraucher (V), z. B. einer Station in einem Krankenhaus, bei einem Zentrallager (ZL).

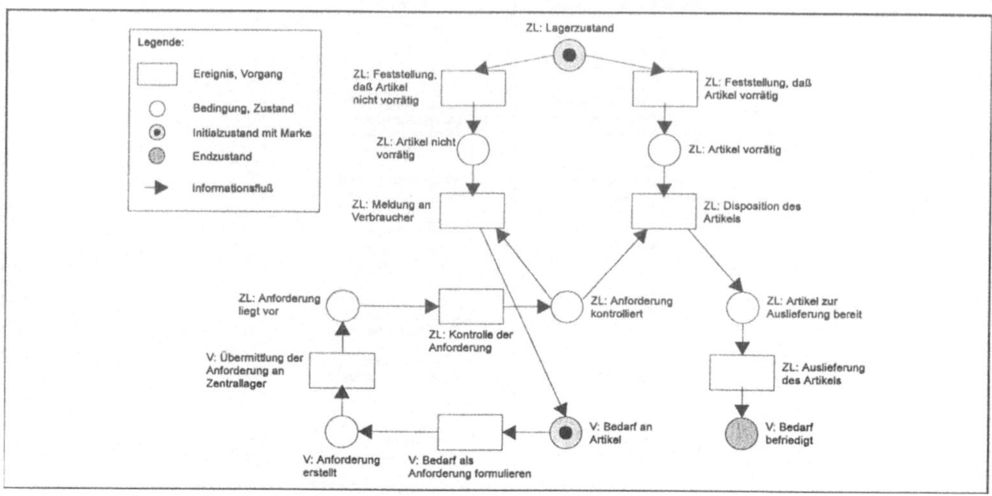

Abbildung 6-8: Beispiel für ein Petri-Netz.

Ereignisgesteuerte Prozeßketten (EPKs) bestehen aus einer Verbindung von Bedingungs-Ereignis-Netzen mit logischen Verknüpfungselementen. Allerdings fehlen in EPKs die Marken, wodurch einerseits die Beschreibung von Prozessen erleichtert wird, aber andererseits eine zweifelsfreie, präzise Prozeßmodellierung nicht möglich ist. Daher besteht bei EPKs keine Möglichkeit zur eindeutigen Simulation von Abläufen. Bausteine der EPKs sind Ereignisse, Aktivitäten und die logischen Verknüpfungen $\wedge$ (und), $\vee$ (oder) sowie XOR (exklusiv oder). Diese Bausteine werden aneinandergereiht. Dadurch entsteht ein Kontrollfluß, d. h., eine zeitliche und logische Abfolge von Ereignissen und Aktivitäten wird festgelegt. Diese Abfolge kann zur vollständigen Beschreibung von Prozessen um *Informationen* und Zuordnungen erweitert werden. In Abbildung 6-9 finden Sie ein Beispiel für eine ereignisgesteuerte Prozeßkette. Die Prozeßkette stellt den Ablauf einer Eigenblutspende dar.

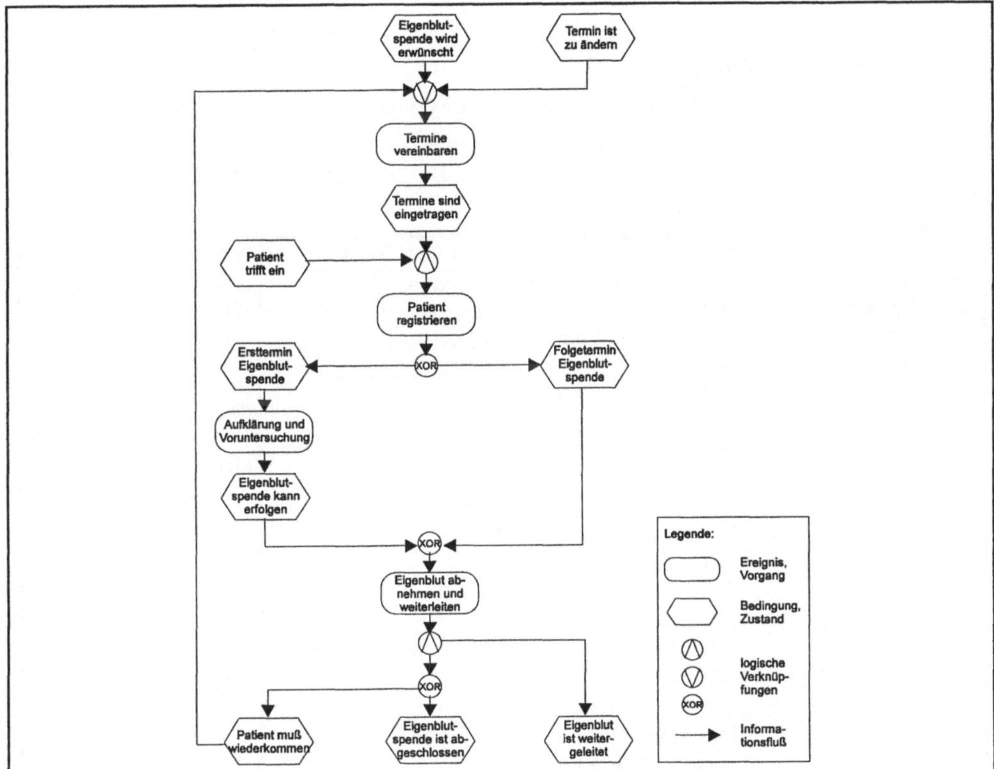

Abbildung 6-9: Beispiel für eine ereignisgesteuerte Prozeßkette.

6.3.3 Weitere Methoden

Zur *Informationsbeschaffung* können eine Fülle von weiteren *Methoden* angewendet werden. Eine wichtige Methode, die wir Ihnen bereits vorgestellt haben, ist das *Gespräch* bzw. die *Besprechung* (s. Kapitel 5). In der Literatur finden Sie weitere Methoden unter folgenden Themen bzw. in folgenden Fachgebieten:

- Multimomentaufnahme: Mehrfache Beobachtungen zu unterschiedlichen Zeitpunkten.
- Meta-Analyse: Übergreifende Auswertung einzelner Studien.
- Delphi-Methode: Expertenbefragung in mehreren Durchgängen mit Rückkopplung der Ergebnisse aus dem vorherigen Durchgang.
- (Medizinische) Biometrie, Ökonometrie, Statistik
- (Medizinische) Dokumentation

Als *Methode* zur Beschreibung von *Informationssystemen* bzw. *Informationssystemkomponenten* eignet sich auch die *Präsentation von Statistiken* (s. Kapitel 11).

6.4 Werkzeuge und Ergebnisse

In Tabelle 6-9 sind *Methoden* und rechnerbasierte *Werkzeuge* aufgeführt, die während der typischen Aktivitäten in der Phase Systemanalyse verwendet werden können, sowie die Ergebnisse dieser Phase, hier die erstellten Dokumente.

Aktivität	Methode(n)	Soft-/Hardware für ...	Ergebnis(se)
Analyse des (Sub-) Informationssystems des Unternehmens ---------- Analyse anderer (Sub-) Informationssysteme ---------- Marktanalyse	***Informationsbeschaffung:*** Gespräch (s. Kapitel 5) *Dimension Studienart:* Beobachtung Experiment Simulation Umfrage Datenbestandsanalyse *Dimension Erhebungsart:* (Erhebungsbogenerstellung) Mündliche Befragung Schriftliche Befragung Messung ***Beschreibung von Informationssystemen:*** 3LGM-Modellierung Organisations-modellierung Datenmodellierung Verfahrens-modellierung Unternehmens-modellierung Geschäftsprozeß-modellierung Präsentation von Statistiken (s. Kapitel 11)	Textverarbeitung Graphikerstellung Tabellenkalkulation Statistische Auswertung Simulation 3LGM-Modellierung Geschäftsprozeß-modellierung	Beschreibung des (Sub-) Informationssystems des Unternehmens Beschreibung anderer (Sub-) Informationssysteme Marktübersicht

Tabelle 6-9: Aktivitäten, Methoden, Werkzeuge für die und Ergebnisse der Systemanalyse.

6.5 Merkliste

Die folgende Merkliste für die Systemanalyse gibt einen Überblick über die typischen Aktivitäten in dieser Phase und enthält Empfehlungen für die Durchführung. Sie können anhand der Liste Ihr Vorgehen bei der Systemanalyse planen und überprüfen.

Analyse des (Sub-) Informationssystems des Unternehmens

- Halten Sie sich an eine strukturierte Vorgehensweise für die Systemanalyse.
- Berücksichtigen Sie die Regeln zur *Erhebungsbogenerstellung*, zur *Messung* und zur *Befragung*.
- Haben Sie alle *Informationen* erhalten, die für die Beschreibung des Problembereichs notwendig sind?
- Haben Sie alle wichtigen Einflußgrößen berücksichtigt?
- Haben Sie alle wichtigen *Daten* analysiert?
- Haben Sie alle wichtigen Kommunikationsvorgänge innerhalb und außerhalb des *Informationssystems* untersucht?
- Haben Sie alle wichtigen Tätigkeiten erfaßt?
- Welches sind wichtige Kennzahlen des Informationssystems bzw. der *Informationssystemkomponente*, die die Basis für einen Vergleich mit anderen Informationssystemen bzw. Informationssystemkomponenten bilden können?

Analyse anderer (Sub-) Informationssysteme

- Gibt es in Ihrem Unternehmen andere *Bereiche* mit ähnlichem *Informationssystem* bzw. ähnlicher *Informationssystemkomponente*? Wenn ja, führen Sie dort eine Systemanalyse durch.
- Nehmen Sie Kontakt auf zu gleichartigen Unternehmen und führen Sie dort eine Systemanalyse im entsprechenden Bereich durch.
- Bedienen Sie sich derselben strukturierten Vorgehensweise und Darstellung wie bei der Analyse Ihres eigenen Informationssystems bzw. der Informationssystemkomponente.

Marktanalyse

- Lesen Sie Fachliteratur, besuchen Sie Fachmessen, sprechen Sie mit Kollegen in anderen Unternehmen, um Adressen von Herstellern geeigneter *Produkte* zu erhalten.
- Arbeiten Sie ein Anforderungsprofil aus, das die Fragen enthält, die Ihnen zu den Produkten wichtig sind.
- Besorgen Sie sich Prospekte zu den Produkten.
- Konnten Sie alle relevanten Kennzahlen in Erfahrung bringen?

Nach unserer Erfahrung müssen im Rahmen der Systemanalyse insbesondere die folgenden Punkte beachtet werden:

- Berücksichtigen Sie bei der Informationsbeschaffung Aussagen und Meinungen mehrerer Personen, möglichst aus unterschiedlichen Berufsgruppen! Ein Mitarbeiter allein kann kaum über alle Nuancen eines *Bereichs* Bescheid wissen. Und wenn Sie beispielsweise bei einer *Befragung* die Meinung eines Arztes einholen zur Notwendigkeit der rechnerbasierten Unterstützung der Speisenanforderung, so erhalten Sie von ihm - der das i. d. R. nie durchführt - sicherlich eine andere Auskunft als von einer Pflegekraft, die täglich viele Essen bestellt.

- Bei der Analyse anderer *(Sub-) Informationssysteme* können andere Einflußfaktoren eine große Rolle spielen! Wenn Sie z. B. untersuchen wollen, wie lange es nach Abschluß einer Behandlung dauert, bis der Arztbrief versendet wird, hängen die Ergebnisse u. a. davon ab, ob es zentrale Schreibbüros oder jeweils Stationsschreibkräfte gibt, wie die Ablage der Akten organisiert ist usw.
- Setzen Sie den Firmen, die Sie anschreiben, Fristen zur Beantwortung! Wenn Sie das nicht tun, haben Sie höchstwahrscheinlich zu dem Zeitpunkt, der Ihnen für die Auswertung vorgeschwebt hat, noch keine Antwort. Dann müssen Sie nachfragen, benötigen dafür zusätzlich Zeit und müssen wieder abwarten, so daß Ihr Projektende sich schnell weiter nach hinten verschieben kann.

6.6 Beispiele

6.6.1 Projekt 'Befundübermittlung'

Bei dem *Projekt* 'Befundübermittlung' werden nach Abschluß der Vorgehensplanung nun die Vorher-Untersuchungen in der Chirurgischen und der Medizinischen Klinik durchgeführt. Die Aktivitäten, die dabei anfallen, sind im *Arbeitspaket* AP2 beschrieben (s. Tabelle 6-10). Die Arbeitspakete AP3, AP4 und AP5 sind ganz ähnlich aufgebaut; deshalb verzichten wir hier auf eine ausführliche Darstellung. AP4 und AP5 beziehen sich auf die Medizinische Klinik (Bezug zu den Fragen F2.x.x), bei AP3 und AP5 (Nachher-Untersuchungen) entfallen die Aktivitäten 1 - 4 und damit die *Methoden Erhebungsbogenerstellung* und *Gespräch.*

Im *Projekt* 'Befundübermittlung' sollen nur einige wenige Parameter untersucht werden. Es ist nicht notwendig, das ganze *Sub-Informationssystem* der Stationen zu analysieren. Der *Erhebungsbogen* beschränkt sich deshalb auf die zu beantwortenden Fragen. Tabelle 6-11 enthält als Beispiel einen ausgefüllten Erhebungsbogen aus der Vorher-Untersuchung in der Chirurgischen Klinik.

Vor Beginn der Vorher-Untersuchung informiert Frau H. zusammen mit Herrn W. und Frau M. die Mitarbeiter der beiden Stationen, die in groben Zügen bereits über das *Projekt* Bescheid wußten. Die Mitarbeiter zeigen große Kooperationsbereitschaft, was die Erhebenden bei der Durchführung der Untersuchungen sehr unterstützt. Herr W. und Frau M. führen die Vorher- und Nachher-Untersuchungen auf den Stationen sorgfältig durch, so daß sie zum Schluß über die gewünschten *Daten* zum Anforderungs- und Zurückmeldeverhalten verfügen (s. Tabelle 6-12 als Beispiel für die Chirurgische Klinik). Befunde galten auf Station 2 der Chirurgischen Klinik als rechtzeitig vorliegend, wenn sie bis 14.00 Uhr eingetroffen waren, auf Station 5 der Medizinischen Klinik bis 15.00 Uhr. Für beide Stationen galten Befunde als nicht angekommen, wenn sie bis 20 Uhr nicht vorlagen.

AP2	**Vorher-Untersuchung auf Station 2 der Chir. Klinik**
Bezug zu Fragen:	F1.1.1, F1.1.2, F1.2.1, F1.2.2, F1.3.1, F1.3.2
Ressourcen: Personal: Werkzeuge: Sonstige:	 Frau H., Herr W. Software für Textverarbeitung und Tabellenkalkulation Uhr
Kosten:	-
Beginn:	18.2.199x
Ergebnisvorlage:	3.3.199x
Initialereignis:	Vorgehensplan verabschiedet (PS1)
Phasenbezeichnung:	Systemanalyse
Aktivitäten:	1. Erstellen der Erhebungsbögen 2. Informierung der Mitarbeiter auf Station 2 der Chirurgischen Klinik, Terminabsprache 3. Ermittlung der Zeitpunkte für rechtzeitiges Vorliegen der Befunde und ab wann Befund als verloren gilt 4. Probelauf Erhebung, ggf. Überarbeitung Erhebungsbogen 5. Durchführung der Untersuchung (5 Tage) 6. Zusammenfassung der Daten (am Ende jeden Tages) 7. Ergebnisse weiterleiten an AP6 und AP7
Methoden:	Gespräch, Erhebungsbogenerstellung, Beobachtung/ Messung
Ergebnisse:	(ausgefüllte) Erhebungsbögen, Zusammenfassung der Ergebnisse

Tabelle 6-10: Projekt Befundübermittlung, Arbeitspaket AP2.

Allerdings gab es hin und wieder Probleme, die Einfluß auf die Befundrückmeldung hatten. Durch die verzögerte Inbetriebnahme des rechnerbasierten *Anwendungssystems* auf Station 2 der Chirurgie (s. Abschnitt 4.6.1) hatten die Mitarbeiter dort wenig Gelegenheit, mit dem *System* vertraut zu werden und benötigten zu Anfang der Nachher-Untersuchung relativ viel Zeit, um Befunde abzurufen. Auf Station 5 der Medizinischen Klinik verlor der Bote einmal bei einem heftigen Sturm einige Befunde, was erst am Abend (und damit zu spät) bemerkt wurde. Insgesamt wurde der Bote aber als sehr fleißig und gewissenhaft eingeschätzt.

Vorher-Untersuchung auf Station 2 der Chirurgischen Klinik	**zu AP2**
Datum: 26.2.199x Wochentag: Dienstag	Erfassender: Herr W.
Untersuchungsanforderungen im klinisch-chemischen Labor um	Befundrückmeldung dazu um
8:30 Uhr	11:00 Uhr
8:55 Uhr	11:00 Uhr
9:25 Uhr	12:00 Uhr
10:00 Uhr	13:00 Uhr
10:15 Uhr	13:00 Uhr
10:30 Uhr	14:00 Uhr
11:15 Uhr	15:00 Uhr
11:55 Uhr	16:00 Uhr
Zusammenfassung	
Summe angeforderte Untersuchungen: 9	Summe rückgemeldeter Befunde: 9
Summe zu spät angekommener Befunde: 2	Anteil zu spät angekommener Befunde an angeforderten Befunden: 22%
Summe nicht angekommener Befunde: 0	Anteil nicht angekommener Befunde an angeforderten Befunden: 0%
Bemerkung: heute relativ wenig Neuaufnahmen, deshalb wenig Untersuchungsanforderungen	

Tabelle 6-11: Projekt Befundübermittlung, Erhebungsbogen.

Station 2	Vorher-Untersuchung					Nachher-Untersuchung				
Chirurgische Klinik	Mo	Di	Mi	Do	Fr	Mo	Di	Mi	Do	Fr
Anzahl angeforderter Untersuchungen	16	9	14	11	21	19	17	23	15	18
Anzahl Befundrückmeldungen gesamt	14	9	14	8	19	19	17	23	15	18
Anzahl rechtzeitiger Befunde (Anteil in %)	8 (50)	7 (78)	11 (78)	6 (55)	15 (71)	16 (84)	14 (82)	21 (91)	15 (100)	17 (94)
Anzahl nicht angekommener Befunde (Anteil in %)	2 (13)	0 (0)	0 (0)	3 (27)	2 (9)	0 (0)	0 (0)	0 (0)	0 (0)	0 (0)

Tabelle 6-12: Projekt Befundübermittlung, Ergebnisse für Station 2 der Chirurgischen Klinik.

Die in den beiden Vorher- und den beiden Nachher-Untersuchungen gewonnen *Daten* können nun in die Auswertung einfließen.

6.6.2 Projekt 'Speisenanforderung'

Die Phase 'Systemanalyse' wird bei dem *Projekt* 'Speisenanforderung' nicht durchlaufen. Das Beispiel hierzu entfällt also.

6.7 Übungen

Übung 1: Stellen Sie sich vor, Sie sollen ermitteln, ob die Kunden einer Bank mit dem Service zufrieden sind oder Patienten in einem Krankenhaus mit der Behandlung. Welche *Methoden* wenden Sie an? Warum?

Übung 2: Bei welchen Fragestellungen bzw. in welchen Situationen ist eine *Datenbestandsanalyse* dem *Interview* vorzuziehen?

Übung 3: Angenommen, der KLINIKSERVER aus dem Beispiel im Unterabschnitt '3LGM-Modellierung' (s. Abbildung 6-1) fällt aus. Welche Auswirkungen hat dies auf die *Informationssystemkomponenten* auf den anderen Ebenen des *Drei-Ebenen-Modells*?

Übung 4: Überlegen Sie, welche *Geschäftsprozesse* bei einem Pizzalieferdienst identifiziert werden können. Stellen Sie ihren Ablauf dar mit Hilfe von *ereignisgesteuerten Prozeßketten* oder *Vorgangsketten.*

Übung 5: Zu Beispiel 'Speisenanforderung': Die Analyse des *(Sub-) Informationssystems*, das durch das *Verfahren* 'Speisenanforderung' gebildet wird, ist zwar nicht Bestandteil unseres Beispiels, wurde aber - wir erwähnten es bereits - schon einmal durchgeführt. Überlegen Sie, welche (Sub-) Informationssysteme bzw. *Produkte* dabei wohl untersucht wurden. Welche *Methoden* der Systemanalyse könnten angewendet worden sein?

7 Systembewertung

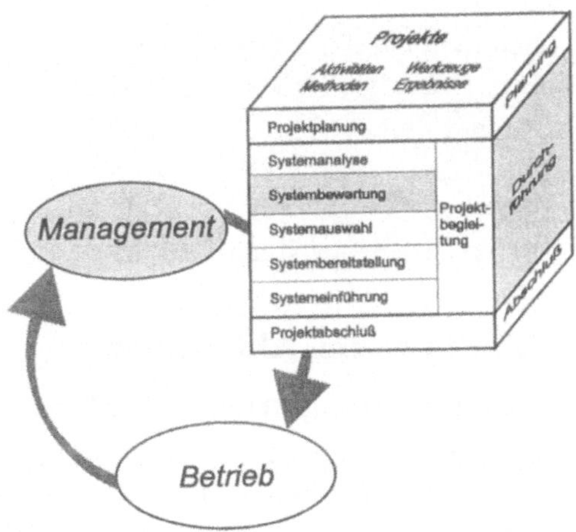

7.1 Einleitung

Wozu Systembewertung, was ist das Ziel?

Die meisten *Projekte* für das *Management von Informationssystemen* haben zum Ziel, ein bestehendes *(Sub-) Informationssystem* zu verbessern. Um genau festlegen zu können, welche Teile des (Sub-) Informationssystems unbefriedigend arbeiten, werden in der Systembewertung, basierend auf der Systemanalyse, die Stark- und Schwachstellen des (Sub-) Informationssystems herausgearbeitet. Eine Soll-Zustandsbeschreibung zeigt auf, in welche Richtung die Verbesserung des (Sub-) Informationssystems gehen soll. Für einen Vergleich werden auch andere (Sub-) Informationssysteme bewertet. Allerdings kann, trotz Verwendung von Bewertungsmethoden, die quantitative Ergebnisse erzeugen, eine objektive Bewertung in der Praxis nie erreicht werden. Trotzdem sind die im folgenden vorgeschlagenen Aktivitäten und *Methoden* erforderlich, um die Subjektivität kontrollierbar und Entscheidungen transparent zu machen.

Wann wird die Phase durchgeführt?

Die Systembewertung wird nach der Systemanalyse des eigenen *(Sub-) Informationssystems* durchgeführt. Abhängig vom *Vorgehensplan* kann dies vor, während oder auch nach der Systemanalyse anderer (Sub-) Informationssysteme bzw. einer Marktanalyse erfolgen.

Welche Ergebnisse liegen nach Abschluß dieser Phase vor?

Die *Bewertungskriterien* für die Systembewertung, die Beschreibung des *Soll-Zustands*, die Einzel- und Gesamtbewertung des eigenen und anderer *(Sub-) Informationssysteme* und des Marktes, sowie die Entscheidung für ein Lösungsmodell.

Was sollen Sie lernen?

Nach der Lektüre dieses Kapitels sollen Sie wissen, wie Sie *Bewertungskriterien* festlegen, das *(Sub-) Informationssystem* Ihres Unternehmens, anderer Unternehmen und den Markt bewerten und eine Gesamtbewertung von mehreren (Sub-) Informationssystemen durchführen können.

Dazu sollten Sie mit *Kreativitätsmethoden*, der *Nutzwertanalyse*, der *Kostenvergleichsrechnung*, der *Nutzen-Kosten-Analyse* und der Erstellung von *Polaritätsprofilen* vertraut sein und eine Vorstellung darüber haben, welche *Werkzeuge* und weiteren *Methoden* in dieser Phase zur Anwendung kommen können.

7.2 Typische Aktivitäten

7.2.1 Bewertungskriterien festlegen

Zur Lokalisierung der Schwachstellen - und auch der Stärken - eines *(Sub-) Informationssystems* muß es bewertet werden. Intuitiv gibt es oft bereits eine Vorstellung darüber, an welchen Ecken Probleme bestehen. Für eine zielgerichtete Vorgehensweise reicht dies jedoch nicht aus. Deshalb müssen zunächst *Bewertungskriterien* festgelegt werden, wenn dies nicht - im Idealfall - bereits im *Vorgehensplan* erfolgt ist.

In einem ersten Schritt werden die Ziele festgehalten, die mit Hilfe des *(Sub-) Informationssystems* erfüllt werden sollen. Solche Ziele können z. B. geringere Kosten oder Zeitaufwände für eine Tätigkeit sein. Die Ziele - sie können auch in einer Zielhierarchie über mehrere Stufen aufgegliedert werden - sollten lösungsneutral und allgemeinverständlich formuliert sein. Sie sind oft, zumindest teilweise, im *Vorgehensplan* enthalten.

Im nächsten Schritt werden die Ziele in *Bewertungskriterien* überführt. Mit Hilfe der Bewertungskriterien kann beurteilt werden, wie gut oder schlecht ein *(Sub-) Informationssystem* seine Aufgaben erfüllt. Diese Kriterien müssen so formuliert sein, daß die Bewertung nachvollziehbar wird. Zweckmäßig ist es, wenn die Bewertungskriterien quantifizierbar sind. Ist das nicht möglich, muß zumindest ein Ereignis gefunden werden, das die Zielerfüllung anzeigt. Zu jedem Bewertungskriterium muß mindestens eine Ausprägung möglich sein. Ein Bewertungskriterium für das Ziel 'Beschleunigung der Übermittlung von Befunden' könnte sein: 'Durchschnittliche Zeitspanne zwischen Anfordern und Empfangen eines Befundes' oder auch 'jederzeit Empfang von Befunden möglich'. Wenn es Ziele gibt, für die bestimmte Bewertungskriterien unbedingt erfüllt sein müssen, werden diese Kriterien als *K.O.-Kriterien* bezeichnet.

Wenn Sie Ihr *Projekt* sorgfältig geplant und im *Vorgehensplan* Ziele und Fragen ausführlich formuliert haben, können Sie aus den Fragen leicht *Bewertungskriterien* ableiten. Hatten Sie aber zu Projektbeginn nur eine vage Vorstellung über die Ziele, die das *(Sub-) Informationssystem* erfüllen soll, müssen Sie sich spätestens jetzt darüber Gedanken machen.

Übrigens, mehrere Ziele können durchaus miteinander in Konflikt stehen, z. B. wenn ein *(Sub-) Informationssystem* bei Kostenverringerung höhere Leistung erbringen soll. Zielkonflikte sind eher die Regel als die Ausnahme! Diese Zielkonflikte dürfen nicht unterdrückt werden, auch wenn es so nicht möglich ist, alle Ziele komplett zu erfüllen. Zunächst ist es wichtig, sich über diese Konflikte bewußt zu sein; später, wenn es um die *Systemauswahl* geht, müssen dann evtl. Kompromisse gefunden werden.

Generell gilt: Sie sollten Ziele und *Bewertungskriterien* sorgfältig erarbeiten und später, z. B. bei der Systemauswahl, nicht mehr ändern oder nur mit ausführlicher Begründung.

7.2.2 Bewertung des (Sub-) Informationssystems des Unternehmens

Zur Bewertung des *(Sub-) Informationssystems* eines Unternehmens gehören die zusammenfassende Darstellung des Ist-Zustands, die Festlegung des *Soll-Zustands*, die Bewertung des Ist-Zustands und die *Stark- und Schwachstellenanalyse*. Dabei ist es wichtig, sich auf das Wesentliche zu konzentrieren, d. h. die Bewertung erfolgt nur in Hinblick auf die zuvor festgelegten Ziele und durch Verwendung von *Bewertungskriterien* mit einer vorher festgelegten Bewertungsmethode. Wenn ein Laborinformationssystem unter dem Ziel der Beschleunigung der Befundübermittlung bewertet werden soll, ist es zweitrangig festzustellen, ob beispielsweise die Erstellung der Befunde zeitaufwendig ist. Zur Erinnerung: Es gibt immer ein (Sub-) Informationssystem in einem Unternehmen bzw. *Bereich*, auch wenn es nicht rechnerbasiert ist, sondern auf *konventionellen Werkzeugen* beruht!

Zusammenfassung des Ist-Zustands

Der Ist-Zustand wird anhand der *Bewertungskriterien* zusammengefaßt. Da diese quantifizierbar sind bzw. ihre Erfüllung anhand eines Ereignisses feststellbar ist, kann der Ist-Zustand auf einfache Weise abgebildet werden. So ergibt sich für das Kriterium 'durchschnittliche Zeitspanne zwischen Anfordern und Empfangen eines Befundes' z. B. der Wert '4 Stunden'. Ob bzw. in welcher Höhe die Bewertungskriterien erfüllt werden, kann aus den Ergebnissen der *Systemanalyse* beantwortet werden, da die Systemanalyse ja laut der Fragestellung im *Vorgehensplan* durchgeführt wurde.

Festlegung des Soll-Zustands

Der *Soll-Zustand* beschreibt den Ideal-Zustand des *Bereichs*, in dem das *(Sub-) Informationssystem* eingesetzt wird, in bezug auf die festgelegten Ziele. Der Soll-Zustand sollte lösungsneutral beschrieben werden, d. h. ohne eine bestimmte Lösung vor Augen zu haben, und zunächst ohne Berücksichtigung von organisatorischen, technischen, personellen und finanziellen Restriktionen. Bezogen auf die *Bewertungskriterien* ist der Soll-Zustand die Situation, bei der jedes Ziel für das *Informationssystem* optimal erfüllt wird. Dazu wird bei quantifizierbaren Kriterien ein Mindest- oder ein Maximalwert angegeben, außerdem wird davon ausgegangen, daß alle Ereignisse eintreten, die zur Zielerfüllung notwendig sind. Beim Bewertungskriterium im obigen Beispiel könnte als Maximalwert z. B. '3 Stunden' festgelegt werden. Zusätzlich kann festgelegt werden, welche Kriterien ein (Sub-) Informationssystem auf jeden Fall erfüllen muß ('*K.O.-Kriterien*').

Bewertung des Ist-Zustands

Der Ist-Zustand kann nun in ein Verhältnis zum *Soll-Zustand* gesetzt werden. Das *(Sub-) Informationssystem* kann bei *Bewertungskriterien*, die durch ein Ereignis feststellbar sind, dem Soll-Zustand entsprechen oder nicht. Quantifizierbaren Kriterien wird bei der Bewertung ein Wert zugeordnet, der den Grad der Erfüllung angibt, z. B. auf einer Skala von 0 (nicht erfüllt), 1 (schlecht erfüllt), 2 (gut erfüllt) bis 3 (optimal erfüllt). Achtung: Sehen Sie auch vor, daß zu einem Bewertungskriterium u. U. keine Angabe gemacht werden kann. Im Beispiel 'durchschnittliche Zeitspanne zwischen Anfordern und Empfangen eines Befundes' wäre der *Zielerfüllungsgrad* mit '0' zu bewerten, da der Soll-Zustand nicht erfüllt ist (Ist: 4 Stunden, Soll: maximal 3 Stunden). Durch Anwendung einer Bewertungsmethode (s. Unterkapitel 7.3) ergibt sich schließlich ein Wert, der die Zielerfüllung des (Sub-) Informationssystems anzeigt. Außerdem kann der Nutzen in ein Verhältnis gesetzt werden zu den Kosten.

Stark- und Schwachstellenanalyse

Der Vergleich der Bewertung des Ist-Zustands mit dem *Soll-Zustand* ergibt die Stärken und Schwächen des *(Sub-) Informationssystems*. Ziele, zu denen viele oder alle Kriterien erfüllt sind, deuten auf Stärken des (Sub-) Informationssystems hin, wenn nur wenig Kriterien erfüllt sind bzw. diese nur schlecht, handelt es sich um Schwachstellen des (Sub-) Informationssystems.

Oft gehen mit der Bewertung des Ist-Zustands subjektive Einschätzungen beteiligter Mitarbeiter zu Schwächen des *(Sub-) Informationssystems* einher. Dann kann die *Schwachstellenanalyse* auch vor der Festlegung des *Soll-Zustands* erfolgen. Außerdem führt der Eindruck, daß im (Sub-) Informationssystem Schwachstellen vorliegen, ja überhaupt zur Initiierung eines *Projekts*. Im Rahmen der Systembewertung erfahren diese subjektiv empfundenen Schwachstellen dann Rechtfertigung und Quantifizierung.

Die *Schwachstellenanalyse* ist nicht nur wichtig in Hinblick auf die Behebung der Schwachstellen durch ein anderes, neues *(Sub-) Informationssystem*. Vielmehr bietet sie die Grundlage für die Untersuchung der Entstehung der bestehenden Schwachstellen. Schwachstellen können z. B. struktur-, ausstattungs-, organisations- oder dokumentationsbedingt sein. Sie entstehen beispielsweise durch unzureichende Informationsbereitstellung, zeitliche Engpässe bei der Informationsweitergabe, Widersprüche oder Lücken bei Vorschriften oder auch Personalüber- oder -unterbesetzungen. Bevor Komponenten eines (Sub-) Informationssystems ausgetauscht werden, sollte deshalb geprüft werden, ob durch Maßnahmen anderer Art die Zielerfüllung erreicht werden kann. So kann das Ziel 'Beschleunigung der Übermittlung von Befunden' u. U. auch dadurch erfüllt werden, daß die Boten, die die Befunde an die anfordernde Stelle bringen, über die Wichtigkeit der rechtzeitigen Befundvorlage unterrichtet werden und so ihre Arbeit mit größerer Sorgfalt durchführen.

7.2.3 Bewertung anderer (Sub-) Informationssysteme

Bei der Bewertung anderer, 'fremder' *(Sub-) Informationssysteme* ist es interessant herauszufinden, wie diese die Ziele erfüllen, die für das eigene (Sub-) Informationssystem aufgestellt wurden bzw. in welchem Verhältnis der Nutzen zu den Kosten steht. Schneidet ein anderes (Sub-) Informationssystem in der Bewertung besser ab, kann nachgeforscht werden, was dazu geführt hat. Dadurch lassen sich ggf. Möglichkeiten zur Verbesserung des eigenen (Sub-) Informationssystems herleiten. Aber auch eine schlechtere Bewertung kann hilfreich sein - als Beispiel, wie Sie nicht weiterkommen!

Was das eigene und was ein anderes *(Sub-) Informationssystem* eines Unternehmens sind, ist nicht immer so einfach zu klären. Angenommen, Sie haben in zwei Bereichen für die Bestellung von Medikamenten unterschiedliche *Anwendungssoftwareprodukte* eingeführt und wollen nun untersuchen, welches der beiden sich besser eignet für eine Verbreitung im gesamten Krankenhaus. Das sind dann entweder zwei Sub-Informationssysteme des *Informationssystems* Ihres Unternehmens, oder Sie betrachten aus Sicht des einen *Bereichs* Ihr eigenes (Bereichs-) Informationssystem und vergleichen es mit dem Informationssystem des anderen Bereichs. Prinzipiell ist die Betrachtungsweise gleichgültig, Sie müssen sich nur darüber im Klaren sein, daß beide (Sub-) Informationssysteme genau einen bestimmten, für beide gleichen, *Soll-Zustand* erfüllen sollen.

Bewertung des Ist-Zustands

Die Bewertung anderer *(Sub-) Informationssysteme* wird wie beim eigenen Informationssystem durchgeführt, unter Verwendung der *Bewertungskriterien* und der gleichen Skala für die Zielerfüllung. Es kann notwendig werden, Werte, die bei der Systemanalyse gewonnen wurden, umzurechnen, sofern sie auf anderen Grunddaten beruhen, z. B. unterschiedliche Bettenauslastung auf verschiedenen Stationen.

Stark- und Schwachstellenanalyse

Die *Stark- und Schwachstellenanalyse* wird ebenfalls wie beim eigenen *(Sub-) Informationssystem* durchgeführt. Das bedeutet, daß der Ist-Zustand des anderen (Sub-) Informationssystems in Beziehung gebracht wird zum *Soll-Zustand*, der für das eigene (Sub-) Informationssystem definiert wurde. Es muß aber beachtet werden, daß für andere (Sub-) Informationssysteme u. U. andere Soll-Werte in der jeweiligen Umgebung gelten! Wenn ein Ziel die Beschleunigung der Übermittlung der Befunde ist und das eigene (Sub-) Informationssystem auf einer Intensivstation eingesetzt wird, gelten dafür andere Soll-Werte als auf einer Normalstation, wo das Vorliegen der Befunde meist nicht so dringlich ist.

Als Ergebnis liegen auch hier für jedes *(Sub-) Informationssystem* Werte für die Zielerfüllung vor sowie Angaben zu den Kosten im Vergleich zum Nutzen. Diese können in einem späteren Schritt direkt verglichen werden mit den Werten des eigenen (Sub-) Informationssystems. Stark- wie auch Schwachstellen sind Ansatzpunkte für die Erforschung der Gründe dafür. Die einen unterstützen bei der eigenen Problemlösung, die anderen helfen, Fehler dabei zu vermeiden.

7.2.4 Bewertung des Marktes

Die Ergebnisse der Marktanalyse (s. Kapitel 6) geben darüber Aufschluß, ob *Produkte* angeboten werden, die zur Verbesserung des *Informationssystems* beitragen können und welche Funktionalität sie bieten. Die Bewertung dieser Produkte ist aber mit einer größeren Unsicherheit behaftet als die Bewertung von *(Sub-) Informationssystemen*, da viele Aspekte nur im Zusammenhang mit einer Installation eines Produktes beantwortet werden könnten. Beispielsweise ist die Beantwortung des *Bewertungskriteriums* 'durchschnittliche Zeitspanne zwischen Anfordern und Empfangen eines Befundes' davon abhängig, welche Infrastruktur vorliegt, welche Entfernungen zurückgelegt werden müssen, mit welchen Werkzeugen die beteiligten Bereiche ausgestattet sind usw. Es handelt sich also hier nicht um die Bewertung von (Sub-) Informationssystemen, sondern um die Prüfung von *Werkzeugen* auf ihre Eignung als Grundlage für (Sub-) Informationssysteme. Dahingegen ist die Ermittlung der Kosten für derartige Produkte i. d. R. einfacher als bei (Sub-) Informationssystemen.

Bewertung des Ist-Zustands

Wenn kommerzielle *Produkte* in anderen Unternehmen bereits eingesetzt werden, sind sie ein *Werkzeug* in einem anderen *(Sub-) Informationssystem* und können wie in Abschnitt 7.2.3 beschrieben bewertet werden. Ist dies jedoch nicht möglich, sind Sie auf Aussagen des Herstellers angewiesen und können für viele Aspekte nur Annahmen treffen. Eine andere Möglichkeit besteht darin, ausgewählte Produkte testweise über einen bestimmten Zeitraum im Unternehmen zu installieren und parallel zum Normalbetrieb einzusetzen. Achtung! In diesem Fall ist es trotzdem oft nicht möglich, zu allen *Bewertungskriterien* eine Aussage zu erhalten. Doppelte Erfassung von Daten durch den Parallelbetrieb, fehlende Schnittstellen zu anderen *Informationssystemkomponenten*, mangelnde Vertrautheit der Mitarbeiter mit dem System usw. können das Bild verfälschen und zu einer fehlerhaften Bewertung führen. Außerdem sind Testinstallationen ggf. recht aufwendig und teuer. Und es vergeht einige Zeit, bis Sie brauchbare Ergebnisse erhalten, so daß der Bewertungsprozeß sich hinziehen kann.

Die gewonnenen Informationen bilden die Grundlage für die Systembewertung anhand der *Bewertungskriterien*. Möglicherweise finden Sie in der Literatur Berichte über bereits durchgeführte Vergleiche von einigen der *Produkte*, die Sie für eine Bewertung ausgewählt haben. Wenn sich dabei Bewertungskriterien mit den von Ihnen aufgestellten decken, können die Ergebnisse ebenfalls berücksichtigt werden.

Stark- und Schwachstellenanalyse

Die Stark- und Schwachstellen können analog zum Vorgehen bei der Bewertung von *(Sub-) Informationssystemen* ermittelt werden. Für eine geplante Systemauswahl sind besonders die *Produkte* von Interesse, die - immer unter dem Vorbehalt, daß gewisse Annahmen getroffen werden mußten - eine höhere Zielerfüllung versprechen als das derzeit vorliegende (Sub-) Informationssystem. Eine Auswahl unter den bewerteten Produkten zu diesem Zeitpunkt darf aber noch nicht vollzogen werden, da bisher ja Randbedingungen beispielsweise finanzieller Art noch nicht berücksichtigt wurden.

7.2.5 Gesamtbewertung

Wenn anhand der *Bewertungskriterien* mehr als ein *(Sub-) Informationssystem* bewertet wurde, kann eine vergleichende Bewertung zwischen mehreren Varianten durchgeführt werden, beispielsweise zwischen dem eigenen (Sub-) Informationssystem und anderen, zwischen mehreren anderen oder zwischen *Produkten*, die auf dem Markt verfügbar sind. Die Gesamtbewertung kann Aufschluß darüber geben, wie das eigene (Sub-) Informationssystem eingeordnet werden kann im Vergleich zu anderen. Der Vergleich anderer (Sub-) Informationssysteme bzw. Produkte auf dem Markt kann mögliche Alternativen zum (Sub-) Informationssystem des Unternehmens aufzeigen, beispielsweise Hinweise geben auf andere Lösungsmöglichkeiten, die sich besser eignen, um die Ziele des (Sub-) Informationssystems zu erfüllen. Schließlich lassen sich aus den Stark- und Schwachstellen von (Sub-) Informationssystemen Rückschlüsse ziehen auf Verbesserungsmöglichkeiten bzw. zu vermeidende Aktivitäten oder Komponenten für das eigene (Sub-) Informationssystem.

Bei der Gesamtbewertung werden die in den Einzelbewertungen gewonnenen Werte für die Erfüllung der Ziele verglichen, ebenso die Kosten für jedes bewertete *(Sub-) Informationssystem* bzw. *Produkt*. Der Vergleich der Stark- und Schwachstellen verschiedener (Sub-) Informationssysteme und Produkte zeigt ggf. auf, ob eine Kombination verschiedener Lösungen in Frage kommen könnte. (Sub-) Informationssysteme bzw. Produkte, die die *K.O.-Kriterien* nicht erfüllen, scheiden für eine weitere Betrachtung aus.

Die Ergebnisse der Gesamtbewertung können in tabellarischer Form präsentiert werden. Eine graphische Darstellung des Vergleichs kann die Resultate der Gesamtbewertung noch verdeutlichen.

Wenn geplant ist, eine oder mehrere Komponenten eines *(Sub-) Informationssystems* zu ersetzen, wird als Folge der Gesamtbewertung entschieden, welches Lösungsmodell zukünftig eingesetzt werden soll. Angenommen, Sie wollen in der Anästhesieabteilung eines Krankenhauses die Dokumentation des Narkoseprotokolls unterstützen. Bisher wird das Narkoseprotokoll 'auf Papier' geführt und *Daten* daraus für die Leistungsabrechnung werden später in einem rechnerbasierten *Anwendungssystem* erfaßt. Um diesen Schritt einzusparen, soll ein Anwendungssystem eingesetzt werden, das es ermöglicht, die einmal erfaßten Daten direkt an die Leistungsabrechnung weiterzuleiten. In der Systemanalyse haben Sie herausgefunden, daß es mehrere Möglichkeiten gibt: die Eingabe des Narkoseprotokolls (während der Narkose) in ein rechnerbasiertes Anwendungssystem, entweder per Tastatur oder per Spracheingabe, und die Protokollierung auf Markierungsbelegen mit anschließendem Einlesen mittels eines Beleglesers. Bei der Systembewertung stellen Sie nun fest, daß die Eingabe mittels Tastatur und die Spracheingabe die Ziele nicht ausreichend erfüllen. Sie entschieden sich dafür, eine belegbasierte Lösung einzuführen. Welches *Produkt* Sie dazu beschaffen bzw. selbst entwickeln, ist erst Gegenstand der Phase 'Systemauswahl'.

Spätestens jetzt ist es an der Zeit, Zielkonflikte zu bereinigen. Haben Sie bei der Systemanalyse zunächst noch alle möglichen Varianten untersucht, die Ihre Ziele mit unterschiedlichen Schwerpunkten erfüllt haben, so wissen Sie jetzt, was generell möglich ist, und müssen nun entscheiden, welche Ziele u. U. zurückgenommen werden müssen.

Übrigens: Sie sollten sich immer darüber bewußt sein, daß die Bewertung von *(Sub-) Informationssystemen* immer eine subjektive Angelegenheit ist. Auch wenn Sie viele Zahlen ermitteln, haben Sie doch die Ziele, *Bewertungskriterien* und Gewichte nach Ihren eigenen Vorstellungen festgelegt. Ein Kollege aus Ihrer Abteilung könnte durchaus andere Werte für die Erfüllung der (ggf. anderen) Ziele erhalten - und sich dann evtl. sogar für ein anderes Lösungsmodell entscheiden.

7.3 Methoden

Neben trivialen Methoden wie z. B. dem *Gespräch* (s. Kapitel 5) können für die Festlegung von *Bewertungskriterien Kreativitätsmethoden* angewandt werden. Zur Unterstützung der Bewertung von *(Sub-) Informationssystemen* und des Marktes können die *Nutzwertanalyse*, die Erstellung von *Polaritätsprofilen*, die *Kostenvergleichsrechnung* und die *Nutzen-Kosten-Analyse* eingesetzt werden.

7.3.1 Kreativitätsmethoden

Bei vielen Aktivitäten, z. B. beim Festlegen von *Bewertungskriterien*, müssen Projektmitarbeiter kreativ werden, um zu Problemlösungen zu kommen. Dazu stellen wir drei einfache *Methoden* zur Organisation der Kreativität vor.

Brainstorming

Beim *Brainstorming* werden im Rahmen einer *Besprechung* von allen Teilnehmern spontan Ideen geäußert zu dem vom Gesprächsleiter vorgegebenen Thema. Diese Ideen werden stichwortartig notiert. Als Regel gilt, daß keine Kritik vorgebracht werden darf. Das Anknüpfen an Ideen anderer ist ausdrücklich erwünscht. Die Besprechung, die in einer ungezwungenen Atmosphäre stattfinden sollte, endet nach einer vorher festgelegten Dauer, z. B. 30 Minuten. Die Ergebnisse des Brainstorming werden später, ggf. in Zusammenarbeit mit Fachleuten, gegliedert und ausgewertet.

Kärtchenmethode

Die *Kärtchenmethode* ähnelt dem *Brainstorming* mit dem Unterschied, daß die Teilnehmer ihre Ideen selbst auf Kärtchen notieren. Nach einer bestimmten Zeit, z. B. 15 Minuten, werden die Kärtchen vorgelesen und sortiert. Dabei dürfen spontane Ergänzungen vorgenommen werden. Die Vorteile gegenüber dem Brainstorming liegen darin, daß jeder Teilnehmer zunächst für sich überlegen kann und die Auswertung zusammen mit den Teilnehmern erfolgt. Auch können sich alle Teilnehmer gleichberechtigt einbringen, ohne daß z. B. Respekt vor dem Vorgesetzten die eigene Kreativität behindert. Nachteilig ist, daß das Anknüpfen an Ideen anderer erst während der Auswertung möglich ist und daß Hilfsmittel notwendig sind.

Metaplan-Methode

Bei der *Metaplan-Methode* werden Hilfsmittel wie Pinwände, Kärtchen in unterschiedlichen Farben, Formen und Größen, Pinnadeln und Filzstifte verwendet. Die mit den Filzstiften beschriebenen Kärtchen werden mit den Pinnadeln an die Pinwände geheftet. Die *Methode* unterstützt die Visualisierung und Gruppierung von Gedanken und ermöglicht es, den Prozeß der Entstehung von Gedankengängen, Strategien etc. ständig zu verfolgen. Sie kann beispielsweise in Kombination mit der *Kärtchenmethode* eingesetzt werden.

7.3.2 Nutzwertanalyse

Die *Nutzwertanalyse* ist ein Verfahren für die mehrdimensionale Bewertung von Varianten.

Für die Bewertung werden Ziele formuliert, die die zu bewertenden Varianten, z. B. *(Sub-) Informationssysteme*, erfüllen sollen. Davon werden *Bewertungskriterien* abgeleitet, die, im Gegensatz zu den Zielen, gemessen werden können. Zu jeder Variante wird angegeben, ob und in welcher Höhe die Bewertungskriterien erfüllt werden.

Zunächst werden für die Ziele und die *Bewertungskriterien* Gewichte vergeben. Dabei gehen Sie von oben nach unten durch die Zielhierarchie und gewichten zuerst die Ziele nach der Wichtigkeit für die Gesamtzielerfüllung. Über alle Ziele sollte die Summe der Gewichte begrenzt werden, z. B. auf 100. Zu jedem Ziel werden nun die Teilziele ebenfalls gewichtet, wobei die Summe dieser Gewichte ('Stufengewichte') der vereinbarten Summe für die Ziele entsprechen muß. Für alle Teilziele wird solange auf dieselbe Weise verfahren, bis alle Bewertungskriterien ebenfalls mit Gewichten versehen sind. Aus den Stufengewichten kann nun für jedes Bewertungskriterium das Knotengewicht berechnet werden, das angibt, welchen Anteil die Erfüllung eines Bewertungskriteriums für die Gesamtzielerfüllung hat. Das Knotengewicht ergibt sich aus der Multiplikation des Stufengewichts mit dem Knotengewicht der übergeordneten Stufe und Normierung auf die Maximalstufe.

Eine graphische Darstellung einer beispielhaften Zielhierarchie mit Gewichten finden Sie in Abbildung 7-1. Darin gibt es zum Hauptziel 'Verbesserung der Dienstplanerstellung' Teilziele auf zwei weiteren Stufen und schließlich mehrere *Bewertungskriterien.*

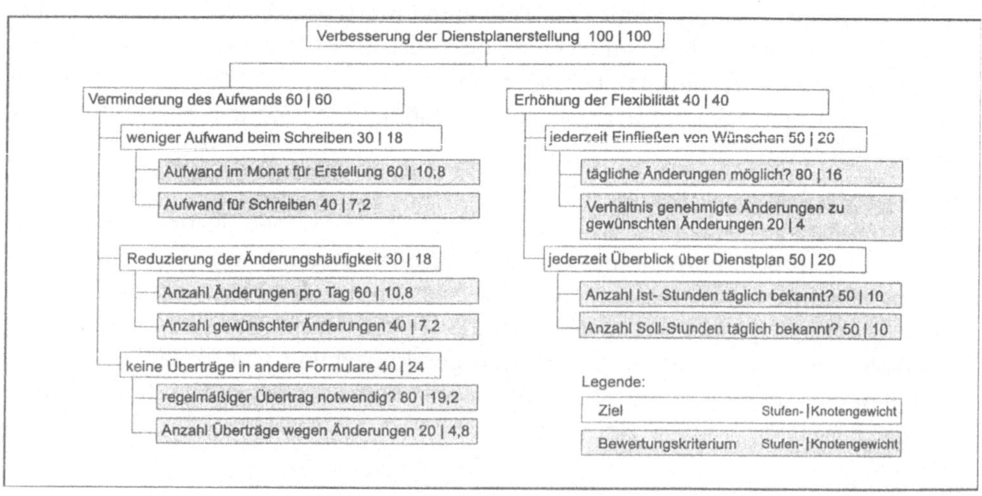

Abbildung 7-1: Beispiel einer Zielhierarchie mit Gewichten.

Dann werden die verschiedenen Varianten bewertet. Aus einer vorher festgelegten (Verhältnis-) Skala, z. B. mit Werten von 1 (minimale Erfüllung) bis 10 (optimale Erfüllung), wird jeder Variante zu jedem *Bewertungskriterium* ein Wert zugeordnet, der den *Zielerfüllungsgrad* angibt. Die Erfüllungsgrade werden mit den zugehörigen Gewichten multipliziert. Durch Addition der gewichteten Erfüllungsgrade ergibt sich für jede Variante schließlich ein Nutzwert. Die Nutzwerte der einzelnen Varianten können als Grundlage für die Auswahl einer oder mehrerer Varianten dienen. Die Kriterien, zu denen keine Angabe über die Zielerfüllung erfolgt ist, werden jeweils mit dem höchsten und niedrigsten Wert der Skala für den Erfüllungsgrad multipliziert, so daß sich dann ein Intervall ergibt, zwischen dessen Grenzen sich der Nutzwert letztendlich befindet.

In Tabelle 7-1 sind die einzelnen Elemente der *Nutzwertanalyse* mit Beispielwerten für zwei Varianten und anhand der *Bewertungskriterien* aus dem Beispiel 'Verbesserung der Dienstplanerstellung' für das Ziel 'Verminderung des Aufwands' zusammengestellt. Für dieses Ziel schneidet Variante 1 besser ab als Variante 2.

Bewertungskriterien	**G**	**Variante 1**		**Variante 2**	
	G	**E1**	**E1∗G**	**E2**	**E2∗G**
Aufwand im Monat für Erstellung	10,8	5	54	8	86,4
Aufwand für Schreiben	7,2	6	43,2	4	28,8
Anzahl Änderungen pro Tag	10,8	7	75,6	7	75,6
Anzahl gewünschter Änderungen	7,2	3	21,6	3	21,6
regelmäßiger Übertrag notwendig?	19,2	8	153,6	5	96
Anzahl Überträge wegen Änderung	4,8	1 - 10	4,8 - 48	5	24
tägliche Änderungen möglich?	16	10	160	8	108
Verhältnis genehmigte Änderungen zu gewünschten Änderungen	4	5	20	3	12
Anzahl Ist-Std. täglich bekannt?	10	7	70	7	70
Anzahl Soll-Std. täglich bekannt?	10	7	70	10	100
Summe bzw. Intervall	**100**		**672,8 - 716**		**622,4**

Tabelle 7-1: Beispiel einer Bewertungstabelle.

(G = Gewicht; E1 bzw. E2 = Erfüllungsgrade der Variante 1 bzw. 2 auf einer Skala von 1 bis 10; E1∗G bzw. E2∗G = gewichtete Erfüllung des Kriteriums)

7.3.3 Kostenvergleichsrechnung

Eine *Kostenvergleichsrechnung* zwischen zwei oder mehr Objekten wird angestellt, um die Kosten, die in einer bestimmten Periode bzw. pro Leistungseinheit anfallen, zu vergleichen. Bei gleicher Leistung bzw. gleichem Nutzen kann die Kostendifferenz das ausschlaggebende Kriterium für die Bevorzugung einer Lösung sein. Zu den Kostenarten gehören

- Investitionskosten auf Basis der Abschreibung
- Betriebskosten: Personalkosten, Sachkosten (z. B. Energie, Verbrauchsmaterial, Wartung, Instandhaltung, Räumlichkeiten)

Bei einer Kostenaufstellung über einen längeren Zeitraum muß beachtet werden, daß Preissteigerungen bei den Betriebskosten möglich sind, die einberechnet werden müssen.

Die Kosten, die sich bei Kauf eines *Anwendungssoftwareprodukts* zur Unterstützung der Patientendatenverwaltung ergeben, setzen sich beispielsweise aus den Investitionskosten für die Software, für ggf. zusätzlich benötigte Hardware und Möblierung zusammen. Betriebskosten sind dann z. B. Energiekosten (Strom) für die Hardware, Softwarewartung durch den Hersteller sowie Kosten von Papier, Disketten und weiteren Verbrauchsgütern.

7.3.4 Nutzen-Kosten-Analyse

Wenn es möglich ist, den Nutzen eines *(Sub-) Informationssystems* monetär auszudrücken, läßt sich eine *Nutzen-Kosten-Analyse* durchführen. Dabei müssen direkte und indirekte Kosten sowie direkter und indirekter Nutzen berücksichtigt werden. Direkte Kosten sind z. B. Kosten für *Produkte*, indirekte Kosten entstehen z. B. durch erhöhten Arbeitsaufwand. Der Nutzen setzt sich zusammen aus direktem Nutzen, d. h. vermiedenen Kosten, und indirektem Nutzen, z. B. durch geringeren Arbeitsaufwand. Nutzen und Kosten werden je für eine von mehreren Varianten berechnet und zueinander in Beziehung gesetzt. Die Quotienten für verschiedene Varianten können dann verglichen werden. Dabei ist eine Variante nur sinnvoll, wenn der Nutzen-Kosten-Quotient Werte annimmt, die größer sind als 1. Problematisch bei der Nutzen-Kosten-Analyse ist, daß Werte für Nutzen und Kosten oft nur schwer ermittelt werden können. Dies trifft zu, wenn Nutzen- oder Kosten-Komponenten bewertet werden sollen, für die es keinen 'Marktpreis' gibt - was häufig der Fall ist -, z. B. eine bessere Qualität der Patientenversorgung.

7.3.5 Erstellung von Polaritätsprofilen

Polaritätsprofile eignen sich für die graphische Darstellung der Erfüllungsgrade für mehrere Varianten über alle oder einige der *Bewertungskriterien.* Dadurch können die Varianten einfach verglichen werden. Für jede Variante wird zu jedem Bewertungskriterium der zugehörige Erfüllungsgrad innerhalb der vereinbarten Skala aufgetragen. Dadurch entstehen für alle Varianten Profile. Abbildung 7-2 zeigt Profile für zwei Varianten und die Bewertungskriterien aus dem Beispiel 'Verbesserung der Dienstplanerstellung' für das Ziel 'Verminderung des Aufwands' (vgl. Tabelle 7-1).

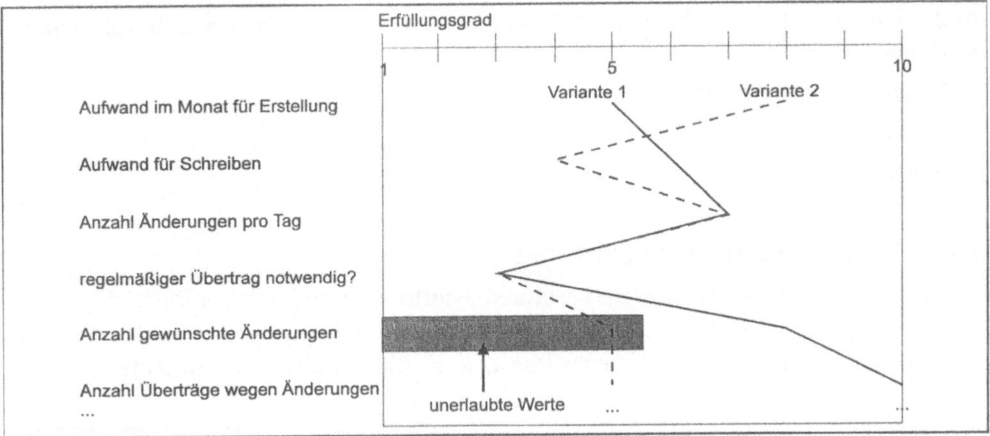

Abbildung 7-2: Beispiel eines Polaritätsprofils für zwei Varianten und sechs Bewertungskriterien.

Zusätzlich können auch Bereiche gekennzeichnet werden, für die Werte nicht zulässig sind, z. B. weil sie als *K.O.-Kriterien* definiert wurden. *Informationssysteme* oder *Produkte*, die Werte innerhalb dieser Bereiche aufweisen, scheiden generell aus als mögliche Variante zur Zielerfüllung. In Abbildung 7-2 trifft dies für Variante 2 zu.

7.3.6 Weitere Methoden

Für das Festlegen von *Bewertungskriterien* können auch die folgenden *Methoden* eingesetzt werden:

- *5-Stufen-Methode zur Vorgehensplanung*, v. a. Stufe 3 und 4 (s. Kapitel 4)
- *Gespräch* (s. Kapitel 5)
- *Methoden zur Informationsbeschaffung* (s. Kapitel 6)
- Delphi-Methode: Expertenbefragung in mehreren Durchgängen mit Rückkopplung der Ergebnisse aus dem vorherigen Durchgang.

Bei der Bewertung des *(Sub-) Informationssystems* des Unternehmens, anderer (Sub-) Informationssysteme und des Marktes können außerdem folgende weitere und weiterführende *Methoden* Anwendung finden:

- *Geschäftsprozeßmodellierung* (s. auch Kapitel 6)
- Sensibilitätsanalyse (Sensitivitätsanalyse): Variieren einzelner Größen und Prüfen der Auswirkungen auf Gesamtbewertung.
- Benchmarking: Ermittlung der Zielerfüllung für *Bewertungskriterien*, die wesentliche Eigenschaften von *Informationssystemkomponenten* abbilden, durch empirisches Messen.

Außerdem gibt es in folgenden Fachgebieten weitere *Methoden* und zahlreiche Verfeinerungen:

- Betriebswirtschaftslehre
- Operations Research
- Statistik

7.4 Werkzeuge und Ergebnisse

In Tabelle 7-2 sind *Methoden* und rechnerbasierte *Werkzeuge* aufgeführt, die während der typischen Aktivitäten in der Phase Systembewertung verwendet werden können, sowie die Ergebnisse dieser Phase, z. B. die erstellten Dokumente.

Aktivität	**Methode(n)**	**Soft-/Hardware für ...**	**Ergebnis(se)**
Bewertungskriterien festlegen	Kreativitätsmethoden 5-Stufen-Methode zur Vorgehensplanung (s. Kapitel 4) Gespräch (s. Kapitel 5) Methoden der Informationsbeschaffung (s. Kapitel 6)	Textverarbeitung Graphikerstellung Groupware	Bewertungskriterien
Bewertung des (Sub-) Informationssystems des Unternehmens Bewertung anderer (Sub-) Informationssysteme Bewertung des Marktes	Nutzwertanalyse Geschäftsprozeßmodellierung (s. Kapitel 6)	Textverarbeitung Tabellenkalkulation Statistische Auswertung Graphikerstellung Groupware Geschäftsprozeßmodellierung	Soll-Zustand Bewertungen des eigenen und anderer (Sub-) Informationssysteme und Produkte auf dem Markt
Gesamtbewertung	Kostenvergleichsrechnung Nutzen-Kosten-Analyse Erstellung von Polaritätsprofilen	Textverarbeitung Tabellenkalkulation Graphikerstellung Statistische Auswertung	Gesamtbewertung über bewertete (Sub-) Informationssysteme bzw. Produkte Entscheidung für Lösungsmodell

Tabelle 7-2: Aktivitäten, Methoden, Werkzeuge für die und Ergebnisse der Systembewertung.

7.5 Merkliste

Die folgende Merkliste für die Systembewertung gibt einen Überblick über die typischen Aktivitäten in dieser Phase und enthält Empfehlungen für die Durchführung.

Bewertungskriterien festlegen

- Verwenden Sie, soweit möglich, die Ziele aus dem *Vorgehensplan*. Ansonsten überlegen Sie sich die Ziele gut.
- Zerlegen Sie die Ziele ggf. in Teilziele.
- Nehmen Sie die Fragestellung im *Vorgehensplan* als Grundlage für die *Bewertungskriterien*. Ansonsten erarbeiten Sie die Bewertungskriterien sorgfältig.
- *Bewertungskriterien* sollten meßbar oder durch ein Ereignis feststellbar sein.
- Legen Sie fest, welche Kriterien *K.O.-Kriterien* sind und welche Kriterien eine höhere Priorität haben als andere.

Bewertung des (Sub-) Informationssystems des Unternehmens

- Legen Sie eine Bewertungsmethode fest, die für die Bewertung aller *(Sub-) Informationssysteme* bzw. *Produkte* gilt.
- Stellen Sie anhand der *Bewertungskriterien* den Ist-Zustand zusammen. Verwenden Sie dazu die Ergebnisse aus der Systemanalyse.
- Legen Sie den *Soll-Zustand* für alle *Bewertungskriterien* fest.
- Bewerten Sie den Ist-Zustand durch Vergleich der Werte mit dem *Soll-Zustand*.
- Können Sie Stark- und Schwachstellen erkennen?

Bewertung anderer (Sub-) Informationssysteme

- Verwenden Sie dieselben Ziele und *Bewertungskriterien* und denselben *Soll-Zustand* wie bei der Bewertung des *(Sub-) Informationssystems* Ihres Unternehmens.
- Gehen Sie weiter vor wie bei der Bewertung des (Sub-) Informationssystems des Unternehmens.

Bewertung des Marktes

- Gibt es zu *Produkten* auf dem Markt, die Sie bewerten wollen, bereits Installationen? Dann versuchen Sie, diese als *(Sub-) Informationssysteme* zu bewerten.
- Führen Sie, wenn es finanziell und zeitlich vertretbar ist, Testinstallationen interessanter *Produkte* in Ihrem Unternehmen durch.
- Gehen Sie weiter vor wie bei der Bewertung des *(Sub-) Informationssystems* des Unternehmens.

Gesamtbewertung

- Stellen Sie die Ergebnisse aller Einzelbewertungen vergleichend nebeneinander.

Nach unserer Erfahrung müssen im Rahmen der Systembewertung insbesondere die folgenden Punkte beachtet werden:

- Ändern Sie einmal festgelegte Ziele nicht mehr! Ausnahme: Die Ziele erweisen sich als unbrauchbar. Dann ergibt es natürlich keinen Sinn, davon *Bewertungskriterien* abzuleiten. Wenn Sie die Ziele aber aus anderen Gründen ändern,

z. B. weil die von Ihnen präferierte Lösung zu schlecht abschneiden würde, bräuchten Sie eigentlich gar keine Systembewertung durchzuführen.

- Legen Sie die Gewichte für die *Bewertungskriterien* vor der Bewertung fest und ändern Sie sie nicht mehr! Hier gilt dasselbe, was bereits für die Ziele gesagt wurde.
- Beachten Sie, daß der Nutzen und damit die Ziele häufig nicht quantifizierbar sind! Hier kommt es sehr darauf an, wie gut Sie eine Situation einschätzen können. Dazu brauchen Sie nicht zuletzt genügend Erfahrung in der Branche. Dann können Sie zumindest versuchen, den Nutzen zu bewerten. Dasselbe gilt auch für indirekte Kosten.
- Lassen Sie künftige Benutzer eines *(Sub-) Informationssystems* mitbestimmen bei der Festlegung der Ziele und *Bewertungskriterien*, bei der Ermittlung der Zielerfüllung und bei der Gesamtbewertung. Noch besser ist es, wenn die künftigen Benutzer dies in eigener Verantwortung unter Ihrer Anleitung machen. So haben Sie nämlich die größte Chance, daß eine Lösungsmöglichkeit gefunden wird, die zum einen die Anforderungen am besten deckt und zum anderen von den Benutzern auch akzeptiert wird.
- Vergessen Sie nicht: Eine Bewertung bleibt immer eine subjektive Angelegenheit! Und das auch dann, wenn Sie mit Hilfe von *Nutzwert-* und *Nutzen-Kosten-Analyse* viele Zahlen ermittelt haben, die sich gut vergleichen lassen.

7.6 Beispiele

7.6.1 Projekt 'Befundübermittlung'

Im *Projekt* 'Befundübermittlung' sind nun alle Untersuchungen abgeschlossen. Frau H., Herr W. und Frau M. beginnen mit der Auswertung. Sie gehen dabei vor, wie in AP6 beschrieben (s. Tabelle 7-3):

AP6	**Auswertung der Ergebnisse aus AP2 - AP5**
Bezug zu Fragen:	F1.2, F1.3, F2.2, F2.3, F3.1, F3.2
Ressourcen: Personal: Werkzeuge: Sonstige:	 Frau H., Herr W., Frau M. Software für Textverarbeitung und Tabellenkalkulation -
Kosten:	-
Beginn:	25.3.199x
Ergebnisvorlage:	8.4.199x
Initialereignis:	Nachher-Untersuchungen abgeschlossen (PS4)
Phasenbezeichnung:	Systembewertung
Aktivitäten:	1. Analyse der Fragestellung und der Ergebnisse aus AP2 - AP5, Prüfung auf Auswertbarkeit 2. Erstellung der Auswertungskonzeption 3. Festlegung der Bewertungskriterien 4. Auswertung lt. Konzeption durchführen 5. Aufbereitung des Materials als Grundlage für AP7
Methoden:	5-Stufen-Methode zur Vorgehensplanung (Stufe 4), Nutzwertanalyse
Ergebnisse:	Bewertungskriterien, Bewertung der Befundübermittlung auf den untersuchten Stationen in bezug auf Rechtzeitigkeit und Sicherheit vor und nach Einführung von Maßnahmen

Tabelle 7-3: Projekt Befundübermittlung, Arbeitspaket AP6.

Die *Bewertungskriterien* festzulegen, ist in diesem Projekt nicht schwer. Frau H. und ihre Mitarbeiter leiten sie aus der Fragestellung des *Vorgehensplans* ab und legen den Soll-Wert sowie das Gewicht für jedes Kriterium fest (s. Tabelle 7-4):

	Bewertungskriterium	Soll-Wert	Gewicht (G)
B1:	Anteil rechtzeitig vorliegender Befunde in % (Rechtzeitigkeit)	100	40
B2:	Anteil eingetroffener Befund in % (Sicherheit)	100	60

Tabelle 7-4: Projekt Befundübermittlung, Bewertungskriterien.

Auf der Basis dieser *Bewertungskriterien* können nun aus den Ergebnissen der Untersuchungen vier Nutzwerte berechnet und anschließend miteinander verglichen werden. Die Bewertungstabelle ist in Tabelle 7-5 dargestellt.

		Station 2 der Chir. Klinik				Station 5 der Med. Klinik			
		vorher		nachher		vorher		nachher	
	G	E1	E1∗G	E2	E2∗G	E3	E3∗G	E4	E4∗G
B1: Anteil rechtzeitig vorliegender Befunde in %	40	66	26	90	36	69	28	92	37
B2: Anteil eingetroffener Befunde in %	60	93	56	100	60	88	53	93	56
Summe	**100**		**82**		**96**		**81**		**93**

Tabelle 7-5: Projekt Befundübermittlung, Bewertungstabelle.

(G = Gewicht; E1, E2, E3, E4 = Erfüllungsgrade auf einer Skala von 0 bis 100; Ex∗G = gewichtete Erfüllung des Kriteriums)

Insgesamt lassen sich die folgenden Schlüsse ziehen:

- Beide Maßnahmen haben zur Verbesserung der Rechtzeitigkeit und der Sicherheit der Befundübermittlung geführt.
- Die Nutzwerte in den Vorher-Untersuchungen waren fast gleich. Der Nutzwert aus der Nachher-Untersuchung in der Chirurgischen Klinik war aber mit größerem Unterschied besser.
- Die Rechtzeitigkeit ist zwar in der Medizinischen Klinik nachher höher als in der Chirurgischen Klinik, hat sich aber im Vergleich zum Vorher-Wert nicht so stark verbessert wie dort.
- Die Sicherheit der Befundübermittlung entspricht in der Chirurgischen Klinik nach Einführung der rechnerbasierten Befundübermittlung mit 100% dem Soll-Wert.

Frau H. stellt nun alle Untersuchungsdaten sowie die Auswertungen dieser *Daten* zusammen, um den *Projektauftraggebern* abschließend Bericht zu erstatten (s. Abschnitt 11.6.1).

7.6.2 Projekt 'Speisenanforderung'

Die Phase 'Systembewertung' wird bei dem Projekt 'Speisenanforderung' nicht durchlaufen. Das Beispiel hierzu entfällt also.

7.7 Übungen

Übung 1: Vergegenwärtigen Sie sich, welche Beziehung die Fragestellung aus dem *Vorgehensplan* und die *Bewertungskriterien* haben können.

Übung 2: Finden Sie meßbare *Bewertungskriterien* für die Ziele

- Optimierung der Paketzustellung bei der Post
- Senkung der Kosten für Ausgaben aus der Haushaltskasse

Übung 3: Warum sollten die Ergebnisse, die die vorgestellten *Methoden* für die Systembewertung liefern, mit Vorsicht genossen werden? Schließlich handelt es sich doch um 'harte' Zahlen.

Übung 4: Was sind Ihre Ziele und *Bewertungskriterien* für das Lesen dieses Buches? Versuchen Sie auch, Gewichte zuzuordnen.

Übung 5: Zu Beispiel 'Speisenanforderung': Wie Sie wissen, wurde in einem vorangegangenen *Projekt* beschlossen, nunmehr ein rechnerbasiertes *Anwendungssystem* für die Speisenanforderung einzuführen. Wie könnten die *Bewertungskriterien* ausgesehen haben? Ziehen Sie dazu auch Abschnitt 4.6.2 zu Rate.

8 Systemauswahl

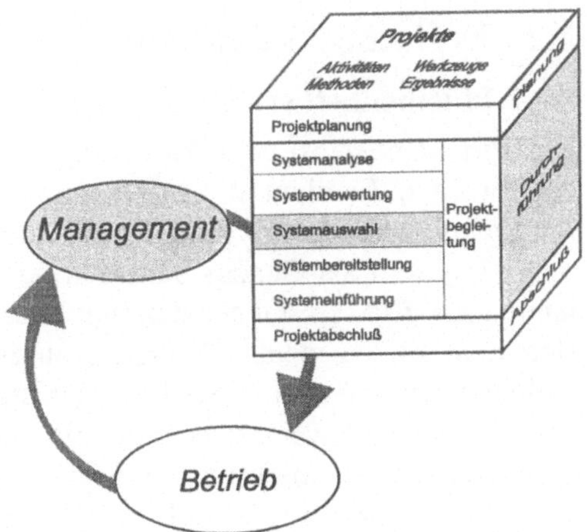

8.1 Einleitung

Wozu Systemauswahl, was ist das Ziel?

Wenn eine oder mehrere Komponente(n) eines *(Sub-) Informationssystems* ersetzt werden soll(en), gibt es dazu meist unterschiedliche Möglichkeiten. Um das *Produkt* zu ermitteln, das am besten geeignet ist, ein bestimmtes *Verfahren* zu unterstützen, wird deshalb eine Systemauswahl durchgeführt.

Wann wird die Phase durchgeführt?

Die Systemauswahl wird nach der Systembewertung durchgeführt, wenn aufgrund der Ergebnisse ein *Anwendungssoftwareprodukt* oder ein *konventionelles Werkzeug* zur Verbesserung des vorliegenden *(Sub-) Informationssystems* ausgewählt werden soll. Andere *Projekte* beginnen mit der Systemauswahl als erste Phase, sofern Ziele, Schwachstellen etc. des (Sub-) Informationssystems bereits bekannt sind.

Welche Ergebnisse liegen nach Abschluß dieser Phase vor?

Das *Pflichtenheft*, weitere Ausschreibungsunterlagen, die eingegangenen *Angebote* für ein *Produkt*, der Vergleich der Angebote und die Entscheidung für ein Produkt.

Was sollen Sie lernen?

Nach der Lektüre dieses Kapitels sollen Sie wissen, wie Sie ein *Pflichtenheft* erstellen, eine Ausschreibung durchführen und Angebote vergleichen können.

Dazu sollten Sie eine Vorstellung darüber haben, welche *Werkzeuge* und *Methoden* in dieser Phase zur Anwendung kommen können.

8.2 Typische Aktivitäten

8.2.1 Pflichtenheft erstellen

Das *Pflichtenheft* ist eine Auflistung aller Anforderungen, die an ein *Produkt* gestellt werden. Es dient als Grundlage für die Auswahl der Basis einer oder mehrerer *Komponenten eines (Sub-) Informationssystems*. Dies kann das (Sub-) Informationssystem als Ganzes betreffen oder einen Teil davon, z. B. den *rechnerunterstützten Teil*. Im Gegensatz zur Phase Systembewertung ist das Ziel der Systemauswahl, ein neues *Werkzeug* auszuwählen. Welches Lösungsmodell damit realisiert werden soll, liegt bereits fest, als Ergebnis der Systembewertung. So kann es beispielsweise das Ergebnis einer Systembewertung sein, daß zur Verbesserung der Archivierung in einem Krankenhaus ein Optisches Archivierungssystem eingeführt werden soll. Die Auswahl des Produkts, das die Basis für dieses *Verfahren* bilden soll, erfolgt in der Phase Systemauswahl. Auswahl bedeutet auch die Entscheidung, ob ein Produkt, z. B. ein *Anwendungssoftwareprodukt* statt beschafft (selbst) entwickelt werden kann.

In Kenntnis der formalen Ansätze beschreiben wir im folgenden einen pragmatisch orientierten Aufbau eines Pflichtenhefts. Die Anforderungen, die im *Pflichtenheft* formuliert werden, basieren auf den *Bewertungskriterien*, die im Rahmen der Systembewertung erarbeitet wurden (s. Abschnitt 7.2.1). Im Pflichtenheft wird aber nicht nur festgehalten, WELCHE Ziele bzw. Bewertungskriterien erfüllt sein sollen, sondern auch WIE diese Ziele erreicht werden sollen. Bei *Anwendungssoftwareprodukten* werden beispielsweise Anforderungen an die Benutzerfreundlichkeit gestellt, die so direkt nicht zur Zielerfüllung beitragen. Ein Dienstplan kann zwar beispielsweise in einer bestimmten Zeit erarbeitet werden (Ziel), aber auf verschiedene, mehr oder weniger benutzerfreundliche Arten. Beherzigen Sie auch die 80-20-Regel, die besagt, daß 80% des Aufwands durch Bearbeitung der 20% Fälle entsteht, die am kompliziertesten sind. Das bedeutet, daß die volle Abdeckung der Anforderungen oft sehr viel teurer kommt als vorher angenommen. Legen Sie also dar, welchen Bedarf Sie genau decken wollen. Sie können dazu Blöcke bilden, bei Anwendungssoftwareprodukten z. B. mit Anforderungen an die Funktionalität, Schnittstellen, Einbinden in *Geschäftsprozesse*, Technik und DV-Konzept. Wie bei den Bewertungskriterien werden auch die Anforderungen, die im Pflichtenheft formuliert werden, nach ihrer Bedeutung mit Gewichten versehen.

Neben den Anforderungen umfaßt das *Pflichtenheft* auch Informationen zum Ersteller des Pflichtenhefts, zu dem *(Sub-) Informationssystem*, in das das neue *Produkt* integriert werden soll, und die Zielsetzung, die mit dem Produkt erreicht werden soll. Die Struktur des Pflichtenhefts hängt von der Art des zu lösenden Problems ab. Ein Vorschlag für die Gliederung eines Pflichtenhefts für *Anwendungssoftwareprodukte* findet sich in Tabelle 8-1.

Pflichtenheft zum Projekt ...	
Stand: 12.04.199x	
1 Vorstellung Pflichtenheftersteller	**3 Zielsetzung**
1.1 Name, Adresse, Ansprechpartner	**4 Anforderungen**
1.2 Größe, Struktur des Unternehmens	4.1 Funktionalität
1.3 Aufgabenbereich	4.2 Einbindung in Geschäftsprozesse
2 Ausgangssituation	4.3 Schnittstellen
2.1 Beschreibung des bestehenden Informationssystems	4.4 Datenschutz, Datensicherheit
	4.5 Technik und DV-Konzept
2.2 Ausstattung	4.6 Dokumentation
2.3 Schwachstellen	4.7 Rechtliche Anforderungen
2.4 Randbedingungen	4.8 Mengengerüste
	4.9 Wartung, Einführung, Betreuung

Tabelle 8-1: Mögliche Gliederung eines Pflichtenhefts für Anwendungssoftwareprodukte.

Die Inhalte des *Pflichtenhefts* lassen sich zu großen Teilen aus den Ergebnissen der Systemanalyse und der Systembewertung ableiten. Auch wenn ein *Projekt* erst mit der Systemauswahl beginnt, werden *Informationen* benötigt, die in diesen Phasen ermittelt werden. Solche Informationen müssen dann entweder noch erhoben werden, oder sie liegen bereits als Ergebnis früherer Projekte vor.

Das *Pflichtenheft* ist nicht nur notwendig, wenn ein auf dem Markt vorhandenes *Anwendungssoftwareprodukt* (*'Standardsoftwareprodukt'*) beschafft werden soll. Es beschreibt auch das Konzept für eine Eigen- oder Fremdentwicklung. In manchen Fällen gibt es vielleicht kein geeignetes *Produkt* auf dem Markt, oder die Eigenentwicklung ist eine mögliche Variante zu kommerziellen Angeboten. Wägen Sie die Vor- und Nachteile von Standardsoftwareprodukten im Vergleich zu Eigenentwicklungen gut ab! Standardsoftwareprodukte decken die Forderungen des Unternehmens vielleicht nicht komplett ab, müssen den Bedürfnissen des Unternehmens angepaßt werden und werfen oft Schnittstellenprobleme auf. Sie sind hingegen i. d. R. schnell verfügbar, relativ günstig, wenn mehrere Anbieter auf demselben Gebiet konkurrieren, und gewährleisten eine Programmwartung und -weiterentwicklung durch den Anbieter. Sie erfordern jedoch häufig hohe Aufwände für die *Adaptierung* und den Erwerb der für die Betreuung des Betriebs erforderlichen Kenntnisse.

8.2.2 Ausschreibung

Auf der Grundlage des *Pflichtenhefts* kann nun die Ausschreibung erfolgen, d. h. die Aufforderung zur Angebotsstellung. Sie wird entweder, für alle potentiellen Anbieter zugänglich, in Zeitungen oder Fachzeitschriften, beispielsweise im Bundesanzeiger, öffentlich ausgeschrieben. Oder Anbieter geeigneter *Produkte* werden direkt angeschrieben mit der Bitte, ein Angebot abzugeben (beschränkte Ausschreibung). Interessierte Firmen erhalten neben dem Pflichtenheft die Beschreibung der Ausschreibungsmodalitäten, eine Vorgabe für den Aufbau des Angebots und ggf. Demonstrationsaufgaben, die die gewünschte Funktionalität beispielhaft verdeutlichen. Ein Beispiel für eine Angebotsgliederung für ein *Anwendungssoftwareprodukt* kann Tabelle 8-2 entnommen werden.

Ein Angebot sollte in jedem Fall Angaben zum Anbieter enthalten sowie das Lösungskonzept beschreiben. Natürlich müssen auch Preise genannt werden.

Angebot für...
Stand: 30.04.199x
1 Vorstellung Anbieter
1.1 Name, Adresse, Ansprechpartner
1.2 Größe, Struktur
1.3 Tätigkeitsgebiet
2 Lösungskonzept
2.1 Überblick
2.2 Antworten auf Anforderungen
2.3 Preise
2.4 Zeitplan
2.5 Kosten und Leistungen für Modifikationen, Adaptierung, Installation, Wartung
3 Referenzen
4 Vertragsentwurf

Tabelle 8-2: Mögliche Gliederung eines Angebots für ein Anwendungssoftwareprodukt.

Die Ausschreibungsmodalitäten beziehen sich auf die Frist zur Abgabe des Angebots, auf weitere Termine, z. B. für die Entscheidung, Einführung und Inbetriebnahme des *Produkts*, und auf die Vorgehensweise zur Bewertung der eingegangenen Angebote. Es ist auch möglich, einzelne Komponenten getrennt voneinander als sogenannte Lose auszuschreiben, z. B. Software, Hardware, *konventionelle Werkzeuge*. Die Angebote müssen dann für jedes Los getrennt erfolgen. Der Zeitraum zwischen Ausschreibung und Abgabe des Angebots sollte genügend groß gewählt werden, insbesondere bei umfangreichen Anforderungen, um den Anbietern Gelegenheit zu geben, ein sorgfältig ausgearbeitetes Angebot abzuliefern.

Wenn auch eine Eigenentwicklung als mögliche Alternative zu einem Kauf in Erwägung gezogen wird, muß dafür eine Aufwandschätzung vorgenommen werden. Falls von vornherein nur eine Eigenentwicklung geplant ist, entfällt die Ausschreibung.

8.2.3 Vergleich der Angebote

Nach Ablauf der Abgabefrist für die Angebotsstellung können die eingegangenen Angebote verglichen werden, bei mehreren Losen für jedes Los getrennt. Angebote, die erst danach eingereicht werden, dürfen nicht mehr berücksichtigt werden.

Das Vorgehen für den Vergleich entspricht dem Vorgehen bei der Systembewertung: zunächst wird jedes *Produkt* für sich bewertet, dann die Ergebnisse vergleichend nebeneinandergestellt. Die *Bewertungskriterien* und -methoden werden vorher schriftlich niedergelegt - soweit nicht die Bewertungskriterien aus der Systembewertung verwendet werden -, spätere Abweichungen müssen begründet werden. Auch wenn das *Pflichtenheft* sorgfältig formuliert wurde, ist es möglich, daß in einem Angebot Antworten fehlen oder nicht beurteilt werden können. Dann müssen Sie nachfragen oder mit Intervallen arbeiten (für das fragliche Kriterium je den besten und schlechtesten Erfüllungsgrad annehmen, so daß statt eines Werts für die Zielerfüllung ein Intervall entsteht). Nach der Einzelbewertung aller Angebote können diese miteinander verglichen werden. Wenn ein Angebot die *K.O.-Kriterien* nicht erfüllt, wird es nicht in den Vergleich aufgenommen.

In einem nächsten Schritt können die Anbieter, deren *Produkte* in Frage kommen, im Rahmen einer Präsentation ihre Produkte beim Auftraggeber vorstellen. Um die Tauglichkeit der Produkte für das zu lösende Problem zu prüfen, sollten den Anbietern während der Präsentation Aufgaben gestellt werden, die sie, möglichst ohne Vorbereitung, lösen müssen. Die Entscheidung für ein bestimmtes Produkt fällt so u. U. leichter.

Die Angebotsunterlagen, der Vergleich der Angebote und ggf. ein begründeter Vorschlag zur Annahme eines bestimmten Angebots können nun dem *Projektauftraggeber* vorgelegt werden, der die Entscheidung zur Beschaffung eines *Produktes* trifft. Meist wird anhand einiger wichtiger Kriterien entschieden, wobei nicht unbedingt das Produkt ausgewählt wird, das die beste Funktionalität verspricht! Sollte eine endgültige Entscheidung nicht möglich sein, kann eine Testinstallation der interessierenden Produkte in Betracht gezogen werden, eine Neuausschreibung, die mehr bzw. andere Anbieter miteinbezieht, oder eine Überprüfung der Kriterien auf Praktikabilität. Wenn keines der angebotenen Produkte die *K.O.-Kriterien* erfüllt, kommt evtl. auch eine Eigenentwicklung in Frage, die dann anhand des *Pflichtenhefts* konzipiert wird. War eine Eigenentwicklung von Anfang an geplant, entfällt der Vergleich der Angebote natürlich.

8.3 Methoden

Das Vorgehen bei der Systemauswahl ähnelt stark dem Vorgehen bei der Systembewertung. Deshalb können für das Erstellen des *Pflichtenhefts* ebenfalls *Kreativitätsmethoden* (s. Kapitel 7) angewandt werden und für den Vergleich der Angebote weitere *Methoden*, die bei der Systembewertung beschrieben wurden:

- *Nutzwertanalyse* (s. Kapitel 7)
- *Kostenvergleichsrechnung* (s. Kapitel 7)
- *Nutzen-Kosten-Analyse* (s. Kapitel 7)
- Erstellung von *Polaritätsprofilen* (s. Kapitel 7)

Die Ausschreibung ist ein arbeitsintensiver Vorgang, für den es aber keine speziellen *Methoden* gibt. Allerdings müssen dabei rechtliche Vorschriften beachtet werden.

8.4 Werkzeuge und Ergebnisse

In Tabelle 8-3 sind *Methoden* und rechnerbasierte *Werkzeuge* aufgeführt, die während der typischen Aktivitäten in der Phase Systemauswahl verwendet werden können, sowie die Ergebnisse dieser Phase, z. B. die erstellten Dokumente.

Aktivität	Methode(n)	Soft-/Hardware für ...	Ergebnis(se)
Pflichtenheft erstellen	Kreativitätsmethoden (s. Kapitel 7)	Textverarbeitung Tabellenkalkulation Graphikerstellung Groupware	Pflichtenheft
Ausschreibung	-	Textverarbeitung	Ausschreibungsunterlagen
Vergleich der Angebote	Nutzwertanalyse (s. Kapitel 7) Kostenvergleichsrechnung (s. Kapitel 7) Nutzen-Kosten-Analyse (s. Kapitel 7) Erstellung von Polaritätsprofilen (s. Kapitel 7)	Textverarbeitung Tabellenkalkulation Graphikerstellung Statistische Auswertung	Angebote Vergleich der Angebote Entscheidung für ein Produkt

Tabelle 8-3: Aktivitäten, Methoden, Werkzeuge für die und Ergebnisse der Systemauswahl.

8.5 Merkliste

Die folgende Merkliste für die Systemauswahl gibt einen Überblick über die *typischen Aktivitäten* in dieser Phase und enthält Empfehlungen für die Durchführung. Sie können anhand dieser Liste Ihr Vorgehen bei der Systemauswahl planen.

Pflichtenheft erstellen

- Nehmen Sie die *Bewertungskriterien* aus der Systembewertung als Basis für die Anforderungen im *Pflichtenheft*.
- Verwenden Sie zur Erstellung des *Pflichtenhefts* die Ergebnisse aus der Systemanalyse und der Systembewertung.

- Stellen Sie das Unternehmen und das *(Sub-) Informationssystem* vor, für das das *Pflichtenheft* erstellt wird.
- Formulieren Sie neben den Anforderungen an die Funktionalität bei *Anwendungssoftwareprodukten* auch Anforderungen an Integration, Schnittstellen, Soft- und Hardwarevoraussetzungen, Dokumentation, Wartung, Einführung und Betreuung.

Ausschreibung

- Veröffentlichen Sie die Ausschreibung in Fachzeitschriften oder Zeitungen oder schreiben Sie potentielle Anbieter im Rahmen einer beschränkten Ausschreibung direkt an.
- Erarbeiten Sie außer dem *Pflichtenheft* eine Vorgabe für den Aufbau des Angebots, Modalitäten der Ausschreibung und ggf. Demonstrationsaufgaben zur Verdeutlichung der Anforderungen.
- Legen Sie eine angemessene Frist für die Angebotsabgabe fest.

Vergleich der Angebote

- Legen Sie zuerst die *Bewertungskriterien* und Bewertungsmethoden fest.
- Bewerten Sie jedes Angebot für sich.
- Vergleichen Sie die Angebote miteinander. Angebote, die die *K.O.-Kriterien* nicht erfüllen, werden nicht in den Vergleich aufgenommen.
- Legen Sie alle Unterlagen (Angebote, Vergleich der Angebote, ggf. Empfehlung) dem Auftraggeber des *Projekts* vor, damit dieser eine Entscheidung treffen kann.

Nach unserer Erfahrung müssen im Rahmen der Systemauswahl insbesondere die folgenden Punkte beachtet werden:

- Gestalten Sie das *Pflichtenheft* nicht zu umfangreich! Bedenken Sie die Aufwände für die Anbieter und die Auswertung. Überladen Sie das Pflichtenheft insbesondere nicht mit technischen Details, sondern konzentrieren Sie sich auf die erforderliche Funktionalität und die hierfür wirklich notwendigen technischen Voraussetzungen.
- Berücksichtigen Sie für die Gesamtprojektplanung die (auch rechtlich vorgeschriebenen) Fristen für die Angebote! Außerdem sind Zeiten für erforderliche Nachverhandlungen mit Firmen und für die Bereitstellung der *Produkte* nicht unerheblich.
- Prüfen Sie sorgfältig, ob die *Produkte* die Kriterien im *Pflichtenheft* tatsächlich (erprobt!) erfüllen! Produkte, die angeboten werden, befinden sich oft noch im Entwicklungsstadium. Wenn die Erfüllung von Kriterien erst geplant ist, müssen Sie vorsichtig sein, diese als ‘so gut wie’ realisiert zu bewerten.

8.6 Beispiele

8.6.1 Projekt 'Befundübermittlung'

Die Phase 'Systemauswahl' wird bei dem Projekt 'Befundübermittlung' nicht durchlaufen. Das Beispiel hierzu entfällt also.

8.6.2 Projekt 'Speisenanforderung'

Nachdem der *Vorgehensplan* für das *Projekt* 'Speisenanforderung' verabschiedet ist, beginnen Herr S., Herr B. und Frau G. mit der Erstellung des *Pflichtenhefts*. Die Systemanalyse und -bewertung aus dem Projekt im letzten Jahr bilden eine gute Grundlage für die Formulierung der Anforderungen, die das zu beschaffende *Anwendungssoftwareprodukt* erfüllen soll. Um die Bedürfnisse der Pflegekräfte auf Station genügend berücksichtigen zu können, werden Herr T. aus der Chirurgischen Klinik und Frau E. aus der Hautklinik in die Pflichtenhefterstellung und Auswahl miteinbezogen. Nach mehreren Überarbeitungen sind alle mit dem Ergebnis zufrieden. Neben der Funktionalität wird besonderes Augenmerk gelegt auf die Schnittstellen zu anderen *Anwendungssystemen* der *MHP*. So muß das neue Anwendungssystem in der Lage sein, Aufnahme- und Entlaßdaten von Patienten aus dem Patientenverwaltungssystem zu empfangen, damit die Patientendaten nicht mehrfach eingegeben werden müssen. Dazu soll das Patientenverwaltungssystem alle fünf Minuten aktuelle *Daten* aus der zentralen Patientendatenbank an das Anwendungssystem für die Speisenanforderung schicken. Zum Anwendungssystem der Küche muß ebenfalls eine Schnittstelle vorliegen, über die die Speisenanforderungen für die Patienten sowie nicht-patientenbezogene Bestellungen verschickt werden. Wie bei allen anderen Anwendungssystemen, die im Bereich der stationären Patientenversorgung der MHP installiert sind, soll auch das neue eine graphische Benutzeroberfläche aufweisen und eine Bedienung mit der Maus erlauben. Da Patientendaten betroffen sind, muß auch der Datenschutz gewährleistet werden. Schließlich sollte das *Produkt* so ausgelegt sein, daß zu ca. 45.000 Patienten im Jahr problemlos mehrere Mahlzeiten am Tag bestellt und ggf. geändert oder storniert werden können. Da Speisenanforderungen auch kurzfristig möglich sein sollten, muß das neue Anwendungssystem an sieben Tagen in der Woche über 24 Stunden betriebsbereit sein. Tabelle 8-4 gibt einen Einblick in die funktionalen Anforderungen des Pflichtenhefts.

Pflichtenheft zum Projekt 'Auswahl eines Anwendungssoftwareprodukts für die Anforderung von Speisen für Patienten der Medizinischen Hochschule Plötzberg'

Stand: 16.4.199x

1 Vorstellung Pflichtenheftersteller [...]

2 Ausgangssituation [...]

3 Zielsetzung [...]

4 Anforderungen

4.1 Funktionalität

4.1.1 Patientenbezogene Speisenanforderung
- Zuordnung Kostform zu Patient (z. B. normale Kost, Schonkost, Pankreas-Diät, ...)
- Festlegung der Speisenauswahl für zwei Wochen im voraus
- tägliche Neueingaben, Änderungen, Stornierungen möglich
- Sperren einzelner Mahlzeiten möglich (z. B. wegen Operation)
- Kopieren einer Bestellung auf folgende Tage
- Eingabe von Freitext
- Anzeige, für welche Patienten noch keine bzw. nicht alle Mahlzeiten bestellt wurden

4.1.2 Patientenverwaltung
- Liste über neuaufgenommene Patienten anzeigen
- Neuaufnahme auf Station für Patienten, die noch nicht zentral aufgenommen wurden
- Patientenzusammenführung (wenn Patient auf Station neu aufgenommen wurde und erst später über das Patientenverwaltungssystem die Aufnahmemeldung kommt)
- Zimmernummer eingeben bzw. ändern
- Verlegung innerhalb der MHP

4.1.3 Sammelbestellungen
- Erstellung von Bestellisten für nicht-patientenbezogene Artikel (Getränke, Tee, Grieß, ...)
- Eingabe von Freitext oder Auswahl aus vorgegebener Liste
- Erstellung Stationsprofil (Standard-Bestelliste)
- Kopieren einer alten Bestelliste
- Bestellung stornieren bzw. ändern

4.1.4 Benutzerverwaltung
- Anmeldung
- Paßwort ändern (periodisch und auf Wunsch)

[...]

Tabelle 8-4: Projekt Speisenanforderung, Ausschnitt aus Pflichtenheft.

Auf der Grundlage des *Pflichtenhefts* erfolgt nun die Ausschreibung. Nach Ablauf der Frist zur Angebotsstellung liegen insgesamt vier Angebote vor. Zwei scheiden sofort für eine nähere Betrachtung aus: das eine deckt nicht alle *K.O.-Kriterien* im *Pflichtenheft* ab, das andere beinhaltet eine Komplettlösung für Küche und Station zusammen statt eines eigenen *Anwendungssoftwareprodukts* für die anfordernde Stelle mit Kommunikationsschnittstellen zum Küchensystem.

Die beiden anderen *Produkte* erfüllen die Anforderungen im *Pflichtenheft* auf vergleichbare Weise und unterscheiden sich hauptsächlich in der Benutzerführung. Die am *Projekt* beteiligten Pflegekräfte neigen dazu, das *Anwendungssoftwareprodukt* EAS der Firma Hospital Systems auszuwählen, während Herr S. und seine Mitarbeiter das Anwendungssoftwareprodukt SPANF der Firma Krankenhaussysteme GmbH bevorzugen. Herr S. schlägt deshalb vor, beide Produkte testweise für vier Wochen auf zwei Stationen der Hautklinik einzusetzen, um die Funktionalität und die Handhabung besser beurteilen zu können. Da der Vergleich der beiden Angebote sehr ähnliche Ergebnisse gezeigt hat, stimmen die *Projektauftraggeber* zu.

Nun haben Herr S., Herr B. und Frau G. viele Aktivitäten durchzuführen, die im *Vorgehensplan* nicht vorgesehen waren: Sie wählen zwei geeignete Stationen für die Testinstallation aus, kümmern sich um die notwendigen *Rechnersysteme*, bitten die Entwicklungsabteilung der *MHP* um ein Programm zur Simulation des Versendens der Patientendaten und des Empfangs der Speisenanforderung, sprechen mit den Anbietern den Umfang der Testinstallation, Termine, Unterweisung der Mitarbeiter etc. ab, entwickeln Beurteilungsbögen und betreuen schließlich die Mitarbeiter auf den zwei Stationen während des Testbetriebs. Danach werten sie die Ergebnisse der Testinstallationen aus. Es zeigt sich, daß das *Produkt* EAS zwar auf den ersten Blick eine ansprechendere Benutzeroberfläche bietet, die Eingabe von Bestellungen aber sehr umständlich ist, einige *Funktionen* entgegen der Aussage des Herstellers noch nicht realisiert sind und das Programm ständig ohne Fehlermeldungen abstürzt. So fällt nach Abschluß der Testphase die Entscheidung für das Produkt SPANF, das zufriedenstellend eingesetzt werden konnte, einstimmig.

8.7 Übungen

Übung 1: Warum muß für die Systemauswahl ein *Pflichtenheft* erstellt werden, auch wenn aus der Systembewertung bereits *Bewertungskriterien* vorliegen?

Übung 2: Stellen Sie sich vor, Sie wollen ein *Anwendungssoftwareprodukt* auswählen, das die Verwaltung der Blutspender und Blutkonserven einer Blutspendezentrale unterstützt. Welche Aufgaben stellen Sie den Anbietern bei der Präsentation?

Übung 3: Was kann es für Gründe geben, unter mehreren Möglichkeiten nicht das *Produkt* auszuwählen, das den höchsten Funktionsumfang verspricht?

Übung 4: Die öffentliche Leihbücherei in Ihrer Stadt soll mit einem neuen Bibliotheksverwaltungssystem ausgestattet werden. Dazu sollen alle Bücher mit Barcodeetiketten versehen werden, die beim Entleihen und bei der Rückgabe eingelesen werden können. Die Bestandsverwaltung, das Entleih- und Mahnwesen, Inventuren etc. sollen auf Basis eines kommerziell verfügbaren *Anwendungssoftwareprodukts* durchgeführt werden. Erstellen Sie das *Pflichtenheft*.

Übung 5: Zu Beispiel 'Befundübermittlung': Für die Befundübermittlung an der *MHP* existiert ja bereits ein rechnerbasiertes *Anwendungssystem*. Angenommen, dem wäre nicht so: Können Sie aus den Informationen, die Sie bisher über die Befundübermittlung erfahren haben, ein *Pflichtenheft* konstruieren, das als Grundlage für die Auswahl des jetzt eingesetzten Anwendungssystems gedient haben könnte?

9 Systembereitstellung

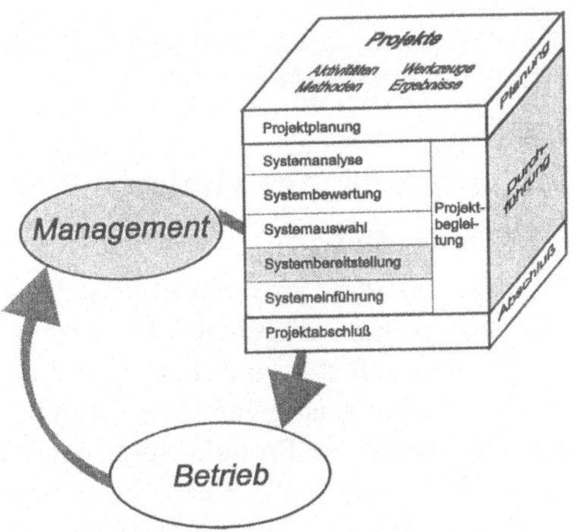

9.1 Einleitung

Wozu Systembereitstellung, was ist das Ziel?

In vielen *Projekten* ist es nicht möglich, eine *Komponente* für ein *(Sub-) Informationssystem* direkt nach der Auswahl einzuführen. Um die Beschaffung eines *Produkts* in die Wege zu leiten und durchzuführen, sind oft mehrere Aktivitäten notwendig. Dies gilt natürlich v. a. auch für die Alternative zur Beschaffung, die Entwicklung, sowie für die *Adaptierung*, die in beiden Fällen notwendig werden kann. Deshalb liegt die Systembereitstellung als eigene Phase zwischen der Systemauswahl und der Systemeinführung. Sie ist besonders wichtig bei rechnerbasierten *Werkzeugen*. Die Systembereitstellung ist abgeschlossen, wenn auf der Basis des Produkts ein *Anwendungssystem* entstanden ist.

Wann wird die Phase durchgeführt?

Die Systembereitstellung folgt der Systemauswahl, wenn darin ein *Produkt* ausgewählt wurde, das im Unternehmen eingeführt werden soll bzw. der Entschluß zur Entwicklung getroffen wurde. Es ist auch möglich, ein *Projekt* mit der Systembereitstellung zu beginnen.

Welche Ergebnisse liegen nach Abschluß dieser Phase vor?

Das *Anwendungssystem* sowie als Dokumente die Beschreibung des *Produkts*, Handbücher, Verträge und/oder die Entwicklungsdokumentation des neu entwickelten Produkts sowie Adaptierungsunterlagen.

Was sollen Sie lernen?

Nach der Lektüre dieses Kapitels sollen Sie wissen, wie Sie *Produkte* beschaffen bzw. welche Aktivitäten bei der Entwicklung und bei der *Adaptierung* anfallen können.

Dazu stellen wir als *Methoden* die Verwendung von *Software-Referenzmodellen* und die *prototypische Erstellung* vor. Außerdem sollten Sie eine Vorstellung darüber haben, welche *Werkzeuge* und weiteren Methoden in dieser Phase zur Anwendung kommen können.

9.2 Typische Aktivitäten

9.2.1 Beschaffung

Wenn ein *Produkt* ausgewählt wurde, das in einem Unternehmen in ein *(Sub-) Informationssystem* eingehen soll, so ist es in den meisten Fällen nicht möglich, dieses Produkt sofort zu beschaffen und quasi direkt am nächsten Tag zu betreiben. Die Beschaffung ist zwar ein einfacher, aber oft zeitaufwendiger Vorgang, insbesondere, wenn das Produkt auch noch an die Gegebenheiten des Unternehmens angepaßt werden muß. Wenn Sie beispielsweise für ein Krankenhaus ein *Anwendungssoftwareprodukt* ausgewählt haben, das die Patientendatenverwaltung unterstützen soll, muß es vielleicht so modifiziert werden, daß der im Krankenhaus übliche Schlüssel für die Patientenidentifizierung weiterhin verwendet werden kann.

Der Aufwand zur Beschaffung hängt u. a. davon ab, aus welcher Quelle ein *Produkt* stammt. Handelt es sich um ein Produkt, das in demselben Unternehmen bereits eingesetzt wird und nun beispielsweise von einer anderen Abteilung übernommen werden soll, ist dies oft ohne größere Formalien möglich. Wenn das Produkt von einem Branchenkollegen oder einem kommerziellen Anbieter stammt, müssen alle zu beachtenden Bedingungen, Preise etc. vertraglich genau festgelegt werden.

Zunächst wird eine Spezifikation erarbeitet, die beschreibt, wie die im *Pflichtenheft* aufgeführten Anforderungen erfüllt werden können. Außerdem wird genau definiert, welche Anpassungen bzw. Ergänzungen zum *Produkt* ggf. notwendig sind und wer diese durchführt (Anbieter oder Käufer). Diese und weitere Bedingungen werden in einem Vertrag bzw. mehreren Verträgen schriftlich festgehalten und von beiden Vertragspartnern unterschrieben. Nach der Durchführung der ggf. notwendigen Modifikationen wird das Produkt im Unternehmen installiert und getestet, insbesondere das Zusammenspiel mit vorhandenen *Komponenten* des *(Sub-) Informationssystems.* Bevor das Produkt dann vom Käufer abgenommen werden kann, müssen in Betriebs- und Benutzerhandbüchern noch alle Maßnahmen beschrieben werden, die im Rahmen der Einführung und des Betriebs notwendig sind. Dazu gehören z. B. auch Hinweise für das Reagieren auf Fehlermeldungen. Meist erfolgt die Systemabnahme jedoch erst nach erfolgreicher Übernahme in die Routine.

Das wichtigste Dokument im Rahmen der Beschaffung ist der Vertrag zwischen Anbieter und Käufer. Er gestaltet die rechtliche Beziehung zwischen den Vertragspartnern und dokumentiert alle getroffenen Vereinbarungen in bezug auf die Beschaffung. Ein Beispiel für die Gliederung eines Vertrags zur Beschaffung eines *Anwendungssoftwareprodukts* finden Sie in Abbildung 9-1. Der Aufbau dieses Vertrags orientiert sich an den 'besonderen Vertragsbedingungen des Öffentlichen Dienstes für die Überlassung von DV-Programmen'. Auch in anderen Branchen existieren Modellverträge, die als Grundlage dienen können.

Vertrag über die Überlassung von Anwendungssoftwareprodukten

Projektbezeichnung, Auftragnehmer, Auftraggeber
Anlagen: Pflichtenheft, Produktinformation, Mängelformulare, ...

1. **Sachlicher Geltungsbereich**
2. **Programmbezeichnung, Nutzungsrechte, Leistungsdauer, Überlassungsvergütung**
   Nutzung befristet/unbefristet, Vergütung monatlich/einmalig
3. **Kündigungsfrist**
4. **Nutzung der Programme**
   Anlage(n), auf der/denen die Programme betrieben werden sollen (Typ/Modell, Aufstellungsort)
5. **Ablösebeträge**
   bei vorzeitiger Kündigung
6. **Programmbeschreibung**
   Programmspezifikation, Angaben über Funktionsfähigkeit
7. **Anlieferung**
   Datenträger, Vergütung für Datenträger und Versand
8. **Herbeiführen der Funktionsfähigkeit der Programme**
   Anlagen, Zeitraum für Einführung, Vergütung, Einsatzvoraussetzungen
9. **Abnahme der Programme aufgrund vereinbarter Abnahmekriterien**
   Art und Umfang der Funktionsprüfung, Zeitraum der Abnahme, Kriterien, Testdaten
10. **Gewährleistung**
    Dauer, Mängelmeldung und -beseitigung, Schadenersatz, Einschränkung der Gewährleistung
11. **Programmdokumentation**
    Anforderungen, Anzahl Exemplare, Preis
12. **Personalausbildung für Anwendung bzw. Einsatz der Programme**
    Art, Dauer, Termine, Ort, Anzahl Auszubildende, Kosten
13. **Unterstützung beim Einsatz der Programme**
    Art, Zeitplan, Leistungen, Vergütung
14. **Anlagen oder Geräte, für die Lieferverpflichtung mit Programmen besteht**
15. **Preisvorbehalt**
16. **Nachträgliche Einräumung einer unbefristeten Nutzung**
17. **Zusätzliche Vereinbarungen**
    Fristen für Bezahlung, Überlassung Quellcode, Software-Erweiterungen, Weiterentwicklungen, ...

Abbildung 9-1: Mögliche Gliederung eines Vertrags für den Kauf eines Anwendungssoftwareprodukts.

Nach Abschluß des Vertrags muß dieser auf seine Einhaltung überwacht werden. Die tatsächlichen Lieferungen und Leistungen müssen mit den vereinbarten verglichen und ggf. angemahnt werden. Auch die Angemessenheit von Preisen sollte geprüft werden, damit ggf. Verhandlungen über eine Anpassung geführt werden können.

Bereits bei der Beschaffung eines *Produkts* ist es notwendig, sich Gedanken zu machen über die Wartung. Firmen bieten oft an, die Pflege und Weiterentwicklung eines Produkts nach dem Kauf zu übernehmen. Ein Wartungsvertrag regelt den Umfang, die Kosten und Zahlungsbedingungen (meist monatlich oder jährlich zu entrichten), die Durchführung und die Laufzeit der Produktbetreuung. Im Rahmen der Wartung ist häufig auch der Erwerb von neueren Versionen des Produkts enthalten.

9.2.2 Entwicklung

Wenn die Systemauswahl ergeben hat, daß es kein geeignetes *Produkt* auf dem Markt gibt, das unmittelbar beschafft werden kann als Basis für eine *Informationssystemkomponente*, bleibt als Möglichkeit die (Neu-) Entwicklung. Obwohl insbesondere für den *rechnerunterstützten Teil eines (Sub-) Informationssystems* eine Fülle von Produkten kommerziell verfügbar ist, gibt es für manche Spezialgebiete kein passendes Angebot. Es ist dennoch sinnvoll zu prüfen, ob zumindest einige 'fertige' Komponenten integriert werden können, da eine Entwicklung leicht höhere Kosten verursacht, als zunächst angenommen wurde. Es gibt Schätzungen, die besagen, daß zum eigentlichen Entwicklungsaufwand für *Anwendungssoftwareprodukte* noch einmal das dreifache an Kosten für Wartungsarbeiten anfällt, z. B. für die Fehlerbeseitigung, Verbesserungen und die Integration. So könnte eine kommerziell verfügbare Textverarbeitung in ein zu entwickelndes Anwendungssoftwareprodukt für die Arztbriefschreibung integriert werden. Diese Komponente muß zum einen nicht selbst entwickelt werden, zum anderen ist sie durch ihre vermutlich große Verbreitung weitgehend fehlerfrei bzw. wird von einem kommerziellen Anbieter gepflegt.

Die Kontrolle der Kosten hängt u. a. davon ab, wer die Entwicklung eines neuen *Produkts* durchführt. Wenn ein Produkt im Unternehmen selbst entwickelt wird, ist die Gefahr einer Kostenerhöhung u. U. größer, als wenn das ganze Produkt oder Teile davon von einem anderen Unternehmen, z. B. einem Softwarehaus, erstellt wird ('Outsourcing'), mit dem ein fester Betrag vertraglich vereinbart wurde. Auch für die Erteilung eines Entwicklungsauftrags an ein anderes Unternehmen muß ein Vertrag geschlossen werden. Im öffentlichen Dienst gibt es dazu beispielsweise die 'besonderen Vertragsbedingungen des Öffentlichen Dienstes für die Entwicklung von DV-Programmen'. Außerdem muß auch im Falle der Entwicklung Vorsorge getroffen werden für die Betreuung des Betriebs, was ebenfalls über Wartungsverträge erfolgen kann.

Ähnlich wie bei der Beschaffung beginnt die Systembereitstellung im Falle der Entwicklung mit der Definition einer detaillierten funktionellen Spezifikation. Abhängig von den gewählten *Werkzeugen* und den *Methoden* wird danach eine Entwicklungsspezifikation erarbeitet. Wenn ein *Anwendungssoftwareprodukt* zu erstellen ist, besteht die Programmspezifikation beispielsweise aus der Beschreibung der Datenstrukturen und der Programmodule, dem Datenbankschema, der Festlegung von Kommunikationsschnittstellen, Konzepten für Datenschutz, Datensicherung und Archivierung usw. Basierend auf der Entwicklungsspezifikation erfolgt nun die Entwicklung des Produkts, also z. B. die Programmierung, gefolgt von Implementierung und Test. Außerdem müssen in Handbüchern noch alle Maßnahmen beschrieben werden, die für die Einführung und den Betrieb notwendig sind, z. B. mögliche Reaktionen auf Fehler.

Im Laufe der Entwicklung entsteht eine Reihe von Dokumenten: die Entwicklungsspezifikation, ggf. der Quellcode von Programmen, die Produktbeschreibung, Installations- und Benutzerhandbücher, die Dokumentation der Maßnahmen für die Einführung, Betriebshandbücher für die Betreuung des Betriebs und Protokolle von Tests, die durchgeführt wurden.

Alle allgemeinen Ausführungen zum Vorgehen und zu den Dokumenten gelten für die Entwicklung von *Anwendungssoftwareprodukten* - aber auch für die Entwicklung von *konventionellen Werkzeugen*! Stellen Sie sich vor, das zu konstruierende *Produkt* sei ein Satz neuer Formulare. Dann müssen Sie eine Spezifikation für die Formulare erarbeiten, die Formulare entwickeln, mit Hilfe geeigneter Werkzeuge umsetzen und ihre Handhabbarkeit testen. Und natürlich alles Notwendige dokumentieren, z. B. wie die Formulare auszufüllen sind, wie sie weiterverwendet und abgelegt werden usw.

9.2.3 Adaptierung

Unter *Adaptierung* (engl. 'Customizing') verstehen wir die Anpassung eines *Produkts* an das Unternehmen, aber - im Gegensatz zur Modifikation - ohne Änderungen seiner Konstruktion. Bei *Anwendungssoftwareprodukten* wird also nicht der Programmcode geändert, sondern das Anwendungssoftwareprodukt wird gemäß den Anforderungen des Unternehmens parametriert. Damit wird die neue Komponente des *Informationssystems* für den Routinebetrieb vorbereitet. Durch die Adaptierung und Installation entsteht aus einem Anwendungssoftwareprodukt bzw. aus einem *konventionellen Werkzeug* ein *Anwendungssystem*.

Je flexibler ein *Produkt* ausgelegt ist, desto besser kann es an unternehmensspezifische Belange angepaßt werden - aber desto größer ist auch der Aufwand dafür! Dieser wird leicht unterschätzt. Ziehen Sie deshalb bei Ihrer Aufwandschätzung für die *Adaptierung* Kollegen, die das gleiche Produkt bereits eingeführt haben, oder den Anbieter zu Rate. Hilfreich bei der Adaptierung ist es auch, wenn der Anbieter bereits Beispiele für mögliche Anpassungen liefert, z. B. aus anderen Installationen. Sie können auch externe Berater zu Hilfe nehmen. Insbesondere bei komplexen und umfangreichen *Anwendungssoftwareprodukten* gibt es Unternehmen, die sich darauf spezialisieren, ihren Kunden bei der Installation, Adaptierung und Einführung zur Seite zu stehen. Da diese Unternehmen so über viel Erfahrung mit einem Produkt verfügen, können sie die notwendigen Aktivitäten effizient durchführen.

Die *Adaptierung* eines *Produkts* kann sich auf viele verschiedene Parameter beziehen. Bei *Anwendungssoftwareprodukten* gehören z. B. die folgenden Aspekte dazu: Hinterlegen des Namens des Unternehmens, der Abteilung etc. für Bildschirmdarstellungen und Ausdrucke, Konfiguration der Menüs, Eingabemasken und Druckausgaben, Festlegen von Benutzergruppen und Zugriffsrechten, Angabe wichtiger Basisdaten für Berechnungen, Aufruf von externen Programmen, Aufruf von Schnittstellen und deren Bedienung. Wenn beispielsweise ein Anwendungssoftwareprodukt zur Unterstützung der Dienstplanung parametriert werden soll, wird z. B. der Name des Krankenhauses und der Stationen gespeichert, besondere Abrechnungsregeln, Bezeichnungen für die Qualifikationen der Mitarbeiter, das Format und die Farben für den ausgedruckten Dienstplan, die Datenstrukturen für die Kommunikation mit dem Abrechnungssystem und viele andere Parameter. Die notwendigen *Daten* können Sie sicherlich zum Teil den Ergebnissen der Systemanalyse entnehmen, ansonsten müssen Sie die Informationen noch erheben. Das bedeutet, daß Ihr Projekt dann noch einmal die Phase der Systemanalyse durchläuft, um hinterher wieder zur Systemeinführung zurückzukehren.

Die *Adaptierung* muß sorgfältig vorgenommen werden. Was Sie vor der Inbetriebnahme (s. Kapitel 10) vergessen, kann später zwar noch eingefügt werden, aber dies kann größere Auswirkungen zur Folge haben. Berücksichtigen Sie auch besondere und seltene Fälle. So sollten Sie z. B. bei Bedarf neben allen derzeit vorkommenden Ausprägungen eines Parameters auch 'Sonstiges' vorsehen. Das Ergebnis der Adaptierung muß unbedingt mit den späteren Benutzern abgestimmt werden. Spielen Sie dazu mit Testfällen alle denkbaren Situationen durch.

Die *Adaptierung* sollte innerhalb eines Unternehmens so spezifisch wie notwendig, aber so einheitlich wie möglich durchgeführt werden. Bei *Anwendungssoftwareprodukten*, die an mehreren Stellen eingeführt werden sollen, muß natürlich auf die speziellen Bedürfnisse jedes *Bereichs* eingegangen werden. Globale Aspekte sollten jedoch vereinheitlicht werden, z. B. der Aufbau von Bildschirmoberflächen oder Drucklisten. Dadurch ist das *Anwendungssystem* erheblich einfacher zu pflegen, und Schulungen sind leichter durchzuführen. Deshalb sollte bereits bei der Systemauswahl auf eine gute spätere Wartbarkeit geachtet werden.

Die Hauptarbeit bei der *Adaptierung* findet normalerweise direkt nach der Beschaffung bzw. Entwicklung eines Produkts statt. Dennoch müssen die Einstellungen überwacht und bei Bedarf ggf. geändert werden. Dazu ist es notwendig, einen Verantwortlichen für die Adaptierung im laufenden Betrieb zu benennen. Außerdem sollten alle Parametrierungen schriftlich dokumentiert werden.

Die Systembereitstellung ist dann abgeschlossen, wenn aus dem beschafften bzw. entwickelten (*Anwendungssoftware-*) *Produkt* ein *Anwendungssystem* entstanden ist, das nun eingeführt werden kann (s. Kapitel 10).

9.3 Methoden

Die Beschaffung ist eine Aktivität, für die es keine eigenen *Methoden* gibt. Für die Adaptierung nennen wir die Verwendung von Software-Referenzmodellen, für die Entwicklung werden die *prototypische Erstellung* kurz vorstellen. Auf weitere Methoden der Software-Entwicklung gehen wir nicht ein, da es dazu eine Fülle von Literatur gibt.

9.3.1 Verwendung von Software-Referenzmodellen

Allgemeingültige *Methoden* zur Adaptierung befinden sich erst in der Entwicklung. Dies liegt unter anderem daran, daß *Anwendungssoftwareprodukte* unterschiedlicher Hersteller auch bei vergleichbarer Funktionalität oft völlig anders strukturiert sind und zu ihrer *Adaptierung* auch unterschiedliche Merkmale erhoben werden müssen. Im allgemeinen verfügen die Anbieter der Produkte über eigene Vorgehensmodelle, die als Referenz für die Einführungsprojekte genutzt werden.

Die zur Zeit am weitesten entwickelten *Methoden* zur *Adaptierung* beruhen auf dem Einsatz von *Software-Referenzmodellen.* Ein Software-Referenzmodell beschreibt die Funktionen, abbildbaren Prozesse, Datenstrukturen und die organisatorischen Voraussetzungen eines *Anwendungssoftwareprodukts.* Gesteuert durch ein entsprechendes Vorgehensmodell kann nun systematisch geprüft werden, welche der in dem Software-Referenzmodell enthaltenen Funktionen und Prozesse in dem Unternehmen, in dem die Software eingeführt werden soll, durch diese Software unterstützt werden sollen und welche organisatorischen Einheiten des Unternehmens davon betroffen sein werden. Aus dieser Analyse kann schließlich abgeleitet werden, welche Parameter bzw. Merkmale zu erheben sind. Mit Hilfe entsprechender Software zur Überwachung des korrekten Ablaufs des Vorgehensmodells kann unter Rückgriff auf das Software-Referenzmodell überwacht werden, ob alle erforderlichen Parameter erfaßt wurden.

9.3.2 Prototypische Erstellung

Unter *prototypischer Erstellung* (engl. 'Prototyping') verstehen wir die Erstellung einer vereinfachten Version eines zu entwickelnden *Anwendungssoftwareprodukts*, das wichtige Merkmale des *Produkts* bereits aufweist, ohne die volle Funktionalität abzudecken. So können beispielsweise nur die Bildschirmoberflächen, Eingabemasken und die Menüstruktur dargestellt sein, ohne daß Daten gespeichert und verwaltet werden. Ziel ist es, dem späteren Benutzer eine Vorstellung darüber zu vermitteln, wie das endgültige Produkt aussehen könnte. Da der *Prototyp* schnell erstellt werden kann, sind zu diesem frühen Zeitpunkt Änderungen der Anforderungen noch leicht möglich und behindern den weiteren Projektverlauf kaum. Andererseits kann die Tatsache, daß der Prototyp noch nicht über die gesamte Funktionalität und alle Fehlerprüfungen verfügt, auf die späteren Benutzer demotivierend wirken. Wenn der Prototyp aber sehr gut verwendet werden kann, ist es für die Benutzer schwer zu verstehen, warum die Programmierung des endgültigen Produkts noch einige Zeit in Anspruch nehmen kann.

Die Erstellung eines *Prototyps* ist besonders in Bereichen wichtig, in denen an das spätere *Anwendungssystem* hohe Anforderungen in bezug auf die Ergonomie gestellt werden oder noch Unsicherheit besteht über die Funktionalität. Wenn beispielsweise ein Anästhesist während der Operation die Narkose mit einem rechnerbasierten Anwendungssystem dokumentieren soll, ist es sinnvoll, daß er bereits vor der Entwicklung des *Anwendungssoftwareprodukts* den Prototyp dahingehend kontrollieren kann, ob sich die Bedienung des Anwendungssystems in seinen Arbeitsablauf gut einpassen läßt.

9.3.3 Weitere Methoden

Die Beschaffung wird wesentlich unterstützt durch *Gespräche* (s. Kapitel 5). Für die Entwicklung von *Anwendungssoftwareprodukten* gibt es in der Literatur zahlreiche Veröffentlichungen zum Thema Software-Entwicklung bzw. Software-Engineering. Dazu gehören auch Vorgehensmodelle. Hier gewinnt z. B. das sogenannte 'V-Modell' immer mehr an Bedeutung. Es enthält Regelungen, die die Gesamtheit aller Aktivitäten, Produkte und deren logische Abhängigkeiten bei der Entwicklung und Pflege bzw. Änderung von Software festlegen. Daneben ist auch hier das Gespräch (s. Kapitel 5) von Bedeutung.

Die Aktivitäten zur *Adaptierung* benötigen oft sehr viel Zeit und verlangen viel Erfahrung der damit betrauten Personen. Neben den genannten Methoden, die sich noch in der Entwicklung befinden, können hier auch einige der in früheren Kapiteln bereits vorgestellten *Methoden* Anwendung finden:

- *Gespräch* (s. Kapitel 5)
- *Methoden zur Informationsbeschaffung* (s. Kapitel 6)

9.4 Werkzeuge und Ergebnisse

In Tabelle 9-1 sind *Methoden* und rechnerbasierte *Werkzeuge* (Software und Hardware) aufgeführt, die während der *typischen Aktivitäten* in der Phase Systembereitstellung verwendet werden können, sowie Ergebnisse, z. B. erstellte Dokumente, die aus der Phase resultieren.

Aktivität	Methode(n)	Soft-/Hardware für ...	Ergebnis(se)
Beschaffung	Gespräch (s. Kapitel 5)	Textverarbeitung	Produkt Produktbeschreibung Handbücher Verträge
Entwicklung	Prototypische Erstellung	Textverarbeitung Graphikerstellung Software-Entwicklung	Produkt Produktbeschreibung Handbücher Entwicklungsdokumentation
Adaptierung	Verwendung von Software-Referenzmodellen Gespräch (s. Kapitel 5) Methoden zur Informationsbeschaffung (s. Kapitel 6)	Textverarbeitung Software-Parametrierung (z. B. Datenbankverwaltungssysteme)	Anwendungssystem Adaptierungsunterlagen

9.5 Merkliste

Die folgende Merkliste für die Systembereitstellung gibt einen Überblick über die typischen Aktivitäten in dieser Phase und enthält Empfehlungen für die Durchführung. Verwenden Sie diese Liste als Vorlage für die Systembereitstellung in Ihrem *Projekt*.

Beschaffung
- Erarbeiten Sie auf Grundlage des *Pflichtenhefts* aus der Systemauswahl eine detaillierte funktionelle Spezifikation.
- Legen Sie fest, ob bzw. welche Modifikationen am ausgewählten *Produkt* durchgeführt werden müssen.
- Erarbeiten Sie einen Vertrag bzw. Verträge, die alle wesentlichen Aspekte enthalten. Ein Vertrag muß von allen Vertragspartnern unterschrieben werden.
- Denken Sie auch an einen Wartungsvertrag.
- Achten Sie darauf, daß auch alle Maßnahmen beschrieben sind, die im Rahmen der Einführung und des Betriebs notwendig sind.
- Überwachen Sie die Einhaltung des Vertrags.

Entwicklung
- Erarbeiten Sie auf Grundlage des *Pflichtenhefts* aus der Systemauswahl eine detaillierte funktionelle Spezifikation.
- Prüfen Sie, ob auf dem Markt *Produkte* verfügbar sind, die in das zu entwikkelnde Produkt integriert werden können.
- Wählen Sie geeignete *Methoden* und *Werkzeuge* für die Entwicklung aus.

- Erarbeiten Sie eine Entwicklungsspezifikation.
- Testen Sie das *Produkt* nach der Entwicklung gut aus.
- Dokumentieren Sie die Entwicklung sorgfältig.
- Denken Sie auch an einen Wartungsvertrag.
- Achten Sie darauf, daß auch alle Maßnahmen beschrieben sind, die im Rahmen der Einführung und des Betriebs notwendig sind.

Adaptierung
- Nehmen Sie Beispiele des Anbieters oder aus anderen Installationen als Grundlage für Ihre unternehmensspezifischen Anpassungen.
- Überlegen Sie, ob es sinnvoll ist, eine Beraterfirma einzuschalten.
- Erfassen Sie alle Merkmalsausprägungen, die bei der *Adaptierung* einer Merkmalsart vorkommen können. Sehen Sie auch die Ausprägung 'Sonstiges' dort vor, wo Sie nicht sicher sind, daß Ihre Sammlung vollständig ist.
- Versuchen Sie, die *Adaptierung* innerhalb des Unternehmens so einheitlich wie möglich durchzuführen.
- Die Einstellungen müssen auch nach Abschluß der *Adaptierung* überwacht und ggf. geändert werden.

Nach unserer Erfahrung müssen im Rahmen der Systembereitstellung insbesondere die folgenden Punkte beachtet werden:

- Die Aktivitäten, die im Laufe der Systembereitstellung anfallen, gelten auch für die Konstruktion von *konventionellen Werkzeugen*, also nicht nur für *Anwendungssoftwareprodukte*! Zur Erinnerung: Jedes *Informationssystem* besteht auch aus einem konventionellen Teil, der oft in seiner Bedeutung unterschätzt wird.
- Die Kosten für eine Eigenentwicklung sind oft höher, als man denkt! Schließlich entstehen neben den direkten Kosten auch indirekte, z. B. dadurch, daß während der Entwicklung eines *Produkts* an anderen *Projekten* nicht oder nur eingeschränkt gearbeitet werden kann.
- Planen Sie genügend Zeit ein für die *Adaptierung*! Ein *Produkt* kann selten sinnvoll eingesetzt werden, wenn die Adaptierung noch unvollständig ist. Und oft müssen noch Informationen erhoben werden, die bei der Systemanalyse nicht berücksichtigt wurden.

9.6 Beispiele

9.6.1 Projekt 'Befundübermittlung'

Die Phase 'Systembereitstellung' wird bei dem *Projekt* 'Befundübermittlung' nicht durchlaufen. Das Beispiel hierzu entfällt also.

9.6.2 Projekt 'Speisenanforderung'

Das *Anwendungssoftwareprodukt* SPANF der Firma Krankenhaussysteme GmbH wurde ausgewählt als Basis des neuen *Anwendungssystems* der *Medizinischen Hochschule Plötzberg* für die Speisenanforderung. Herr S. informiert den Vertriebsleiter der Firma, Herrn M., und vereinbart mit ihm einen Termin, um die Beschaffung einzuleiten. In mehreren Besprechungen klären sie die wesentlichen Vertragsinhalte, z. B. die genaue Programmspezifikation, die Überlassungsvergütung, Art und Zeitpunkt der Installation, die Kriterien für die Abnahme, Vereinbarungen zur Gewährleistung, Art und Anzahl der Handbücher und weiterer Dokumente, Leistungen des Anbieters bei der Schulung und Inbetriebnahme sowie Inhalte eines Wartungsvertrags. Die genaue Schnittstellenbeschreibung erarbeitet Herr S. zusammen mit den Anwendungsbetreuern der Anwendungssysteme für die Küche, für die Patientendatenverwaltung und für die Kommunikation. Außerdem werden einige kleinere Änderungen festgehalten, die vom Anbieter noch durchzuführen sind, z. B. die farbliche Hervorhebung von Patientennamen, für die für den nächsten Tag noch nicht alle Mahlzeiten bestellt wurden. Nachdem der Vertrag die Zustimmung aller Beteiligten findet, wird er von der Firma Krankenhaussysteme GmbH und der Beschaffungsabteilung der MHP unterzeichnet.

Sechs Wochen vergehen, in denen der Anbieter die gewünschten Modifikationen vornimmt und die Lieferung des *Anwendungssoftwareprodukts* vorbereitet. Auch Herr S. und seine Mitarbeiter sind nicht untätig. Mit dem Anwendungsbetreuer des Kommunikationssystems vereinbaren sie das Versenden der Patientendaten ab dem geplanten Installationstermin. Auf der Basis eines Beispiels des Anbieters für die *Adaptierung* bringen sie alle notwendigen Merkmalsausprägungen in Erfahrung. Sie informieren die Mitarbeiter der beiden Pilotstationen (die bereits an der Erprobung beteiligt waren) und leiten die Beschaffung der erforderlichen *Rechnersysteme* und die Aktivierung der Datenübertragungsschnittstellen in die Wege.

Als das *Anwendungssoftwareprodukt* geliefert wird, sind sie gut vorbereitet. Zusammen mit dem DV-Betreuer der Radiologie installieren sie es und führen die *Adaptierung* durch. Dabei handelt es sich im wesentlichen um den Eintrag von MHP-spezifischen *Daten* in Tabellen, z. B. den Namen der Hochschule, Stationen und Benutzer, Kostformen, Standard-Bestellisten usw. Nach abgeschlossener Adaptierung ist aus dem Anwendungssoftwareprodukt SPANF das *Anwendungssystem* SPEISEN entstanden.

9.7 Übungen

Übung 1: Aus welchen Gründen sollte bereits bei der Beschaffung eines *Produkts* der Wartungsvertrag berücksichtigt werden?

Übung 2: Warum ist das *Gespräch* auch eine wichtige *Methode* der (Software-) Entwicklung?

Übung 3: Stellen Sie sich vor, Sie schließen Ihren Anrufbeantworter an und machen ihn bereit für den Empfang von Anrufen. Adaptieren oder modifizieren Sie? Warum?

Übung 4: Sie haben sich aufgrund eines von Ihnen erstellten *Pflichtenhefts* für das *Anwendungssoftwareprodukt* BIBLIO der Firma Buchundmehr AG als Basis für das neue Bibliotheksverwaltungssystem Ihrer Stadtbücherei entschieden (s. Kapitel 8, Übung 4). Das Anwendungssoftwareprodukt deckt fast alle Anforderungen ab, bietet aber keine Funktionen zum Druck von Katalogen. Entwickeln Sie eine Funktionsspezifikation für den Katalogdruck (nach Autor, Signatur, Titel, für einzelne Bereiche etc.), damit der Anbieter sein Anwendungssoftwareprodukt entsprechend modifizieren kann.

Übung 5: Zu Beispiel 'Befundübermittlung': Wie wurde wohl das rechnerbasierte *Anwendungssystem* für die Befundübermittlung an der MHP im Rahmen der *Adaptierung* parametriert?

10 Systemeinführung

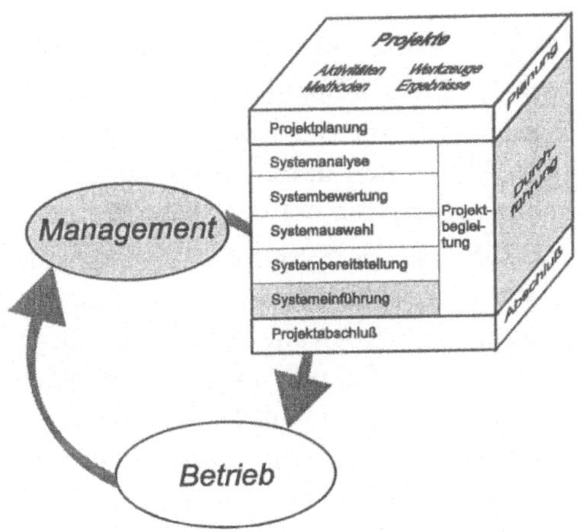

10.1 Einleitung

Wozu Systemeinführung, was ist das Ziel?

Bevor ein *Anwendungssystem* in Routine betrieben werden kann, sind meist noch recht umfangreiche Vorarbeiten nötig. Dazu gehören Maßnahmen für die Einführung, die die notwendigen Rahmenbedingungen schaffen, die Schulung der betroffenen Mitarbeiter sowie die Inbetriebnahme. Nach erfolgreicher Abnahme durch den *Projektauftraggeber* kann das Anwendungssystem in den laufenden Betrieb (s. Kapitel 12) übergeben werden.

Wann wird die Phase durchgeführt?

Die Systemeinführung folgt im Anschluß an die Systembereitstellung.

Welche Ergebnisse liegen nach Abschluß dieser Phase vor?

Rahmenbedingungen für den Betrieb, das *Anwendungssystem* im Betrieb, sowie als Dokumente Schulungsunterlagen, das *Abnahmeprotokoll* und das *Übergabeprotokoll*.

Was sollen Sie lernen?

Nach der Lektüre dieses Kapitels sollen Sie wissen, wie Sie die Einführung vorbereiten, Mitarbeiter schulen und bei der Inbetriebnahme, *Systemabnahme* und *Systemübergabe* vorgehen können.

Dazu sollten Sie eine Vorstellung darüber haben, welche *Werkzeuge* und *Methoden* in dieser Phase zur Anwendung kommen können.

10.2 Typische Aktivitäten

Wir wollen uns in diesem Unterkapitel auf die Einführung von *rechnerbasierten Anwendungssystemen* beschränken. Bei nicht-rechnerunterstützten *(Sub-) Informationssystemen* können Sie aber ganz ähnlich vorgehen.

10.2.1 Vorbereitung der Einführung

Mit der Inbetriebnahme (s. Abschnitt 10.2.3) wird die neue *Informationssystemkomponente* für die Routinenutzung eingeführt. Vorher müssen i. d. R. noch einige Aktivitäten durchgeführt werden, insbesondere technischer und organisatorischer Art, um die notwendigen Rahmenbedingungen für den Betrieb zu schaffen.

Im Rahmen der Systemeinführung kann es notwendig werden, daß für die Inbetriebnahme und/oder den Systembetrieb zusätzliche Mitarbeiter eingestellt werden müssen. Die Auswahl und Einstellung von Personal muß rechtzeitig durchgeführt werden. Die Räume und Arbeitsplätze müssen evtl. neu ausgestattet werden. Wenn das neu einzuführende *Anwendungssystem Rechnersysteme* benötigt, die noch nicht vorhanden sind, müssen diese beschafft und aufgestellt werden. Der Ablauf von Tätigkeiten kann sich ändern und muß vorher festgelegt und mit den betroffenen Mitarbeitern besprochen werden. Auch die Frage der Datenbereitstellung für die Inbetriebnahme muß geklärt werden. Wenn *Anwendungssoftwareprodukte* eingeführt bzw. ausgetauscht werden sollen, ist es oft notwendig, auf bereits bestehende Datenbestände zugreifen zu können. Dann wird ein Konzept zur Migration der vorhandenen Bestände benötigt. In anderen Fällen genügt es, die neu hinzukommenden *Daten* mit dem neuen Anwendungssystem zu erfassen. Alle Daten und Programme müssen dann natürlich auch auf den für den Betrieb vorgesehenen Rechnersystemen implementiert sein.

Jedes *Anwendungssystem* kann, auch wenn es ausführlich getestet wurde, im Laufe des Betriebs einmal ganz oder teilweise ausfallen. Um den Betrieb dann weiter aufrechterhalten zu können, muß deshalb ein Ausfallkonzept erstellt werden, das regelt, welche Aktivitäten durchzuführen sind. Beispielsweise kann in einem Ausfallkonzept für ein Anwendungssystem zur rechnerbasierten Anforderung von Medikamenten festgelegt werden, daß bei Ausfall der Datenübertragungskomponenten weitere Bestellungen per Fax erfolgen sollen.

Auch die Inbetriebnahme muß geplant werden. Dazu gehören der Zeitpunkt und Zeitraum für die Umstellung, der Umfang und die Vorgehensweise. Wenn während der Umstellung Probleme auftreten, wird anhand im Vorfeld festgehaltener Kriterien entschieden, ob die Inbetriebnahme abgebrochen wird. Um dennoch den weiteren Betrieb zu gewährleisten, kann das Ausfallkonzept angewendet werden.

Besonders wichtig ist es, rechtzeitig einen oder mehrere Ansprechpartner für die Benutzer zu benennen, die bei inhaltlichen, technischen oder organisatorischen Problemen weiterhelfen können (s. Abschnitt 10.2.4). Und spätestens jetzt müssen alle Betroffenen, d. h. Mitarbeiter des Bereichs, Mitarbeiter in anderen Bereichen, die tangiert werden, Personalvertretung usw., informiert werden.

10.2.2 Schulung

Um eine neue *Informationssystemkomponente* möglichst reibungslos einführen zu können, ist es wichtig, alle Betroffenen, d. h. Benutzer, Adaptierer und Verwalter der Komponente, sorgfältig zu schulen. Die Schulung muß rechtzeitig vor der Inbetriebnahme stattfinden, darf aber auch nicht zu früh erfolgen, damit die Inhalte den Geschulten noch frisch im Gedächtnis sind. Abhängig von den Vereinbarungen mit dem Anbieter - bei einer Eigenentwicklung betrifft dies die Entwicklungsabteilung - kann die Schulung beim Anbieter oder auch beim Benutzer stattfinden. Wird sie beim Anbieter durchgeführt, können sich die Auszubildenden i. d. R. besser auf den Unterricht konzentrieren und werden nicht gestört, wie es an ihrem Arbeitsplatz vorkommen könnte. Dort wiederum kann besser auf spezifische Anforderungen und Ausstattungen, z. B. den Drucker, eingegangen werden.

Ob Mitarbeiter in Gruppen geschult werden oder einzeln, z. B. an ihrem Arbeitsplatz, hängt u. a. vom zu vermittelnden Stoff, dem Vorwissen und der Anzahl der zu schulenden Mitarbeiter ab. Je mehr Mitarbeiter geschult werden müssen, desto teurer wird dies für das Unternehmen, wenn die Schulung durch den Anbieter durchgeführt wird. Als Alternative bietet sich eine Mischform an, bei der z. B. pro *Bereich* ein oder zwei Mitarbeiter eine Schulung durch den Anbieter erfahren und dann ihre Kenntnisse innerhalb ihrer Abteilung weitergeben.

Zusätzlich zu einer Schulung in Form eines Unterrichts können auch schriftliche Unterlagen zum Selbststudium verwendet werden, oder - bei *Anwendungssoftwareprodukten* - Lernprogramme und Testsysteme, mit denen der Benutzer die Bedienung des *Anwendungssystems* simulieren kann. Schulungsunterlagen sollten möglichst wirklichkeitsgetreu sein und realistische Beispiele enthalten. Neben der Erklärung der Bedienung der neuen *Informationssystemkomponente* im normalen Betrieb sollte im Rahmen einer Schulung auch auf Störungen und Ausfälle eingegangen, Unterschiede zur Vorgänger-Version aufgezeigt und der Umgang mit den Handbüchern geübt werden. Anhand von Testfällen, die der Mitarbeiter eigenständig durchführen soll, kann das Erlernte vertieft werden.

10.2.3 Inbetriebnahme

Der Zeitpunkt für die Inbetriebnahme sollte so gewählt werden, daß der Routinebetrieb möglichst problemlos weitergehen kann. Es wäre beispielsweise nicht empfehlenswert, ein *Anwendungssystem* für die Buchhaltung während der Jahresabschlußarbeiten einzuführen.

Die Einführung kann entweder komplett vonstatten gehen, d. h. die neue *Informationssystemkomponente* wird sofort in allen vorgesehenen *Bereichen* installiert. Oder aber es wird zunächst ein Bereich ausgewählt, der typisch für alle anderen, aber unproblematisch ist, in dem mit der Einführung begonnen wird ('*Pilotinstallation*'). Diese Möglichkeit ist vorzuziehen, da Fehler im *Produkt* oder aus der

Adaptierung oder Probleme bei der Einführung noch nicht so große Konsequenzen nach sich ziehen wie bei der Kompletteinführung. Auf Probleme kann schneller reagiert werden, die Einführung kann stufenweise erfolgen, und die Erfahrungen bei der Pilotinstallation können bei der Verbreitung verwendet werden.

Auch die Aufnahme des Betriebs der neuen *Informationssystemkomponente* kann auf unterschiedliche Weise erfolgen. Riskant, aber bei manchen *(Sub-) Informationssystemen* nicht anders möglich, ist die komplette Ablösung einer Informationssystemkomponente durch die neue Informationssystemkomponente zu einem Stichtag. Ein Parallelbetrieb über einen gewissen Zeitraum ist zwar sicherer, hat aber doppelte Datenerfassung und damit eine Mehrbelastung des Personals zur Folge. Sie müssen diese Mehrbelastung dann evtl. durch eine übergangsweise Aufstockung des Personalbestands abfangen.

10.2.4 Systemabnahme und Systemübergabe

Nach erfolgreicher Inbetriebnahme in die Routine und befriedigendem Testbetrieb über eine festgelegte Dauer sowie ggf. Fehlerkorrekturen kann die *Informationssystemkomponente* abgenommen und anschließend an den Betreiber übergeben werden. Es empfiehlt sich, die Systemabnahme erst vier bis sechs Wochen nach der Routineaufnahme durchzuführen. Vor der Abnahme ist es üblich, Fehler zu beheben, Benutzerwünsche in die Software zu integrieren, das Antwortzeitverhalten zu verbessern und Dateninstabilitäten zu beheben sowie die organisatorischen Abläufe und Strukturen zu optimieren. Rechtzeitig vor der Systemabnahme sollten die Abnahmekriterien festgelegt werden. Neben Anforderungen zum fehlerfreien Betrieb und Antwortzeitverhalten sollte v. a. die Funktionalität einschließlich der Benutzungsoberfläche und die Systemtechnik (Datenbank, Kommunikation etc.) geprüft werden. Dies gilt auch, wenn gesetzliche Auflagen bestehen.

Wenn das *Anwendungssystem* die Abnahmekriterien erfüllt, wird dies im *Abnahmeprotokoll* bestätigt. Sollten noch Nachbesserungen erforderlich sein, wird festgehalten, bis zu welchem Termin sie vorgenommen werden müssen. Die Abnahme wird durch Unterschrift eines Abnahmeprotokolls durch den *Projektauftraggeber*, den Projektleiter des *Projekts* und den Anbieter bzw. Entwickler des *Produkts* abgeschlossen. Damit geht das Produkt in die Verantwortung des Auftraggebers über. Zur Systemabnahme gehört auch die Überlassung aller Produkt- und Einführungsdokumente, insbesondere Produktbeschreibungen, Handbücher und Adaptierungsunterlagen. Ein Beispiel für die Gliederung eines Abnahmeprotokolls finden Sie in Tabelle 10-1.

Abnahmeprotokoll für das Anwendungssystem ...
1 Name, Kurzbeschreibung, Anbieter/Entwickler
2 Produktmedien
3 Beschreibung des Anwendungssystems
3.1 Dokumentation
3.2 Installation
3.3 Adaptierung
4 Abnahmekriterien
4.1 Fehlerfreier Betrieb
4.2 Funktionalität
4.3 Systemtechnik
4.4 Kommunikation
4.5 Ausfallsicherheit, Notfallmaßnahmen
4.6 Datenschutz
5 Abnahme
<Unterschriften Projektauftraggeber, Projektleiter, Anbieter/Entwickler>

Tabelle 10-1: Mögliche Gliederung eines Abnahmeprotokolls für ein Anwendungssystem.

Mit der *Systemübergabe* verlagert sich die Verantwortung für das *Produkt* vom Projektleiter auf den *Bereich*, in dem es künftig betrieben wird. In einem *Übergabeprotokoll* (s. Tabelle 10-2) wird festgelegt, wer künftig die Verantwortung für den Betrieb übernimmt. Wird diese Frage nicht eindeutig geklärt, besteht die Gefahr, daß sich keiner mehr für die neue *Informationssystemkomponente* zuständig fühlt. Dies könnte schnell dazu führen, daß Fehler, geänderte Anforderungen usw. nicht mehr bearbeitet würden, womit die Benutzerakzeptanz rapide sinken und ein *Anwendungssystem* den gewünschten Nutzen nicht mehr erfüllen könnte. Weiterhin sollte im Übergabeprotokoll festgelegt werden, welche Ansprechpartner dem Benutzer bei Fragen und Problemen zur Verfügung stehen. Abhängig von der Größe und Organisation des Unternehmens und der Art des Anwendungssystems können unterschiedliche Personen mit der Betreuung des Betriebs beauftragt werden. Es lassen sich grundsätzlich folgende Zuständigkeiten identifizieren:

- Betreiber: Verantwortlicher, in dessen Bereich ein Anwendungssystem eingesetzt wird.
- Anwendungsbetreuer: Mitarbeiter im Bereich, in dem das Anwendungssystem eingesetzt wird. Zuständig für inhaltliche Aufgaben wie Organisation des Betriebs, Verwaltung von Benutzern, Spezifikation von Änderungen und Weiterentwicklungen, Schulung.
- DV-Betreuer: Betreuer des Anwendungssystems auf Systemebene. Zuständig für systemtechnische Aufgaben wie Installation, Koordination des Betriebs, Fehleranalyse und Fehlerbehebung, Datensicherung, Überwachung des Betriebs, Verwaltung des Netzes, Koordination der Weiterentwicklung.

- Technischer Betreuer: Betreuung von Rechnersystemen inklusive Kommunikationskomponenten. Zuständig für Reparaturen, Erweiterungen, Austausch von technischen Komponenten.

Übergabeprotokoll für das Anwendungssystem ...

1 Name, Kurzbeschreibung, Anbieter/Entwickler
2 Produktmedien
3 Dokumentation
4 Systemabnahme
5 Zuständigkeiten und Aufgaben
  5.1 Betreiber
  5.2 Anwendungsbetreuer
  5.3 DV-Betreuer
  5.4 Technischer Betreuer
6 Wartungsverträge
  6.1 Anwendungssoftwareprodukt
  6.2 Datenbanksystem
  ...
7 Übergabe
<Unterschriften Projektauftraggeber, Projektleiter >

Tabelle 10-2: Mögliche Gliederung eines Übergabeprotokolls für ein rechnerbasiertes Anwendungssystem.

In großen Unternehmen, z. B. in Krankenhäusern, ist es durchaus sinnvoll, für jede Abteilung oder Klinik einen Anwendungsbetreuer einzusetzen.

Bei am Markt gekauften *Anwendungssoftwareprodukt* sollte ein Wartungsvertrag für das *Anwendungssystem* zur Fehlerbehebung abgeschlossen werden. Dabei ist darauf zu achten, daß die Wartung des Datenbanksystems, des Betriebssystems etc. berücksichtigt ist. Viele Unternehmen nutzen die Möglichkeit, Software-Pflegeverträge mit den Software-Anbietern zu vereinbaren. In diesem Fall werden alle Softwareerweiterungen zusätzlich zur Fehlerbehebung in regelmäßigen Zeitabständen als Software-Updates vom Anbieter bereitgestellt.

Im Falle des Abschlusses von Wartungsverträgen muß der DV-Betreuer auftretende Fehler dokumentieren, dem Vertragspartner melden und die Fehlerbehebung kontrollieren.

Mit Abschluß der Einführung beginnt der Betrieb (s. Kapitel 12).

10.3 Methoden

Die Aktivitäten zur Vorbereitung und Durchführung der Systemeinführung benötigen oft sehr viel Zeit. Es gibt dazu aber keine speziellen Methoden, abgesehen von dem *Gespräch* (s. Kapitel 5) sowie Schulungsmethoden, auf die wir aber nicht eingehen wollen. Sollte es notwendig sein, daß Sie sich bei einer Systemeinführung mit *Methoden* zur Schulung beschäftigen müssen, können Sie die hierzu verfügbare Literatur zu Rate ziehen, die Sie z. B. zu den folgenden Stichpunkten finden können:

- Pädagogik
- Didaktik

10.4 Werkzeuge und Ergebnisse

In Tabelle 10-3 sind *Methoden* und rechnerbasierte *Werkzeuge* (Software und Hardware) aufgeführt, die während der typischen Aktivitäten in der Phase Systemeinführung verwendet werden können, sowie Ergebnisse, z. B. erstellte Dokumente, die aus der Phase resultieren.

Aktivität	Methode(n)	Soft-/Hardware für ...	Ergebnis(se)
Vorbereitung der Einführung	Gespräch (s. Kapitel 5)	-	Rahmenbedingungen für Betrieb
Schulung	-	Textverarbeitung Graphikerstellung	Schulungsunterlagen
Inbetriebnahme	-	-	Anwendungssystem im Betrieb
Systemabnahme und Systemübergabe	-	Textverarbeitung	Abnahmeprotokoll Übergabeprotokoll

Tabelle 10-3: Aktivitäten, Methoden, Werkzeuge für die und Ergebnisse der Systemeinführung.

10.5 Merkliste

Die folgende Merkliste für die Systemeinführung gibt einen Überblick über die typischen Aktivitäten in dieser Phase und enthält Empfehlungen für die Durchführung. Benutzen Sie die Liste, um zu prüfen, ob Sie alle Aspekte für die Systemeinführung berücksichtigt haben.

Schulung

- Schulen Sie alle betroffenen Mitarbeiter rechtzeitig vor der Inbetriebnahme, aber nicht zu früh.
- Wenn Sie sehr viele Mitarbeiter schulen müssen, ist es sinnvoll, für jeden Bereich einen Mitarbeiter gründlich zu unterweisen, der die Schulung seiner Kollegen übernimmt bzw. unterstützt.
- Vermitteln Sie, wie die neue *Informationssystemkomponente* zu bedienen ist, wie bei Störungen und Ausfall reagiert werden kann und wie Handbücher benutzt werden können.
- Stellen Sie, anstelle oder zusätzlich zum Unterricht, Schulungsunterlagen zum Selbststudium bereit.

Inbetriebnahme

- Wählen Sie einen günstigen Zeitpunkt für die Inbetriebnahme.
- Beginnen Sie in einem Teilbereich, der typisch ist für den gesamten *Bereich*, in dem die *Informationssystemkomponente* eingeführt werden soll.
- Wägen Sie ab, ob es möglich ist, für eine gewisse Zeit das alte und das neue *System* parallel zu betreiben.
- Legen Sie schriftlich fest, welche Kriterien zum Abbruch der Inbetriebnahme führen können.

Systemabnahme und Systemübergabe

- Legen Sie schriftlich fest, welche Kriterien erfüllt sein müssen, um die *Informationssystemkomponente* abnehmen zu können.
- Bei erfolgreicher Einführung wird das *Abnahmeprotokoll* von Auftraggeber, Auftragnehmer und Projektleiter unterschrieben. Damit geht die *Informationssystemkomponente* in die Verantwortung des Auftraggebers über.
- Bei der *Systemübergabe* geht die Verantwortung für die *Informationssystemkomponente* an den betreibenden Bereich über. Legen Sie im Übergabeprotokoll einen Verantwortlichen für den Betrieb und Ansprechpartner für die Benutzer fest.

Nach unserer Erfahrung müssen im Rahmen der Systembereitstellung insbesondere die folgenden Punkte beachtet werden:

- Informieren Sie alle auch nur indirekt Betroffenen im Unternehmen rechtzeitig, am besten schon zu Beginn des *Projekts*! Haben Sie darauf nicht geachtet, kann jetzt ein böses Erwachen folgen. Womöglich stellt sich heraus, daß eine andere Abteilung mit den *Daten*, die das *Anwendungssystem* liefert, nichts anfangen kann.
- Erarbeiten Sie auch ein Konzept für den Fall, daß die Einführung nicht gelingt! Stellen Sie sich vor, Sie wollen ein *Anwendungssystem* einführen, das die Befunde aus dem Labor eines Krankenhauses direkt auf die Station übermittelt und dort am Bildschirm präsentiert. Wenn die Einführung dieses Anwendungs-

systems aus irgendeinem Grund abgebrochen werden muß, muß sichergestellt sein, daß die Befunde trotzdem rechtzeitig auf der Station vorliegen, damit keine Nachteile bei der Behandlung der Patienten entstehen.

- Während der Inbetriebnahme, insbesondere wenn für einen Zeitraum das alte und das neue *Anwendungssystem* parallel betrieben werden, muß genügend Personal zur Verfügung stehen! Mitarbeiter einer Abteilung haben i. d. R. genug zu tun, auch ohne daß sie lernen müssen, mit einem neuen *System* umzugehen. Bis die neuen Arbeitsabläufe gut funktionieren, sollte deshalb Entlastung durch zusätzliches Personal geboten werden.
- Eine protokollierte *Systemabnahme* und *Systemübergabe* sind von großer Wichtigkeit für den 'sauberen' Abschluß eines *Projekts* und den befriedigenden Betrieb! Die Systemabnahme erfordert, daß die neue *Informationssystemkomponente* gründlich getestet wird, bevor sie in Routine betrieben wird. Die Systemübergabe macht den Mitarbeitern eines *Bereichs* deutlich, daß die Verantwortung für den Betrieb und damit auch die sinnvolle und effiziente Nutzung nun in ihren Händen liegt.

10.6 Beispiele

10.6.1 Projekt 'Befundübermittlung'

Die Phase 'Systemeinführung' wird bei dem Projekt 'Befundübermittlung' nicht durchlaufen. Das Beispiel hierzu entfällt also.

10.6.2 Projekt 'Speisenanforderung'

Das *Anwendungssystem* SPEISEN für die rechnerunterstützte Speisenanforderung von Station ist eingerichtet. Jetzt müssen noch einige Aktivitäten durchgeführt werden, bis es den Betrieb aufnehmen kann.

Herr S. und seine Mitarbeiter haben, während sie auf die Lieferung des *Anwendungssoftwareprodukts* warteten, bereits begonnen, die Inbetriebnahme vorzubereiten (s. Abschnitt 9.6.2), z. B. haben sie die Beschaffung der *Rechnersysteme* initiiert. Nun erstellen sie noch in Zusammenarbeit mit dem Küchenleiter ein Ausfallkonzept. Darin wird vereinbart, daß bei Ausfall des Anwendungssystems bis zu sechs Stunden lang Bestellungen und Stornierungen telefonisch vorgenommen werden können, danach soll auf für diesen Zweck aufbewahrte Bestellkarten zurückgegriffen werden.

Im nächsten Schritt werden die Mitarbeiter geschult. Dies übernehmen Herr B. und die Anwendungsbetreuerin für das *Anwendungssystem*, Frau P. Beide wurden vorher vom Anbieter ausführlich unterwiesen, so daß sie ihre Kenntnisse nun weitergeben können.

Der Zeitpunkt für die Inbetriebnahme wird auf den 2.11.199x festgesetzt. In diesem Monat geht es erfahrungsgemäß ruhiger zu auf den Stationen, und außerdem sind zwei Praktikanten da, die die Pflegekräfte in der ersten Zeit, in der die Speisenanforderung vermutlich noch relativ viel Aufwand benötigen wird, entlasten können. Zunächst sollen das alte und das neue *System* parallel betrieben werden. Wenn die Küche Essen an die beiden Stationen ausliefern will, orientiert sie sich an der elektronisch übermittelten Bestellung. Sollte diese nicht oder fehlerhaft vorliegen, nimmt sie die Bestellkarten als Grundlage für die Anlieferung.

Am ersten Tag gibt es gleich Probleme. Die Übermittlung der Bestellung klappt nicht. Herr B. hat den Fehler schnell gefunden: Die Kommunikationsverbindung zwischen dem neuen *Anwendungssystem* und dem Anwendungssystem der Küche war noch nicht freigegeben. Nach Behebung des Fehlers kommen die Bestellungen korrekt an. In den nächsten Tagen müssen Frau P. und Herr B. den Pflegekräften noch ab und zu bei der Bedienung weiterhelfen, z. B. bei dem erstmaligen Aufbau einer nicht-patientenbezogenen Bestelliste.

Nach zwei Wochen hat sich der Umgang mit dem neuen *Anwendungssystem* eingespielt. Der Betrieb des alten Anwendungssystems wird eingestellt. Das neue Anwendungssystem wird nun durch die *Projektauftraggeber*, Frau W. und Herr Prof. X, sowie den Projektleiter, Herr S., abgenommen. Dann wird es an die künftigen Betreiber übergeben.

10.7 Übungen

Übung 1: Welche Probleme können entstehen, wenn in einem Büro die bisher verwendeten Telefonbücher der Telekom durch ein Verzeichnis aller Telefonanschlüsse auf CD-ROM ersetzt werden? Wie kann man diese Probleme minimieren?

Übung 2: Sie haben für die Bücherei Ihrer Stadt ein neues Bibliotheksverwaltungsprogramm entwickelt (s. Kapitel 9, Übung 4). Welche *Daten* müssen aus dem alten System übernommen werden? Wie führen Sie die Datenbereitstellung am besten durch?

Übung 3: Stellen Sie sich vor, Sie müssen jemanden auf eine ihm nicht bekannte Textverarbeitung schulen. Wie gehen Sie vor?

Übung 4: Überlegen Sie, wem Sie das Bibliotheksverwaltungsprogramm aus Kapitel 9, Übung 4 übergeben. Welche Ansprechpartner werden benötigt?

Übung 5: Zu Beispiel 'Befundübermittlung': Was steht wohl im Ausfallkonzept für das rechnerbasierte *Anwendungssystem* für die Befundübermittlung an der MHP?

11 Projektabschluß

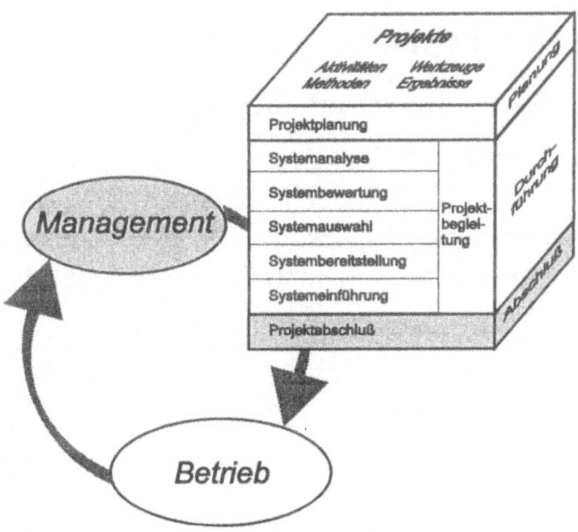

11.1 Einleitung

Wozu Projektabschluß, was ist das Ziel?

Bei Abschluß eines *Projekts* werden die Ergebnisse in einem Abschlußbericht zusammengefaßt und dem *Projektauftraggeber* präsentiert. Auf der Grundlage dieser Ergebnisse kann der Auftraggeber das Projekt formal für beendet erklären, indem er den Abschlußbericht verabschiedet.

Wann wird die Phase durchgeführt?

Der Projektabschluß steht immer am Ende eines *Projekts*, unabhängig davon, wieviel und welche Phasen es umfaßt.

Welche Ergebnisse liegen nach Abschluß dieser Phase vor?

Das Ende des *Projekts* sowie als Dokumente der (verabschiedete) Abschlußbericht und Präsentationsunterlagen.

Was sollen Sie lernen?

Nach der Lektüre dieses Kapitels sollen Sie wissen, wie die abschließende Berichterstattung zu einem *Projekt* aussehen kann und wie Sie den Abschlußbericht so präsentieren können, daß er verabschiedet werden kann.

Dazu sollten Sie wissen, wie die *Methoden* der *Präsentation von Statistiken* und der *kasuistischen Präsentation* eingesetzt werden können und eine Vorstellung darüber haben, welche *Werkzeuge* und weiteren Methoden in dieser Phase zur Anwendung kommen können.

11.2 Typische Aktivitäten

11.2.1 Berichterstattung

Schriftliche Berichterstattung

Der letzte Teil der *Projektdokumentation* (s. Unterkapitel 2.5) fällt während des Projektabschlusses an. Die *Projektabschlußdokumentation* umfaßt den Abschlußbericht sowie Präsentationsunterlagen (vgl. Abb. 11-1).

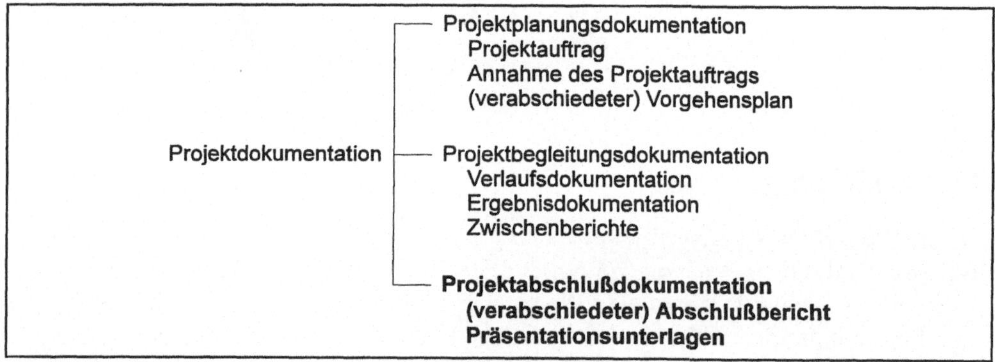

Abbildung 11-1: Einordnung der Projektabschlußdokumentation.

Der Abschlußbericht faßt die wichtigsten Inhalte der Verlaufs- und Ergebnisdokumentation (s. Abschnitt 5.2.2) zusammen. Je sorgfältiger die *Projektbegleitungsdokumentation* geführt wurde, desto einfacher und schneller kann der Abschlußbericht erstellt werden. Ein Beispiel für eine Gliederung des Abschlußberichts finden Sie in Tabelle 11-1.

Die Zusammenfassung des Abschlußberichts sollte allen folgenden Ausführungen vorangestellt werden. Diese Zusammenfassung (maximal 1-2 Seiten) dient der schnellen Informierung, insbesondere auch für Entscheidungsträger wie den *Projektauftraggeber.*

Inhaltlich bildet der Abschlußbericht das Äquivalent zum *Vorgehensplan.* Jetzt werden nämlich die dort festgelegte Zielsetzung, Frage- und Aufgabenstellung auf ihre Erfüllung überprüft. Deshalb sollte der Abschlußbericht den Vorgehensplan noch einmal aufnehmen.

In einem weiteren Abschnitt sollte darauf eingegangen werden, in welchen Punkten das *Projekt* vom *Vorgehensplan* abgewichen ist, warum diese Abweichungen entstanden sind und wie sie behandelt wurden.

Den Hauptteil des Abschlußberichts bildet die Darstellung der Ergebnisse. Diese sollten so ausführlich wie nötig, aber gleichzeitig so knapp wie möglich aufgeführt werden, insbesondere bei umfangreichen *Projekten.* Hier kann der Abschlußbericht leicht einen Umfang annehmen, der Interessierte davon zurückhalten könnte, ihn ausführlich zu lesen. Die Vorgehensweise und die Ergebnisse sollten anschließend diskutiert werden. Zum Schluß kann ein Ausblick gegeben werden, z. B. auf notwendige Folgemaßnahmen.

Abschlußbericht des Projekts ...			
Stand: 11.12.199x		**5**	**Ergebnisse**
1	**Zusammenfassung**	5.1	Überblick
2	**Einleitung**	5.2	Ergebnisse aus Arbeitspaket AP1
3	**Vorgehensplan**	5.2.1	Beantwortung von Frage F1.1.1
3.1	Gegenstand und Motivation	...	
3.2	Problemstellung	**6**	**Diskussion**
3.3	Zielsetzung	6.1	Diskussion der Vorgehensweise
3.4	Frage- und Aufgabenstellung	6.2	Diskussion der Ergebnisse
3.5	Arbeitspakete und Prüfsteine	6.2.1	Erreichen von Ziel Z1
3.6	Netzplan	...	
4	**Abweichungen vom Vorgehensplan**	6.3	Ausblick
4.1	Zielsetzung		
4.2	Termine	**Anhang**	
4.3	Kosten	Erhebungsbögen	
4.4	Weitere Ressourcen	Abnahmeprotokoll	
4.5	Behandlung der Abweichungen	Übergabeprotokoll	
		...	

Tabelle 11-1: Mögliche Gliederung eines Abschlußberichts.

In einem Anhang werden alle wichtigen verwendeten Dokumente, z. B. *Erhebungsbögen*, und Originaldaten beigefügt. Die Originaldaten sind wichtig, da nur daraus die Ergebnisse und letztendlich auch die Entscheidungen reproduziert werden können! Wenn im Rahmen des *Projekts* eine *Informationssystemkomponente* eingeführt wurde, gehören das *Abnahmeprotokoll* und das *Übergabeprotokoll* (s. Abschnitt 10.2.4) in den Anhang des Abschlußberichts.

Auch für den Abschlußbericht gelten die zu Anfang des *Projekts* festgelegten Dokumentationsrichtlinien, z. B. für das Layout. Die Ergebnisse können mit Methoden wie der *Präsentation von Statistiken* (s. Abschnitt 11.3.1) oder der *kasuistischen Präsentation* (s. Abschnitt 11.3.2) dargestellt werden. Übrigens: eine Graphik sagt oft mehr aus als viele Worte!

Das wichtigste Ziel des schriftlichen Abschlußberichts ist es, mit seiner Verabschiedung das *Projekt* durch den Auftraggeber offiziell zu beenden. Als ein Dokument, das in kompakter Form einen Überblick über das gesamte Projekt geben kann, kann der Abschlußbericht auch bei Unklarheiten, Rückfragen etc., die nach dem Projektende aufkommen, zu Rate gezogen werden. Außerdem kann er als Vorlage für die Durchführung späterer ähnlicher Projekte dienen. Aufgrund seiner Bedeutung sollte er also sorgfältig erstellt werden - wenn dies auch mit Aufwänden verbunden ist, die gerade dann, wenn sich ein Projekt zu Ende neigt, nicht mehr gerne erbracht werden.

Mündliche Berichterstattung

Zusätzlich zur Vorlage des Abschlußberichts ist es sinnvoll, die Ergebnisse auch mündlich vorzutragen. Im Rahmen einer Präsentation können Fragen leichter beantwortet und Unklarheiten schneller beseitigt werden. Dazu legt der Projektleiter in Absprache mit dem Auftraggeber einen Termin fest, zu dem auch die Projektmitarbeiter sowie Mitarbeiter aller betroffenen *Bereiche* eingeladen werden. Die Dauer der Präsentation hängt ab vom Umfang des *Projekts*, sollte aber eine obere Grenze von ca. einer Stunde nicht überschreiten, um die Aufnahmefähigkeit der Zuhörer nicht überzustrapazieren. Weniger ist oft mehr! Inhaltlich sollte zunächst kurz auf den *Vorgehensplan* eingegangen werden, insbesondere auf die Ziele, die erreicht werden sollten. Im Hauptteil werden dann die wichtigsten Ergebnisse dargestellt und diskutiert. Ziel der Präsentation ist es, aufzuzeigen, ob das Projektziel erreicht wurde und das Projekt nunmehr beendet werden kann. Ein Ergebnis kann übrigens auch sein, daß die Zielsetzung aus dem Vorgehensplan nicht erreicht werden konnte! Soweit notwendig, kann schließlich ein Ausblick gegeben werden auf noch durchzuführende Maßnahmen und Folgeprojekte sowie Impulse für Fragen bzw. eine Diskussion. Erlauben Sie nach Möglichkeit auch während Ihrer Präsentation Fragen, deren Beantwortung dem besseren Verständnis dienen.

Die Präsentation sollte gut vorbereitet werden. In einer schriftlichen Einladung an alle Beteiligten werden Termin, Ort und Thema bekanntgegeben. Der Raum, in dem die Präsentation stattfindet, muß reserviert und entsprechend vorbereitet werden, z. B. müssen Geräte wie Overhead- oder Diaprojektor bereitgestellt werden. Neben den Inhalten muß auch die Form der Präsentation gut überlegt werden, z. B. wie die mündlichen Ausführungen durch Folien, Dias, Videos, Tafelanschriebe und/oder Demonstrationen am Bildschirm unterstützt werden können. Auch hier gilt: bildhafte Darstellungen sind oft aussagekräftiger als reine Zahlen. Aber bitte überfrachten Sie Ihre Folien oder Dias nicht! Die Zuhörer sollen genügend Zeit haben, den Text zu lesen und gleichzeitig dem Vortrag zu folgen. Sie sollten zudem darauf achten, daß die Schrift auch aus den hinteren Reihen gut lesbar ist und Texte gut strukturiert und übersichtlich dargestellt sind.

Wenn der oder die Vortragenden noch wenig Erfahrung mit Präsentationen haben, ist es hilfreich, vorher im Kreis der Projektmitarbeiter die Präsentation zu üben. Dabei sollte darauf geachtet werden, daß der Vortragende klar und deutlich und in angemessenem Tempo spricht. Die Haltung während des Vortrags sollte aufrecht sein, mit Blick zu den Zuhörern und nicht in die Unterlagen oder auf die projizierten Bilder. Gestik und Mimik sollten dem gesprochenen Wort entsprechen. Insgesamt gilt: das Publikum soll zuhören, verstehen und reagieren können.

11.2.2 Verabschiedung

Wenn der *Projektauftraggeber* den Abschlußbericht des *Projekts* akzeptiert, verabschiedet er ihn durch eine schriftliche Äußerung, z. B. seine Unterschrift unter den Bericht. Damit erklärt er das Projekt für beendet.

Wünscht der Auftraggeber noch Änderungen im Abschlußbericht, z. B. Präzisierungen oder die Aufnahme zusätzlicher Teile, so werden diese vorher eingearbeitet, bzw. es wird begründet, warum das nicht möglich oder sinnvoll ist. Nachbesserungen inhaltlicher Art, die ein erneutes Durchlaufen einer oder mehrerer Projektphasen verlangen, sind unwahrscheinlich, wenn während der gesamten Projektlaufzeit *Prüfsteine* und Zwischenberichte dem Auftraggeber eine kontinuierliche Überwachung ermöglicht haben.

11.3 Methoden

Für die abschließende Berichterstattung können *Methoden* zur *Präsentation von Statistiken* sowie zur *kasuistischen Präsentation* verwendet werden. Insbesondere zur Vertiefung der statistischen Methoden verweisen wir auf die einschlägige Literatur. Für die Verabschiedung des Abschlußberichts werden einfache Methoden angewendet, auf die wir nicht näher eingehen.

11.3.1 Präsentation von Statistiken

Das Ziel der *Präsentation von Statistiken* ist die Beschreibung und Präsentation von Daten, die eine Menge von Einzelergebnissen übersichtlich zusammenfassen. *Methoden* der beschreibenden Statistik (auch: deskriptive Statistik) eignen sich v. a. für quantitative *Daten*.

Die einfachste *Methode*, die aber sehr oft verwendet werden kann, ist die Darstellung von Häufigkeiten. Absolute oder relative Häufigkeiten von Merkmalsausprägungen werden in Tabellen dargestellt, graphisch als Histogramme, Häufigkeitspolygone o. ä. Achten Sie darauf, daß Ihre Tabellen gut lesbar sind! Dazu ist es hilfreich, wenn Sie Zahlenwerte ggf. runden, die Werte nach einem bestimmten Kriterium, z. B. der Größe, ordnen, regelmäßige, nicht zu große Abstände zwischen den Zeilen und Spalten einer Tabelle einhalten und klare und kurze Bezeichnungen wählen. Sie sollten auch Graphiken und Tabellen klar und eindeutig beschriften. Denken Sie z. B. daran, daß Sie aussagekräftige Legenden erstellen, Achsen beschriften, Maßeinheiten angeben.

Statistische Maßzahlen, die zur Anwendung kommen können, sind beispielsweise der Mittelwert (arithmetisches Mittel), der Median (Zentralwert), der Modus (Modalwert) und die Streuung.

Wichtig ist, daß der Leser zumindest prinzipiell alle Maßzahlen und tabellarischen oder graphischen Darstellungen aus den Originaldaten konstruieren könnte.

11.3.2 Kasuistische Präsentation

Wenn eine quantitative Darstellung von Ergebnissen mit Hilfe der *Präsentation von Statistiken* nicht möglich oder sinnvoll ist, müssen qualitative Beschreibungsmethoden wie die der *kasuistischen Präsentation* angewandt werden. Dazu gehören beispielsweise Berichte über *Interviews* oder *schriftliche Befragungen*. Die Kasuistik beschäftigt sich dabei mit der Darstellung von Einzelfällen, andere Formen des Berichts beziehen sich auf zusammengefaßte Ergebnisse. Obwohl es Fragestellungen gibt, bei denen Berichte qualitativer Art notwendig sind, sollten Sie immer prüfen, ob nicht doch quantitative Methoden verwendet werden können - und zwar bereits bei der Vorgehensplanung. Bei Kasuistiken besteht nämlich das Problem der fehlenden Transparenz und Reproduzierbarkeit. Beispielsweise werden die Ergebnisse einer schriftlichen Befragung mit offenen Antworten (s. Abschnitt 6.3.1) von zwei Personen sicherlich unterschiedlich zusammengefaßt und ausgewertet. Ein Leser kann die Aussage 'Der Drucker war sehr laut' nicht reproduzieren, wohingegen quantitative Angaben durchaus nachgemessen werden können. Ein weiterer Nachteil der Kasuistiken besteht in der Subjektivität. Um beim Beispiel zu bleiben: die Lautstärke eines Druckers kann zwei verschiedenen Personen einmal sehr hoch und einmal erträglich erscheinen. Deswegen sollten Sie möglichst klare Aussagen treffen und diese nach Möglichkeit mit weiteren (nachprüfbaren) Aussagen belegen, z. B. 'Der Drucker war so laut, daß keiner der Anwesenden die Durchsage verstehen konnte.' Sie werden nicht auf kasuistische Präsentationen verzichten können, sollten sich aber über die Nachteile im Klaren sein.

Dahingegen haben kasuistische Berichte den Vorteil, daß es möglich ist, Besonderheiten hervorzuheben. Diese würden bei der Anwendung der deskriptiven Statistik als sogenannte 'Ausreißer' untergehen. Kasuistische Berichte können auch zum Einsatz kommen, wenn Eindrücke zusammengefaßt werden sollen, die z. B. aufgrund von *Gesprächen* mit Mitarbeitern über deren subjektive Zufriedenheit mit der Nutzung eines *Anwendungssystems* entstanden sind.

11.3.3 Weitere Methoden

Weitere und weiterführende *Methoden*, die bei der Berichterstattung Anwendung finden können, gibt es in der Literatur vor allem in diesen Fachgebieten:

- Statistik (beschreibende Statistik, schließende Statistik, exploratorische Datenanalyse, ...)
- Biometrie, Ökonometrie
- Wahrscheinlichkeitstheorie

Für die Präsentation von Ergebnissen im Rahmen der Berichterstattung können Sie auch die folgenden *Methoden* zu Hilfe nehmen:

- Präsentationsmethoden
- Rhetorik

11.4 Werkzeuge und Ergebnisse

In Tabelle 11-2 sind *Methoden* und rechnerbasierte *Werkzeuge* aufgeführt, die während der typischen Aktivitäten in der Phase Projektabschluß verwendet werden können, sowie Ergebnisse, z. B. erstellte Dokumente, die aus der Phase resultieren.

Aktivität	Methode(n)	Soft-/Hardware für ...	Ergebnis(se)
Berichterstattung	Präsentation von Statistiken Kasuistische Präsentation	Textverarbeitung Graphikerstellung Tabellenkalkulation Projektmanagement Präsentation Statistische Auswertung	Abschlußbericht Präsentationsunterlagen
Verabschiedung	-	-	verabschiedeter Abschlußbericht Projektende

Tabelle 11-2: Aktivitäten, Methoden, Werkzeuge für den und Ergebnisse des Projektabschlusses.

11.5 Merkliste

Die folgende Merkliste für die Phase Projektabschluß gibt einen Überblick über die typischen Aktivitäten und enthält Empfehlungen für die Durchführung. Verwenden Sie die Liste als Grundlage für den Abschluß Ihres *Projekts*.

Berichterstattung

- Beginnen Sie den Abschlußbericht mit einer kurzen Zusammenfassung seines Inhalts. Nehmen Sie dann den *Vorgehensplan* auf.
- Fassen Sie anschließend die wichtigsten Inhalte der *Projektbegleitungsdokumentation* zusammen.
- Diskutieren Sie die Ergebnisse, das Vorgehen und die Abweichungen in Hinblick auf die Zielsetzung im *Vorgehensplan*.
- Geben Sie einen Ausblick auf mögliche Folgeprojekte etc.
- Fügen Sie im Anhang des Abschlußberichts alle wichtigen Dokumente bei wie z. B. *Abnahmeprotokoll* und *Übergabeprotokoll* sowie die Originaldaten.
- Prüfen Sie, ob Sie quantitative Aussagen mit *Methoden* der beschreibenden Statistik darstellen können.
- Achten Sie auf eine klare Beschriftung der Graphiken und Tabellen.
- Laden Sie rechtzeitig alle Betroffenen zu einer Präsentation der Ergebnisse ein.

- Bereiten Sie die Präsentation gut vor. Folien, Dias etc. unterstützen mündliche Aussagen und sollten dazu übersichtlich und lesbar sein.
- Beschränken Sie sich bei der mündlichen Präsentation auf die wichtigsten Ergebnisse. Marginalitäten ermüden Ihre Zuhörer nur.
- Wenn Sie unsicher sind, üben Sie die Präsentation vorher. Achten Sie auf angemessenes Redetempo und Blickkontakt zu den Zuhörern.

Verabschiedung

- Wenn der *Projektauftraggeber* noch Änderungen im Abschlußbericht wünscht, prüfen Sie, ob sie sinnvoll und möglich sind. Dann arbeiten Sie diese noch ein.
- Legen Sie dem Auftraggeber des *Projekts* den Abschlußbericht zur Verabschiedung vor, wenn er mit ihm einverstanden ist.

Nach unserer Erfahrung müssen im Rahmen des Projektabschlusses insbesondere die folgenden Punkte beachtet werden:

- Eine mündliche Präsentation ist wichtig zur Ergänzung des schriftlichen Abschlußberichts! Dann können Sie Fragen und Unsicherheiten klären, die sonst vielleicht nicht angesprochen worden wären.
- Den Abschlußbericht eines *Projekts* können Sie sehr gut als Vorlage für die Planung eines anderen, ähnlichen Projekts verwenden! Sehr hilfreich sind v. a. die geschätzten und tatsächlichen Aufwände für die Durchführung der *Arbeitspakete* und die Abweichungen, die sich vom *Vorgehensplan* ergeben haben, mit den Gründen und Lösungen dafür.

11.6 Beispiele

11.6.1 Projekt 'Befundübermittlung'

Das *Projekt* 'Befundübermittlung' ist inhaltlich abgeschlossen. Nun müssen die Ergebnisse und der Projektverlauf noch in einem Abschlußbericht zusammengefaßt und den *Projektauftraggebern* präsentiert werden. Frau H. bearbeitet dazu das letzte *Arbeitspaket*, AP7 (s. Tabelle 11-3):

AP7	**Auswertung der Ergebnisse aus AP2 - AP5**
Bezug zu Fragen:	F1.2, F1.3, F2.2, F2.3, F3.1, F3.2
Ressourcen: Personal: Werkzeuge: Sonstige:	 Frau H. Software für Textverarbeitung, Tabellenkalkulation, Projektmanagement Overhead-Projektor für Präsentation
Kosten:	-
Beginn:	8.4.199x
Ergebnisvorlage:	14.4.199x (Präsentation am 12.4.199x)
Initialereignis:	Ergebnisse ausgewertet (Abschluß AP6)
Phasenbezeichnung:	Projektabschluß
Aktivitäten:	1. Darstellung der Ergebnisse aus AP6 in Form eines Abschlußberichts 2. Darstellung der Ergebnisse im Rahmen einer mündlichen Präsentation am 12.4.199x 3. ggf. Abschlußbericht überarbeiten 4. Vorlage des Abschlußberichts an Projektauftraggeber zur Verabschiedung
Methoden:	Präsentation von Statistiken, Kasuistische Präsentation
Ergebnisse:	verabschiedeter Abschlußbericht, Präsentationsunterlagen, Projektende

Tabelle 11-3: Projekt Befundübermittlung, Arbeitspaket AP7.

Für den Abschlußbericht braucht Frau H. zum größten Teil nur das zusammenzustellen, was in den anderen *Arbeitspaketen* erarbeitet wurde: aus AP0 den Vorgehensplan, aus AP1 die Verlaufsdokumentation und den aktuellen *Netzplan*, aus AP2 - AP5 die Untersuchungsdaten und aus AP6 die Auswertung der Ergebnisse. Sie begründet noch die Abweichungen vom Vorgehensplan und beschreibt, wie sie diese behandelt hat (s. Abschnitt 5.6.1). Dann schließt sie den Abschlußbericht ab mit der Diskussion der Vorgehensweise und der Ergebnisse und fügt einen Ausblick an. In den Anhang kommen die ausgefüllten Erhebungsbögen. Einen Ausschnitt aus dem Abschlußbericht zeigt Tabelle 11-4.

Abschlußbericht des Projekts
'Bewertung des Nutzens von Maßnahmen zur Unterstützung der Befundübermittlung'
Stand: 10.4.199x, Bearbeiterin: Frau H.

1 Zusammenfassung [...]

2 Einleitung [...]

3 Vorgehensplan [...]

4 Abweichungen vom Vorgehensplan [...]

5 Ergebnisse [...]

6 Diskussion

6.1 Diskussion der Vorgehensweise

Das Projekt konnte inhaltlich wie geplant durchgeführt werden. Es hat sich bestätigt, daß die beiden Stationen vor Einführung entsprechender Maßnahmen sehr ähnliche Werte für die Rechtzeitigkeit und die Sicherheit des Vorliegens von Befunden aus dem klinisch-chemischen Labor erzielten. Durch die verzögerte Einführung des rechnerbasierten Anwendungssystems auf Station 2 der Chirurgischen Klinik verschob sich das Projektende um drei Wochen nach hinten. Dies hatte jedoch offensichtlich keinen Einfluß auf die Qualität der Daten.

6.2 Diskussion der Ergebnisse

6.2.1 Erreichen von Ziel Z1

Aus dem Diagramm [...] ist zu erkennen, daß die Rechtzeitigkeit und die Sicherheit nach Einführung der rechnerbasierten Befundübermittlung erhöht werden konnten.

6.2.2 Erreichen von Ziel Z2

Aus dem Diagramm [...] ist zu erkennen, daß die Rechtzeitigkeit und die Sicherheit nach Einsatz eines zusätzlichen Boten erhöht werden konnten.

6.2.3 Erreichen von Ziel Z3

Beide Maßnahmen führten zu ähnlichen Verbesserungen. Dabei konnte mit der rechnerbasierten Befundübermittlung eine optimale Sicherheit erreicht werden. Es sind jedoch Situationen vorstellbar, in denen dieser Wert nicht eingehalten werden kann (z. B. Netzausfall).

6.3 Ausblick

Die Verbesserungen, die durch die beiden Maßnahmen erreicht wurden, sind zu ähnlich, um als einzige Kriterien für die Verbreitung der einen oder anderen Maßnahme auszureichen. Da jedoch, wie in einem anderen Projekt bereits festgestellt wurde, die Kosten für die rechnerbasierte Befundübermittlung auch durch die mehrfache Verwendungsmöglichkeit des Rechnersystems auf Station deutlich geringer sind als die Kosten für zusätzliche Boten, wird empfohlen, das rechnerbasierte Verfahren in der MHP weiter zu verbreiten.

[...]

Anhang

Erhebungsbögen

Tabelle 11-4: Projekt Befundübermittlung, Ausschnitt aus dem Abschlußbericht.

Die *Projektauftraggeber*, Herr Prof. Dr. H. und Herr Prof. Dr. K., sind mit dem Ergebnis des *Projekts* zufrieden. Nach der Präsentation durch Frau H. werden noch einige Aspekte diskutiert, z. B. wie sich eine Erhöhung der Befundrückmeldungen bei den beiden Maßnahmen auswirken könnte. Dann bedanken sich die Projektauftraggeber bei Frau H. und bei Herrn Prof. Dr. X. und verabschieden das Projekt durch ihre Unterschriften unter dem Abschlußbericht. Damit ist das Projekt 'Befundübermittlung' beendet.

11.6.2 Projekt 'Speisenanforderung'

Das *Projekt* 'Speisenanforderung' ist inhaltlich beendet, da das neue *Anwendungssystem* abgenommen und an die Betreiber übergeben wurde.

Nun muß Herr S. nur noch den Abschlußbericht schreiben. Er hat es leicht: Das wichtigste Ergebnis, nämlich das *Anwendungssystem*, braucht er nicht ausführlich zu beschreiben, da es dazu genügend Dokumente gibt. Der Abschlußbericht beschränkt sich deshalb im wesentlichen auf den *Vorgehensplan* und die Abweichungen davon. Insbesondere stellt Herr S. die Gründe dar, die zu den Testinstallationen und damit zur Verzögerung des *Projekts* geführt haben. Er geht auch auf die Probleme bei der Einführung ein. Diese *Informationen* sind bei der weiteren Verbreitung des Anwendungssystems sicherlich von Nutzen. In den Anhang kommen das *Abnahme-* und das *Übergabeprotokoll*, außerdem ein Verweis auf Handbücher, Produktinformationen und Adaptierungsunterlagen, die sich bei der Anwendungsbetreuerin und bei den Anwendern befinden.

Zum Schluß faßt Herr S. während einer abschließenden *Besprechung* die Ergebnisse des *Projekts* noch einmal mündlich zusammen. Die *Projektauftraggeber*, Frau W. und Herr Prof. Dr. X., sind einverstanden und unterzeichnen den Abschlußbericht. Sie bedanken sich bei Herrn S., Frau G. und Herrn B. und erklären das Projekt für beendet.

11.7 Übungen

Übung 1: Warum kann der Abschlußbericht eines *Projekts* mit dem Arztbrief, der nach Abschluß der Behandlung eines Patienten erstellt wird, verglichen werden?

Übung 2: Sie haben bei einer Systemanalyse über zwei Wochen auf zwei Stationen eines Krankenhauses Zahlenwerte ermittelt für die Anzahl der unterschiedlichen Medikamente, die täglich bestellt wurden (s. Tabelle 11-5). Stellen Sie die Ergebnisse dar mit Hilfe der *Präsentation von Statistiken*. Welche Folgerungen können Sie ziehen?

	Woche 1							Woche 2						
	Mo	*Di*	*Mi*	*Do*	*Fr*	*Sa*	*So*	*Mo*	*Di*	*Mi*	*Do*	*Fr*	*Sa*	*So*
Station 2	13	11	7	5	21	0	0	23	27	10	8	30	0	0
Station 5	57	68	49	53	62	69	0	72	46	52	64	69	81	0

Tabelle 11-5: Anzahl der täglich bestellten Medikamente der Stationen 2 und 5.

Übung 3: Stellen Sie sich vor, Sie haben die Zielsetzung eines *Projekts* nicht erreicht. Welche Gründe könnte es dafür geben? Wie strukturieren Sie die mündliche Präsentation?

Übung 4: Warum ist die ausdrückliche Verabschiedung des Abschlußberichts eines *Projekts* durch den *Projektauftraggeber* notwendig?

Übung 5: Zu Beispiel 'Speisenanforderung': Sie haben in Abschnitt 4.6.2, Übung 5, den *Vorgehensplan* für das *Projekt* entworfen. Skizzieren Sie anhand des Vorgehensplans und der *Informationen*, die Sie in den letzten Kapiteln zum Projekt erhalten haben, den Abschlußbericht.

12 Betrieb von Informationssystemen

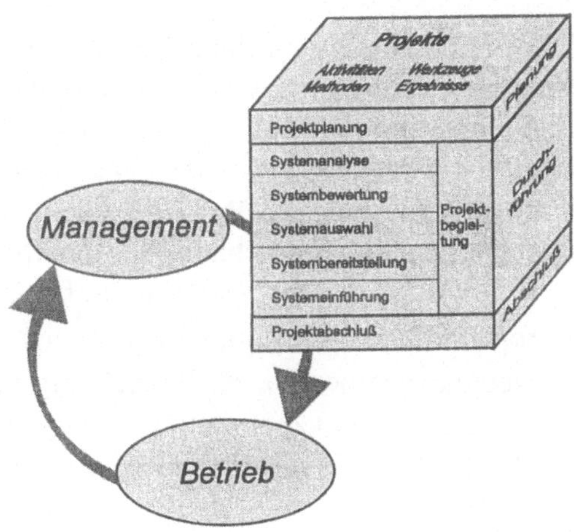

12.1 Einleitung

Wozu dient dieses Kapitel?

Bei *Projekten* zur Einführung einer *Informationssystemkomponente* beginnt nach dem Abschluß der Betrieb des *(Sub-) Informationssystems* mit der neuen Informationssystemkomponente - der hoffentlich deutlich länger anhält, als das Projekt gedauert hat.

Da *Projekte* des *taktischen Managements* letztendlich zum Ziel haben, den Betrieb eines *(Sub-) Informationssystems* zu verbessern, rundet die Darstellung der Aufgaben, die während des Betriebs anfallen, unsere Ausführungen zum Management ab. Ohne Betrieb wäre kein Management nötig - und ohne Management gäbe es keinen Betrieb.

Was sollen Sie lernen?

Nach der Lektüre dieses Kapitels sollen Sie wissen, welche Aufgaben im Rahmen der Betreuung des Betriebs, der Wartung und der Evaluation eines *(Sub-) Informationssystems* auf Sie zukommen können.

Wir wollen uns auch in diesem Kapitel auf den Betrieb von rechnerbasierten *Anwendungssystemen* beschränken. Bei nicht-rechnerunterstützten *(Sub-) Informationssystemen* gibt es i. d. R. entsprechende Aktivitäten.

12.2 Betreuung des Betriebs

Auch wenn ein *Projekt* nach der Einführung einer *Informationssystemkomponente* beendet ist, fallen i. d. R. noch viele Tätigkeiten im Zusammenhang mit dem Betrieb dieser Komponente an. Die ständige Einsatzbereitschaft muß sichergestellt werden, indem die Systemnutzung wie vorgesehen ermöglicht wird und etwaige Probleme möglichst schnell behoben werden.

Die Betreuung des Betriebs umfaßt alle Tätigkeiten, die zu seiner Aufrechterhaltung notwendig sind, d. h. das, was das *(Sub-) Informationssystem* leisten soll, muß kontinuierlich und zuverlässig gewährleistet werden. Im Falle von rechnerbasierten *Anwendungssystemen* sind dabei folgende Aufgaben möglich:

- Gewährleistung des Betriebs, Überprüfung der Vollständigkeit und Rechtzeitigkeit der Datenerhebung, der inhaltlichen Qualität der Daten sowie der Organisationsabläufe und -strukturen, Beseitigung von Unzulänglichkeiten,
- regelmäßige Sicherung und Archivierung von *Daten*,
- Netzmanagement, z. B. Einrichtung und Pflege von Netzwerkzugriffsrechten, Verwaltung von zentralem Plattenplatz,
- Gewährleistung des Datenschutzes, z. B. Erteilung und Überprüfung von Zugriffsrechten,
- Benutzerbetreuung, Schulung von neuen Mitarbeitern, Nachschulungen,
- Pflege von *Rechnersystemen* und Peripheriegeräten, z. B. Reinigung, Austausch der Druckerpatrone, Einbau von Ersatzteilen,
- Berichtswesen, z. B. Führen eines Logbuchs über den Systembetrieb.

Welche Tätigkeiten genau für ein *Anwendungssystem* im Betrieb durchzuführen sind, ist im Betriebshandbuch festgelegt. Weitere nützliche Unterlagen sind z. B. Produktbeschreibungen, Benutzerhandbücher und Adaptierungsunterlagen.

Die Tätigkeiten zur Betreuung des Betriebs fallen u. U. inhaltlich in die Aufgabenbereiche mehrerer Personen, z. B. des Anwendungsbetreuers, des DV-Betreuers und des technischen Betreuers, die im Rahmen der Systemübergabe festgelegt wurden (s. Abschnitt 10.2.4). Da es aber für Anwender nicht immer einfach ist, genau zuzuordnen, wer für welches Problem zuständig ist und auch die einzelnen Tätigkeiten oft so miteinander verzahnt sind, daß ein ggf. hoher Abstimmungsaufwand nötig ist, ist es sinnvoll, die Betreuung des Betriebs auf mehreren Ebenen zu organisieren.

Auf der ersten Ebene ist ein Ansprechpartner für die Benutzer eines *Bereichs* zuständig, der sich um routinemäßige Arbeiten und Probleme kümmert, ggf. für mehrere im Bereich eingesetzte *Anwendungssysteme*. Dadurch ist es nicht nötig, daß die Anwender alle für die Betreuung ihrer Anwendungssysteme zuständigen Personen kennen. Dieser Ansprechpartner der ersten Ebene (engl.: 'First level support'), beispielsweise der Anwendungsbetreuer, gibt nicht lösbare Probleme und Änderungswünsche weiter an Personen auf der zweiten Ebene der Betreuung, i. d. R. die für die Betreuung der einzelnen Anwendungssysteme zuständigen Personen (DV-Betreuer, technischer Betreuer). Die Ansprechpartner der zweiten Ebene ziehen bei schwerwiegenden Problemen Ansprechpartner der dritten Ebene hinzu. Die dritte Ebene wird von DV-Fachabteilungen oder externen Institutionen, z. B. dem Anbieter eines *Anwendungssoftwareprodukts*, verkörpert. Es handelt sich hierbei um Systemspezialisten oder Mitarbeiter der Entwicklung.

Bei allen *Anwendungssystemen*, die mit anderen Anwendungssystemen kommunizieren, ist es erforderlich, den Nachrichtenaustausch ständig zu überwachen. Der Betreuer eines Anwendungssystems ist für die Schnittstellen und die damit zusammenhängenden organisatorischen Abläufe verantwortlich. Wenn das Anwendungssystem *Nachrichten* versendet, liegt hier auch die Verantwortung für die Vollständigkeit und Korrektheit der zu versendenden *Daten*. Wenn ein Anwendungssystem Nachrichten empfängt, muß es zeitnah melden, wenn Daten nicht oder fehlerhaft geliefert wurden, ansonsten ist dies Aufgabe des Betreuers.

Es kann sich bei der Betreuung des Betriebs herausstellen, daß das *Anwendungssystem* nicht optimal den Erfordernissen angepaßt ist. Dann muß abgewägt werden, ob Anpassungen vorgenommen werden oder das Anwendungssystem unverändert weiterbetrieben wird. Um die Benutzerakzeptanz aufrechtzuerhalten bzw. zu erhöhen, ist es oft sinnvoll, Änderungen am Anwendungssystem vorzunehmen. 'Kleinere' Änderungen, z. B. eine andere Darstellung von Auswahlmenüs, können im Rahmen der Pflege des Anwendungssystems durchgeführt werden, 'größere' Änderungen, z. B. die Einführung anderer Abrechnungsverfahren aufgrund neuer gesetzlicher Anforderungen, gehören in ein neues *Projekt*. Davon ausgenommen sind Änderungen bei der *Adaptierung* (s. Abschnitt 9.2.3). Aber Vorsicht: zu viele Änderungen im Nachhinein führen leicht zu Flickwerk und verunsichern die Benutzer. Außerdem können Änderungen neue Fehler produzieren, was einen zusätzlichen Betreuungsaufwand bedeutet.

Die Aktivitäten zur Betreuung des Betriebs eines *(Sub-) Informationssystems* benötigen u. U. viel Zeit. Welcher Art sie sind, hängt von vielen Faktoren ab, z. B. der Art des *Anwendungssystems*, der Infrastruktur des Unternehmens, der organisatorischen Einbettung usw. Deshalb können wir an dieser Stelle keine allgemein gültigen *Methoden* dazu vorstellen.

12.3 Wartung

Auch wenn ein *Anwendungssystem* sorgfältig und ausführlich getestet wurde, ist es i. d. R. immer noch mit Fehlern behaftet. Diese Fehler sollten natürlich so schnell wie möglich nach ihrer Erkennung behoben werden. Je nach Schwere des Fehlers, d. h. nach den von ihm hervorgerufenen Auswirkungen, tritt das Ausfallkonzept in Kraft. Das Ausfallkonzept wurde i. d. R. im Rahmen der Systemeinführung erstellt (s. Kapitel 10) und beinhaltet Angaben zur Aufrechterhaltung des Betriebs im Störungsfall. Im Laufe der Systemnutzung kann es notwendig werden, dieses Konzept noch zu erweitern, z. B. beim Eintreten von Störungen, für die im Ausfallkonzept keine Lösung beschrieben ist.

Während das Ausfallkonzept sich auf ein bestimmtes *Anwendungssystem* bezieht, definiert in größeren Unternehmen ein sogenanntes Problemmanagement das Vorgehen bei einer Störung von der Erkennung eines Problems über die Bestimmung der Ursache, Umgehung mit Hilfe des Ausfallkonzepts bis hin zur Beseitigung des Fehlers. Außerdem wird genau festgelegt, wer für welche dieser Tätigkeiten verantwortlich ist (s. auch Unterkapitel 12.2). Wenn ein Fehler auftritt, wird nach diesem Vorgehen verfahren und protokolliert. Werden die Fehlerprotokolle ausgewertet, können darauf basierend beispielsweise Maßnahmen zur rechtzeitigen Entdeckung und Beseitigung von Störungen entwickelt werden.

Bei Eigenentwicklungen können Sie zur Behebung von Fehlern auf *Methoden* der Software-Entwicklung zurückgreifen. Wenn das *Anwendungssystem* auf einem *Produkt* basiert, das Sie von einem kommerziellen Anbieter erworben haben, haben Sie wahrscheinlich einen Wartungsvertrag (s. Abschnitte 9.2.1 und 10.2.4) abgeschlossen, auf dessen Basis der Anbieter die Fehlerbehebung durchführt. Sie müssen Fehler dann möglichst schnell melden, damit die mit der Wartung betrauten Mitarbeiter des Anbieters unverzüglich mit der Fehlerdiagnose und -behebung beginnen können.

Neben der Fehlerbehebung gehören auch inhaltliche Änderungen des *Anwendungssystems* zur Wartung, sofern sie nicht in einem neuen *Projekt* bearbeitet werden. Darunter fallen beispielsweise die Installation neuer Versionen und die Überarbeitung der *Adaptierung*.

12.4 Evaluation

Das *Informationssystem* eines Unternehmens entwickelt sich ständig weiter. Auch wenn ein *Anwendungssystem* nach einem sorgfältig geplanten und durchgeführten *Projekt* in den Betrieb kommt, bedeutet das nicht, daß damit nun für lange Zeit effizient und nutzbringend gearbeitet werden kann. Geänderte Rahmenbedingungen oder Anforderungen der Benutzer können dazu führen, daß das Anwendungssystem nicht mehr das geeignete *Werkzeug* zur Realisierung des zugrundeliegenden *Verfahrens* darstellt. Deshalb ist es notwendig, das Anwendungssystem regelmäßig zu evaluieren. Dazu müssen der Nutzen des Anwendungssystems und seine Effizienz untersucht werden.

Nutzenkontrollen dienen dazu, zu prüfen, ob das *Anwendungssystem* noch die Ziele erfüllt, die im *Projekt* zur Einführung gesetzt wurden. Oft sind Vorher-Nachher-Vergleiche sinnvoll, bei denen der aktuelle Ist-Zustand mit dem Zustand vor der Einführung bzw. mit dem erwarteten *Soll-Zustand* verglichen wird. Ersteres ist aber nur möglich, wenn der Zustand vorher festgehalten wurde. Nutzenkontrollen müssen deshalb schon während der Projektdurchführung geplant werden.

Effizienzkontrollen sind notwendig, um zu klären, ob der Nutzen eines *Anwendungssystems* in einem sinnvollen Verhältnis zu den Kosten steht. So kann beispielsweise ein während des Betriebs stetig anwachsendes Datenvolumen die Geschwindigkeit eines Anwendungssystems so beeinträchtigen, daß zur Aufrechterhaltung des Betriebs ständig Erweiterungen des Hauptspeichers notwendig wären.

Dann könnte das Ablösen des Anwendungssystems durch ein anderes ggf. zu einer Effizienzsteigerung führen.

Eine erste Kontrolle des Nutzens und der Effizienz sollte frühestens durchgeführt werden, wenn das *Anwendungssystem* während einer genügend langen Zeitspanne fehlerfrei betrieben wurde und die Benutzer sicher in seiner Bedienung sind (z. B. nach sechs bis zwölf Monaten). Meist ist die erste Untersuchung von entscheidender Bedeutung für den Weiterbetrieb des Anwendungssystems. Übrigens: Seien Sie ehrlich! Es hat keinen Sinn, den Nutzen oder die Effizienz eines Anwendungssystems zu beschönigen. Dann ist es besser, das Anwendungssystem frühzeitig abzuschaffen, als ständig Änderungen vornehmen zu müssen.

Eine Evaluation des *Anwendungssystems* sollte in regelmäßigen Abständen stattfinden, da sich die Anforderungen der Benutzer, technische Gegebenheiten oder sonstige Rahmenbedingungen ändern können. Abhängig von der Art der Kontrollen lassen sich diese ggf. automatisieren (z. B. beim Software-Monitoring). Nach Durchführung der erforderlichen Untersuchungen werden die Ergebnisse beurteilt. Sind sie nicht befriedigend, muß eine Entscheidung über das weitere Vorgehen gefällt werden. Die Ergebnisse der Evaluation sollten in jedem Fall dokumentiert werden, um Entscheidungen nachvollziehbar zu machen und Vergleichswerte für weitere Untersuchungen bieten zu können.

Unbefriedigende Ergebnisse von Nutzen- oder Effizienzkontrollen können den Anstoß zur Verbesserung, Optimierung oder zur Ablösung des *Anwendungssystems* geben. Wenn ein Anwendungssystem nicht die erwünschten Ergebnisse liefert, so ergeben sich daraus neue *Projekte* für das *Management von Informationssystemen* (vgl. Pfeil von Betrieb zu Management in Abbildung 3-3). Rufen Sie sich noch mal die Aufgaben des Managements von Informationssystemen in Erinnerung (Unterkapitel 3.3)! Die Evaluation eines Anwendungssystems entspricht der Überwachung des Betriebs durch das *taktische Management*. Damit schließt sich der Kreis vom Betrieb von *(Sub-) Informationssystemen* zurück zum Management.

12.5 Merkliste

Die folgende Merkliste für die Phase Systembetrieb gibt einen Überblick über die typischen Aktivitäten und enthält Empfehlungen für die Durchführung.

Betreuung des Betriebs

- Legen Sie frühzeitig fest, wer für welche Aspekte der neu eingeführten *Informationssystemkomponente* zuständig ist.
- Führen Sie alle notwendigen Tätigkeiten durch, die für den laufenden Betrieb unabdingbar sind, z. B. regelmäßige Sicherung und Archivierung von *Daten*, Erteilung von Zugriffsrechten etc.
- Führen Sie ein Logbuch über den Systembetrieb.

Wartung

- Beheben Sie Fehler, die den Betrieb stören, so schnell wie möglich.
- Entwickeln Sie ein systematisches Problemmanagement, das das Vorgehen im Störungsfall festlegt. Protokollieren Sie aufgetretene Fehler in Fehlerprotokollen.

Evaluation

- Führen Sie die erste Kontrolle des Nutzens bzw. der Effizienz frühestens nach sechs bis zwölf Monaten durch, wenn das *Anwendungssystem* fehlerfrei betrieben wird, die Benutzer das *System* akzeptieren und sicher in seiner Bedienung sind.
- Seien Sie ehrlich bei der Ermittlung der Leistung des *(Sub-) Informationssystems*. Geschönte *Daten* helfen Ihnen nicht weiter.
- Wiederholen Sie Kontrollen regelmäßig und dokumentieren Sie die Ergebnisse.

Nach unserer Erfahrung müssen im Rahmen des Systembetriebs insbesondere die folgenden Punkte beachtet werden:

- Vermeiden Sie Flickwerk bei neu eingeführten *Anwendungssystemen*! Alles, was über die Behebung von Fehlern hinausgeht, gehört in ein neues *Projekt*! Wenn Sie hier mal eine kleine Anpassung im Programmcode vornehmen und dort mal etwas an den Datenstrukturen ändern, wird das Anwendungssystem immer schwieriger zu betreuen. Außerdem können Sie bei Eingriffen nicht immer abschätzen, welche Auswirkungen diese noch haben können.
- Unterschätzen Sie die Bedeutung von Wartungsverträgen nicht! Auch wenn Sie die Gebühren dafür gerne einsparen wollten - spätestens beim ersten Systemausfall sehen Sie, daß es sich doch gelohnt hat (hoffentlich).

12.6 Beispiele

12.6.1 Projekt 'Befundübermittlung'

Dem Projekt 'Befundübermittlung' schließt sich kein Betrieb an. Das Beispiel hierzu entfällt also.

12.6.2 Projekt 'Speisenanforderung'

Das *Projekt* 'Speisenanforderung' ist abgeschlossen, das *Anwendungssystem* SPEISEN seit einiger Zeit auf zwei Stationen der Hautklinik in Betrieb.

Nun macht die Anwendungsbetreuerin, Frau P., die ersten Erfahrungen mit der Betreuung des Betriebs. Die Verwaltung der Benutzer, v. a. das Erteilen und Löschen von Zugriffsrechten, ist aufwendiger als vorher vermutet, da zu den Pflegekräften der Stationen häufig Schülerinnen und Praktikanten hinzukommen, die nach kurzer Zeit die Station wieder verlassen. Zwar wird dieses zusätzliche Personal von den Stationsschwestern und -pflegern geschult; bei Schwierigkeiten wird jedoch des öfteren Frau P. zu Hilfe geholt. In Absprache mit der Pflegedirektion wird deshalb beschlossen, daß zukünftig nur noch die festangestellten Pflegekräfte der Stationen Speisenanforderungen durchführen sollen, um den Schulungs- und Betreuungsaufwand gering zu halten.

Nach einigen Wochen kommt der Wunsch auf, zu der aktuellen Bestellung für einen Tag einen Kurzüberblick ausgedruckt zu haben. Diese Ergänzung kann Frau P. mit Hilfe eines Listengenerators in zwei Tagen selbst vornehmen.

Ein halbes Jahr später bittet die Pflegedirektorin, Frau W., den Direktor des Instituts für Medizinische Informatik, Herrn Prof. Dr. X., den Nutzen der Speisenanforderung zu untersuchen. Sie möchte gerne wissen, ob durch die Ablösung des alten *Systems* Bestellungen wirklich zeitnaher erfolgen können und so die Anzahl der Sicherheitsessen zurückging. Prof. Dr. X. beschließt, diese Frage durch Studenten der Medizinischen Informatik im Rahmen eines Praktikums zum *Management von Informationssystemen* bearbeiten zu lassen. Da der vormalige Projektleiter, Herr S., schon mit einem Vorher-Nachher-Vergleich gerechnet hatte, liegen noch *Daten* zur Situation vor Einführung des rechnerbasierten *Anwendungssystems* vor. Die Ergebnisse des Praktikums ergeben, daß sich die Einführung des Anwendungssystems für die Speisenanforderung in zeitlicher wie auch finanzieller Hinsicht gelohnt hat. Das Anwendungssystem wird nun zügig in der gesamten MHP verbreitet.

12.7 Übungen

Übung 1: Warum ist eine Betreuung des Betriebs über mehrere Ebenen sinnvoll? Welche Voraussetzungen müssen gegeben sein, damit die Weitergabe von Problemen an die nächste Ebene funktioniert?

Übung 2: Kann ein direkter Ansprechpartner für die Benutzer (auf der ersten Ebene) das Ausfallkonzept für ein *Anwendungssystem* ersetzen? Warum bzw. warum nicht?

Übung 3: Sie bestellen Ihr Büromaterial bisher per Fax bei einem Lieferanten. Neuerdings kann dieser auch Bestellungen per elektronischer Post empfangen und dann viel schneller liefern. Wie bewerten Sie den Nutzen und die Effizienz Ihres Bestellsystems per Fax unter diesen geänderten Rahmenbedingungen?

Übung 4: Es stellt sich heraus, daß das Bibliotheksverwaltungssystem aus Kapitel 10, Übung 4, zu jedem Leser nur eine Telefonnummer verwalten kann, oft aber zwei oder gar drei Telefonnummern sinnvoll wären. Müßte eine derartige Änderung in einem neuen Projekt vorgenommen oder könnte sie im Rahmen der Wartung durchgeführt werden? Begründen Sie Ihre Antwort.

Übung 5: Zu Beispiel 'Speisenanforderung': Herr S. hatte damit gerechnet, daß ein Vorher-Nachher-Vergleich stattfinden wird. Haben Sie das in Ihrem *Vorgehensplan* ebenfalls berücksichtigt (Abschnitt 4.6.2, Übung 5)? Welche Möglichkeiten sehen Sie sonst, eine derartige Untersuchung nun durchzuführen?

13 Schlußbemerkungen

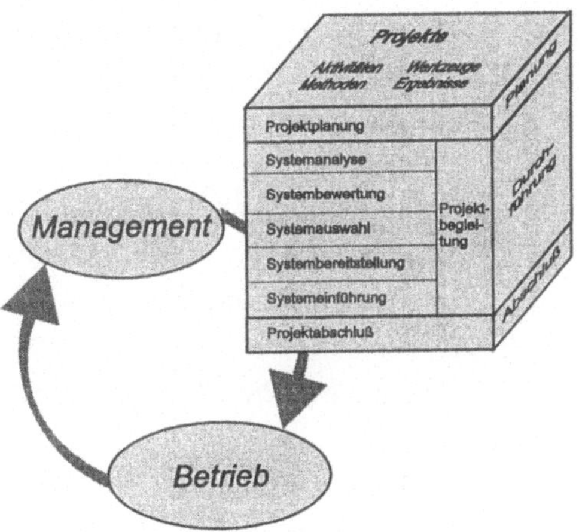

Ziel des vorliegenden Buches war es,
ein zielgerichtetes, systematisches Vorgehen für das *Management von Informationssystemen* darzustellen und Sie als Leser zu befähigen, die *Methoden* und Aktivitäten in der Praxis des Managements von Informationssystemen anzuwenden.

Es sollten *Methoden* und typische Aktivitäten erarbeitet werden für ...

Z1 ... die Planung eines *Projektes.*

Z2 ... die Durchführung eines *Projektes.*

Z3 ... einen geeigneten Abschluß eines *Projektes.*

Z4 Ziel des Buches war es außerdem, die Aufgaben, die beim Betrieb von *Informationssystemen* anfallen, darzustellen.

Allerdings haben wir eingeschränkt, daß das vorliegende Buch einführenden Charakter hat, besonders bei den vorgestellten *Methoden* und *Werkzeugen.* In dem beigelegten Übersichtsblatt könnten durchaus noch Methoden und Werkzeuge ergänzt werden. Außerdem haben wir nur das *taktische Management* von *Informationssystemen* behandelt. Die Beispiele, die wir angeführt haben, stammen aus dem Unternehmen 'Krankenhaus', es geht bei ihnen um das Management von Krankenhausinformationssystemen.

Was wir auch nicht vermitteln können, das ist Erfahrung. Diese müssen Sie selbst machen, wenn Sie *Projekte* durchführen. Wir hoffen aber, mit unseren Merklisten hilfreiche Hinweise gegeben zu haben.

Können Sie nun die zu Anfang gestellten Fragen im Zusammenhang mit dem *Management von Informationssystemen* beantworten?

Frage zu Ziel Z1:

F1.1 Wie kann das Vorgehen bei einem *Projekt* geplant werden?

Fragen zu Ziel Z2:

F2.1 Wie kann ein *Projekt* bei der Durchführung sinnvoll begleitet werden?

F2.2 Wie können *Informationssysteme* oder *Komponenten* daraus analysiert werden?

F2.3 Wie können *Informationssysteme* oder *Komponenten* daraus bewertet werden?

F2.4 Wie können *Informationssystemkomponenten* ausgewählt werden?

F2.5 Wie können *Informationssystemkomponenten* bereitgestellt werden?

F2.6 Wie können *Informationssystemkomponenten* eingeführt werden?

Frage zu Ziel Z3:

F3.1 Wie kann ein *Projekt* abgeschlossen werden?

Frage zu Ziel Z4:

F4.1 Welche Aktivitäten können während des Betriebs notwendig werden?

Wenn Sie diese Fragen beantworten können, dann haben Sie Ihr *Projekt* 'Lesen des Buches '*Management von Informationssystemen*'' erfolgreich abgeschlossen! Jetzt können Sie in den 'Betrieb' gehen!

14 Literatur

Wir stellen im folgenden ausgewählte Lehrbücher zum Management von Informationssystemen vor; die Liste ist nicht umfassend.

DAENZER, W. F. (Hrsg.): *Systems Engineering. Leitfaden zur methodischen Durchführung umfangreicher Planungsvorhaben*, 3. Auflage. Zürich: Verlag Industrielle Organisation, 1982.

FERSTL, O. K., SINZ, E. J.: *Grundlagen der Wirtschaftsinformatik: Band 1.* München: Oldenbourg, 1993.

FLOYD, CH. (Hrsg.): *Software development and reality construction.* Berlin: Springer, 1992.

HEINRICH, L. J.: *Informationsmanagement: Planung, Überwachung und Steuerung der Informationsinfrastruktur*, 6. Auflage. München: Oldenbourg, 1996.

KRCMAR, H.: *Informationsmanagement.* Berlin: Springer, 1997.

LOCKEMANN, P. C., SCHREINER, A., TRAUBOTH, H., KLOPPROGGE, M.: *Systemanalyse: DV-Einsatzplanung.* Berlin: Springer, 1983.

MARTIN, J.: *Information Engineering: a Triology,* 3 Bände. Englewood Cliffs, NJ: Prentice Hall, 1989.

OESTERLE, H.: *Business engineering: Prozeß- und Systementwicklung.* Berlin: Springer, 1995.

OESTERLE, H., BRENNER, W., HILBERS, K.: *Unternehmensführung und Informationssystem: der Ansatz des St. Galler Informationssystem-Managements.* Stuttgart: Teubner, 1991.

SCHEER, A.-W.: *Wirtschaftsinformatik: Referenzmodelle für industrielle Geschäftsprozesse*, 6. Auflage. Berlin: Springer, 1995.

SENGE, P.: *The Fifth Discipline: The Art & Practice of The Learning Organization.* New York: Doubleday, 1990.

VETTER, M.: *Strategie der Anwendungssoftware-Entwicklung*, 3. Auflage. Stuttgart: Teubner, 1993.

VOSSEN, G., BECKER, J.: *Geschäftsprozeßmodellierung und Workflow-Management.* Bonn: International Thomson Publ., 1996.

ZEHNDER, C. A.: *Informatik-Projektentwicklung*, 2. Auflage. Stuttgart: Teubner, 1991.

Wissenschaftliche Fachgesellschaften und Arbeitsgruppen

Gesellschaft für Informatik (GI) *(http://www.gi-ev.de)*

Fachgruppe 2.5.2 Entwicklungsmethoden für Informationssysteme und deren Anwendung (EMISA)

Fachausschuß 4.7 Medizinische Informatik

Deutsche Gesellschaft für Medizinische Informatik, Biometrie und Epidemiologie (GMDS) *(http://www.med.uni-muenchen.de/gmds)*

Arbeits- und Projektgruppen des Fachbereichs Medizinische Informatik

International Medical Informatics Assiciation (IMIA) *(http://www.imia.org)*

Thesaurus

Einleitung

Wir wollen im Thesaurus alle wichtigen Begriffe für das *Management von Informationssystemen*, die wir in diesem Buch einführen, definieren. Natürlich gibt es zu manchen Begriffen an anderen Stellen in der Literatur abweichende Definitionen. Der Thesaurus soll unser Verständnis der verwendeten Begriffe in diesem Buch abbilden.

Zusätzlich zur Erklärung eines Begriffs geben wir Beziehungen zu anderen Begriffen an und verweisen auf die wichtigsten Textstellen im Buch, an denen der Begriff erscheint.

Wir werden zu jedem Begriff, sofern dies möglich ist, folgende Angaben machen:

- eine möglichst genaue und verständliche Definition,
- alternative Bezeichnungen (Synonyme),
- die Bezeichnungen über- und untergeordneter Begriffe (Hyperonyme und Hyponyme),
- die Bezeichnungen von Begriffen, deren Inhalte Gemeinsamkeiten, aber auch eigene Anteile aufweisen (Kohyponyme),
- die Bezeichnungen von Begriffen, die in mindestens einem Aspekt ein Gegensatzpaar bilden (Antonyme),
- den Verweis auf Begriffe mit derselben Bezeichnung (Homonyme).

Sie können somit im Thesaurus sequentiell nach der Definition eines Begriffs suchen, über die Beziehungen zu einem anderen, verwandten Begriff gelangen und im Text des Buches die Zusammenhänge nachlesen.

Einträge

3LGM

siehe *Drei-Ebenen-Modell*

5-Stufen-Methode zur Vorgehensplanung

Methode zur systematischen Planung eines *Projekts*.

Mit der *5-Stufen-Methode zur Vorgehensplanung* können *Vorgehenspläne* erstellt werden, die folgende Aspekte enthalten: Gegenstand und Motivation für das Projekt, Problemstellung, Zielsetzung, Frage- bzw. Aufgabenstellung, *Arbeitspakete* und *Prüfsteine*.

Bei der *5-Stufen-Methode* wird das Vorgehen für ein *Projekt* definiert, indem es aus der Zielsetzung abgeleitet wird. Dadurch soll gewährleistet werden, daß im Projekt genau die gesetzten Ziele verfolgt werden.

im Text: S. 47
im Thesaurus: *Vorgehensplan*

Abnahmeprotokoll

Dokument, mit dessen Unterzeichnung ein *Projektauftraggeber* eine *Informationssystemkomponente* i. d. R. nach deren Inbetriebnahme als Ergebnis eines *Projekts* akzeptiert.

In dem *Abnahmeprotokoll* wird bestätigt, daß ein Anwendungssystem vorher festgelegte Abnahmekriterien im Rahmen der *Systemabnahme* erfüllt hat. Durch die Unterzeichnung des Abnahmeprotokolls geht eine *Informationssystemkomponente* in das Eigentum des *Projektauftraggebers* über.

im Text: S. 158
im Thesaurus: *Systemabnahme*

Adaptierung

Anpassung eines *Produkts* an die Gegebenheiten eines Unternehmens, aber ohne Änderung der Konstruktion.

Bei *Anwendungssoftwareprodukten* bedeutet dies, daß nicht der Programmcode geändert wird, sondern das Anwendungssoftwareprodukt gemäß den Anforderungen des Unternehmens parametriert wird.

Synonym: Customizing
im Text: S. 147
im Thesaurus: *Software-Referenzmodell*

Anwendungssoftwareprodukt

Abgeschlossenes, erworbenes oder eigenentwickeltes Programm oder Programmpaket, das auf *Rechnersystemen* installiert werden kann.

Ein *Anwendungssoftwareprodukt* befindet sich i. d. R. auf mobilen Datenträgern, z. B. Disketten oder CD-ROMs. Im Gegensatz zu einem *Anwendungssystem* ist ein Anwendungssoftwareprodukt noch nicht in einem bestimmten Unternehmen installiert und für dieses adaptiert.

Synonym: (Computer-) Programm, Software
Hyperonym: *Produkt*
Hyponym: *Standardsoftwareprodukt*
Kohyponyme: *konventionelles Werkzeug der Informationsverarbeitung, Rechnersystem*

im Text: S. 21, 26, 82, 133, 146, 149
im Thesaurus: *Adaptierung, Anwendungssystem, Produkt, Prototyp, prototypische Erstellung, Software-Referenzmodell, Standardsoftwareprodukt*

Anwendungssystem

Teilsystem des *Informationssystems*, das unmittelbar *informationsverarbeitende Verfahren* realisiert.

Ein *Anwendungssystem* ermöglicht in irgendeiner Art und Weise die Verarbeitung und Speicherung von *Information* und *Wissen* in Form von *Daten*. Es wird entweder realisiert durch ein *Anwendungssoftwareprodukt* oder durch Organisationspläne mit Hilfe von *konventionellen Werkzeugen der Informationsverarbeitung*.

Hyperonym: *Informationssystemkomponente*
Kohyponyme: *informationsverarbeitendes Verfahren, physisches Subsystem, Sub-Informationssystem*
im Text: S. 21, 23, 26, 90, 147, 156, 178, 179
im Thesaurus: *Anwendungssoftwareprodukt, Funktionen eines Anwendungssystems, Informationssystemkomponente, logische Werkzeugebene (3LGM), physische Werkzeugebene (3LGM), Pilotinstallation, Sub-Informationssystem*

Arbeitspaket

Menge von inhaltlich und zeitlich zusammengehörenden Aktivitäten, die zur Beantwortung mindestens einer Frage bzw. zur Bearbeitung mindestens einer Aufgabe des *Vorgehensplans* durchgeführt werden sollen.

Arbeitspakete beschreiben beispielsweise den Arbeitsablauf, die zu verwendenden *Methoden*, die zu erstellenden Dokumente und die verfügbaren bzw. notwendigen *Ressourcen*. Ein Arbeitspaket kann in Beziehung stehen zu einem anderen Arbeitspaket, z. B. wenn die Ergebnisse eines Arbeitspakets vorliegen müssen, um mit der Bearbeitung eines anderen Arbeitspakets beginnen zu können. Die Abfolge von Arbeitspaketen kann in einem *Netzplan* dargestellt werden.

im Text: S. 49, 45, 68
im Thesaurus: *5-Stufen-Methode zur Vorgehensplanung, Vorgehensplan*

Befragung

Methode zur Erhebung von *Informationen*, bei der Fragen beantwortet werden sollen.

Eine *Befragung* dient dazu, *Informationen*, Einschätzungen, Wünsche oder Probleme von Personen im zu untersuchenden *Bereich* zu ermitteln. Grundlage der Befragung sollte ein vorher zu erstellender *Fragebogen* sein. Eine Befragung kann als *mündliche Befragung* (*Interview*) oder als *schriftliche Befragung* durchgeführt werden. Bei der mündlichen Befragung werden dem Befragten direkt vom Interviewer Fragen gestellt, der die Antworten notiert. Bei der schriftlichen Befragung erhält der Befragte einen Fragebogen, den er selbst auszufüllen hat.

Hyperonym: *Methode zur Informationsbeschaffung*
Hyponyme: *mündliche Befragung, schriftliche Befragung, Interview*
Kohyponyme: *Beobachtung, Datenbestandsanalyse, Experiment, Messung, Simulation, Umfrage*
im Text: S. 87
im Thesaurus: *Erhebungsbogen, Erhebungsbogenerstellung, kasuistische Präsentation, Methode zur Informationsbeschaffung, Umfrage*

Beobachtung

Methode zur Informationsbeschaffung durch Zusehen ohne Eingriff in betriebliche Abläufe.

Die *Beobachtung* ist eine einfache *Methode*, die besonders angezeigt ist, wenn der zu analysierende Bereich nicht zu sehr durch die Analyse belastet werden soll bzw. wenn die zu erhebenden *Daten* nicht auf andere Weise ermittelt werden können.

Hyperonym: *Methode zur Informationsbeschaffung*
Kohyponyme: *Befragung, Datenbestandsanalyse, Messung, Simulation, Umfrage*
Antonym: *Experiment*
im Text: S. 83
im Thesaurus: *Methode zur Informationsbeschaffung*

Bereich

Komponente eines Unternehmens, die das Ergebnis einer nach pragmatischen Gesichtspunkten erfolgten Einteilung des Unternehmens ist.

Üblicherweise wird in allen Arten von Unternehmen zumindest ein Verwaltungsbereich, ein Produktionsbereich und ein Leitungsbereich identifiziert. Ein Krankenhaus besteht beispielsweise aus dem stationären *Bereich*, den Ambulanzen, Funktionsbereichen, der Krankenhausverwaltung und den Leitungsbereichen. Eine Einteilung nach anderen Gesichtspunkten ist hier genauso möglich.

Hyponym: *Organisationseinheit*
im Text: S. 24
im Thesaurus: *Befragung, Beobachtung, Organisationseinheit, Pilotinstallation, Projektauftraggeber, Systemübergabe, Übergabeprotokoll*

Besprechung

Geplantes *Gespräch* zu bestimmtem Thema oder Themen.

Eine *Besprechung* dient der Beschaffung und Weitergabe von *Informationen.* Zu einer Besprechung sollte rechtzeitig vorher eingeladen werden mit Bekanntgabe von Ort, Termin und Tagesordnung.

Hyperonym: *Gespräch*
im Text: S. 68

Bewertungskriterien

Merkmale, die zur Beurteilung eines *(Sub-) Informationssystems* herangezogen werden können.

Mit Hilfe von *Bewertungskriterien* kann beurteilt werden, wie gut oder schlecht ein *(Sub-) Informationssystem* seine Aufgaben erfüllt. Zweckmäßig ist, wenn Bewertungskriterien quantifizierbar sind oder ein Ereignis die Erfüllung anzeigen kann.

Synonym: Zielkriterien
Hyponym: *K.O.-Kriterien*
im Text: S. 112, 119, 122, 132
im Thesaurus: *K.O.-Kriterien, Kreativitätsmethode, Nutzwertanalyse, Polaritätsprofil, Soll-Zustand*

Brainstorming

Kreativitätsmethode, die auf spontanen Meinungsäußerungen basiert.

Beim *Brainstorming* werden von allen Teilnehmern zu einem vom Gesprächsleiter vorgegebenen Thema spontan Ideen geäußert. Diese Ideen, an die auch angeknüpft werden darf, werden notiert und später von Fachleuten ausgewertet.

Hyperonym: *Kreativitätsmethode*
Kohyponyme: *Kärtchenmethode*, *Metaplan-Methode*
im Text: S. 119

Daten

Gebilde aus Zeichen oder kontinuierlichen Funktionen, die aufgrund bekannter oder unterstellter Abmachungen *Information* darstellen.

Daten sind die Grundlage oder das Ergebnis eines Verarbeitungsschritts.

Hyponym: *Nachricht*
Kohyponym: *Information*
im Text: S. 17, 26

im Thesaurus: *Anwendungssystem, Beobachtung, Datenbestandsanalyse, Datenmodellierung, Erhebungsbogen, Erhebungsbogenerstellung, Experiment, Funktionen eines Anwendungssystems, Informationssystem, Nachricht, Präsentation von Statistiken, prolektiv, retrolektiv, Unternehmensmodellierung*

Datenbestandsanalyse

Methode zur Informationsbeschaffung durch Untersuchung von *Daten.*

Die *Datenbestandsanalyse* bezieht sich auf die Inhalte eines Datenbestands und/oder auf dessen Struktur. Der Datenbestand enthält *Daten* über das zu untersuchende *(Sub-) Informationssystem,* die abgelegt sind in Dokumenten konventioneller Art (z. B. Berichte, Prospekte, Formulare) oder Dateien und Datenbanken. Spezielle Formen der Datenbestandsanalyse sind die Formular- und die *Literaturanalyse*. Bei der *Formularanalyse* wird die Struktur von Formularen untersucht, die im (Sub-) Informationssystem verwendet werden. Die Literaturanalyse wird durchgeführt, indem zu einem bestimmten Thema oder einer bestimmten Frage Literatur gesucht und analysiert wird.

Hyperonym: *Methode zur Informationsbeschaffung*
Kohyponyme: *Befragung*, *Beobachtung*, *Experiment*, *Messung*, *Simulation*, *Umfrage*
im Text: S. 84
im Thesaurus: *Methode zur Informationsbeschaffung*

Datenmodellierung

Darstellung der in einem Unternehmen verwendeten *Daten* und deren Beziehungen.

Die *Datenmodellierung* dient dazu, Informationen aus einem festgelegten, abgegrenzten Informationsbereich strukturiert darzustellen. Für die *Datenmodellierung* gibt es verschiedene *Modelle*, z. B. *Objekt-Beziehungs-Modelle*.

Hyperonym: Modellierung
Kohyponyme: *Geschäftsprozeßmodellierung*, *Organisationsmodellierung*, *Unternehmensmodellierung, Verfahrensmodellierung*
im Text: S. 94
im Thesaurus: *Objekt-Beziehungs-Modell, Unternehmensmodellierung*

Drei-Ebenen-Modell

Modell für die Beschreibung, Bewertung und Planung heterogener *Informationssysteme*.

Das *Drei-Ebenen-Modell* (*3LGM*) ermöglicht die statische Darstellung der Architektur heterogener *Informationssysteme*, wobei sowohl rechnerunterstützter Komponenten als auch ein beträchtlicher Anteil konventioneller Komponenten abgebildet werden können. Es basiert auf einer Drei-Ebenen-Struktur: *Verfahrensebene*, *logische Werkzeugebene* und *physische Werkzeugebene*. Das Drei-Ebenen-Modell hat zum Ziel, das systematische *Management von Informationssystemen* zu unterstützen.

Synonym: *3LGM*
Hyperonym: *Modell*
Kohyponyme: *Eingabe-Ausgabe-Modell*, *Objekt-Beziehungs-Modell*, *Phasenmodell für Projekte*
im Text: S. 90
im Thesaurus: *logische Werkzeugebene (3LGM)*, *physische Werkzeugebene (3LGM)*, *Verfahrensebene (3LGM)*

Eingabe-Ausgabe-Modell

Modell zur Darstellung der Eingabe- und Ausgabedaten eines *Verfahrens* unter Vernachlässigung des inneren Aufbaus.

Synonym: Input-Output-Modell
Hyperonym: *Modell*
Kohyponyme: *Drei-Ebenen-Modell*, *Objekt-Beziehungs-Modell*, *Phasenmodell für Projekte*
im Text: S. 96
im Thesaurus: *Verfahrensmodellierung*

Ereignisgesteuerte Prozeßkette

Modell zur graphischen Darstellung von Abläufen.

Ereignisgesteuerte Prozeßketten bestehen aus einer Verbindung von Bedingungs-Ereignis-Netzen mit Verknüpfungselementen. Ihre Bausteine sind Ereignisse, Aktivitäten und die logischen Verknüpfungen UND, ODER sowie XOR. Durch Aneinanderreihung dieser Bausteine wird eine zeitliche Abfolge von Ereignissen und Aktivitäten festgelegt.

Kohyponyme: *Petri-Netz*, *Vorgangskette*
im Text: S. 102

Erhebungsbogen

Formular zum Eintrag von erhobenen *Daten*.

Der *Erhebungsbogen* ist Grundlage für die Erhebung von *Daten* im Rahmen der Anwendung einer *Methode zur Informationsbeschaffung*. Im Erhebungsbogen

wird zum einen festgelegt, welche Daten erhoben werden sollen, zum anderen dient er gleichzeitig der Erfassung der erhobenen Daten. Eine besondere Form des Erhebungsbogens ist der *Fragebogen*, der bei *Umfragen* verwendet wird. Bei der *schriftlichen Befragung* wird er, im Gegensatz zum Erhebungsbogen bei anderen *Methoden*, vom Befragten selbst ausgefüllt.
Hyponym: *Fragebogen*
im Text: S. 86
im Thesaurus: *Erhebungsbogenerstellung*

Erhebungsbogenerstellung

Ausarbeitung von *Erhebungsbögen.*

Die *Erhebungsbogenerstellung* geht i. d. R. den eigentlichen *Methoden zur Informationsbeschaffung*, z. B. *mündliche Befragung*, voraus.
im Text: S. 86

Experiment

Methode zur Informationsbeschaffung durch Eingriff in betriebliche Abläufe.

Bei einem *Experiment* können vor und nach dem Eingriff oder auch während des Eingriffs Werte gemessen oder *Daten* erhoben werden. Diese *Methode* ist besonders wichtig bei vergleichender Fragestellung.
Hyperonym: *Methode zur Informationsbeschaffung*
Kohyponyme: *Befragung*, *Datenbestandsanalyse*, *Messung*, *Simulation*, *Umfrage*
Antonym: *Beobachtung*
im Text: S. 84
im Thesaurus: *Methode zur Informationsbeschaffung*

ER-Modell

siehe *Objekt-Beziehungs-Modell*

Formularanalyse

siehe *Datenbestandsanalyse*

Fragebogen

siehe *Erhebungsbogen*

Funktionen eines Anwendungssystems

Anwendungssysteme bieten dem Nutzer *Funktionen* an.

Die *Funktionen* sind die Schnittstellen des *Anwendungssystems* zum Nutzer und dienen der Steuerung des Anwendungssystems und der Ein- und Ausgabe von *Daten*. Über die Funktionen erhält der Nutzer Zugang zu den *informationsverarbeitenden Verfahren*, die von dem Anwendungssystem realisiert werden.

Kohyponyme: *Terminal*, *Verfahrenszugang*
im Text: S. 21, 26

Geschäftsprozeß

Menge von unternehmensspezifischen und zielgerichteten Aktivitäten, die in logischem und zeitlichem Zusammenhang stehen.

Ein *Geschäftsprozeß* wird durch ein Ereignis ausgelöst und ist in sich abgeschlossen, d. h. er hat einen definierten Anfang, eine bestimmbare Dauer und ein definiertes Ende. Er beschreibt nicht nur die Aktivitäten und ihren zeitlichen und logischen Zusammenhang, sondern alle für die Durchführung notwendigen Parameter, z. B. *Informationen*, Dokumente, Personen.

im Text: S. 99
im Thesaurus: *Geschäftsprozeßmodellierung*

Geschäftsprozeßmodellierung

Methode zur Modellierung von Abläufen unter Berücksichtigung von zur Durchführung notwendigen Parametern.

Die *Geschäftsprozeßmodellierung* analysiert und beschreibt *Informationssysteme*, um so zu einer Grundlage für ein Soll-Konzept zu gelangen.

Hyperonym: Modellierung
Kohyponyme: *Datenmodellierung*, *Organisationsmodellierung*, *Unternehmensmodellierung*, *Verfahrensmodellierung*
im Text: S. 99

Gespräch

Unterhaltung zum Zwecke des Informationsaustauschs.

Das *Gespräch* ist eine einfache Methode, die in vielen Phasen eines *Projekts* eingesetzt werden kann.

Hyponym: *Besprechung*
im Text: S. 68
im Thesaurus: *Besprechung*

Information

Kenntnis über bestimmte Sachverhalte oder Vorgänge.

Hyponym: *Wissen*

Kohyponym: *Daten*
im Text: S. 17, 26
im Thesaurus: *Anwendungssystem, Daten, Wissen*

Informations- und Wissenslogistik

Bereitstellen der richtigen *Informationen* und des richtigen *Wissens* zum richtigen Zeitpunkt, am richtigen Ort, für die richtigen Personen, in der richtigen Form.
im Text: S. 24

Informationssystem

Teilsystem eines Unternehmens, das aus den *informationsverarbeitenden Verfahren* und den an ihnen beteiligten menschlichen und maschinellen Handlungsträgern in ihrer informationsverarbeitenden Rolle besteht.

Informationssysteme verarbeiten neben *Informationen* auch *Wissen*, *Daten* und *Nachrichten*. Der Einfachheit halber wird aber nur von Informationen gesprochen.

Jedes Unternehmen hat ein *Informationssystem.*

Hyperonym: *System*
Hyponym: *rechnerunterstützter Teil eines Informationssystems, rechnerunterstütztes Informationssystem*
im Text: S. 18, 13, 26, 78, 112, 180
im Thesaurus: *Anwendungssystem, Bewertungskriterien, Datenbestandsanalyse, Drei-Ebenen-Modell, Geschäftsprozeßmodellierung, logische Werkzeugebene (3LGM), Management von Informationssystemen, Nutzen-Kosten-Analyse, Petri-Netz, Pflichtenheft, Phasenmodell für Projekte, physische Werkzeugebene (3LGM), Produkt, Projekt, Projektmanagement, Rahmenplanung von Informationssystemen, rechnerunterstützter Teil eines Informationssystems, rechnerunterstütztes Informationssystem, Soll-Zustand, Stark- und Schwachstellenanalyse, strategisches Management, Sub-Informationssystem, taktisches Management, Verfahrensebene, Verfahrenszugang, Vorgangskette, Zielerfüllungsgrad*

Informationssystemkomponente

Sub-Informationssysteme, *informationsverarbeitende Verfahren*, *Anwendungssysteme* und *physische Subsysteme* sind *Informationssystemkomponenten.*

Hyponyme: *Anwendungssystem, informationsverarbeitendes Verfahren, physisches Subsystem, Sub-Informationssystem*
im Text: S. 22, 26, 132, 157

im Thesaurus: *Abnahmeprotokoll, Pflichtenheft, Produkt, Systemabnahme, Systemübergabe, taktisches Management, Übergabeprotokoll*

informationsverarbeitendes Verfahren

Gruppe von Aktivitäten, die wichtige Aufgaben eines Unternehmens erfüllt.

Informationsverarbeitende Verfahren verarbeiten Eingaben zu Ausgaben unter Anwendung von Vorschriften. Sie beziehen sich dabei auf festgelegte *Objekttypen*. Informationsverarbeitende Verfahren werden ständig durchgeführt und haben keinen definierten Anfang und kein definiertes Ende.

Synonym: *Verfahren*
Hyperonym: *Informationssystemkomponente*
Kohyponyme: *Anwendungssystem, physisches Subsystem, Sub-Informationssystem*
im Text: S. 19, 26, 90
im Thesaurus: *taktisches Management, Verfahrenszugang*

informationsverarbeitendes Werkzeug

Werkzeug für die Verarbeitung und Weitergabe von *Informationen.*

Hyperonym: *Werkzeug*
Hyponyme: *konventionelles Werkzeug der Informationsverarbeitung, Rechnersystem*
im Text: S. 19, 79

Interview

siehe *Befragung*

K.O.-Kriterien

Bewertungskriterien, deren Erfüllung zwingend notwendig ist.

K.O.-Kriterien werden beispielsweise festgelegt, wenn bei der Auswahl eines *Produkts* die Einhaltung bestimmter Kriterien unabdingbar ist.

Hyperonym: *Bewertungskriterien*
im Text: S. 112, 123

Kärtchenmethode

Kreativitätsmethode, die auf schriftlich niedergelegten Ideen basiert.

Bei der *Kärtchenmethode* werden von den Teilnehmern Ideen zu einem vorgegebenen Thema auf Kärtchen notiert. Die Kärtchen werden von allen Teilnehmern eingesammelt, vorgelesen, sortiert und ausgewertet.

Hyperonym: *Kreativitätsmethode*

Kohyponyme: *Brainstorming*, *Metaplan-Methode*
im Text: S. 119

kasuistische Präsentation

Qualitative Beschreibungsmethode.

Wenn eine quantitative Darstellung von Ergebnissen mit Hilfe einer *Präsentation von Statistiken* nicht möglich oder sinnvoll ist, müssen Ergebnisse qualitativ beschrieben werden. Eine *kasuistische Präsentation* ist beispielsweise notwendig zur Berichterstattung von Einzelergebnissen aus *mündlichen Befragungen*.

Antonym: *Präsentation von Statistiken*
im Text: S. 170

Komponente eines Informationssystems

siehe *Informationssystemkomponente*

konventionelles Werkzeug der Informationsverarbeitung

Gerät, das zur Informationsverarbeitung eingesetzt wird, aber kein *Rechnersystem* ist.

Konventionelle Werkzeuge sind z. B. Formulare, Schreibmaschinen, Telefone.

Hyperonyme: *informationsverarbeitendes Werkzeug*, *physisches Subsystem*, *Produkt*
Kohyponyme: *Rechnersystem*, *Anwendungssoftwareprodukt*, Formular
im Text: S. 19, 26
im Thesaurus: *Produkt*

Kostenvergleichsrechnung

Methode zum Vergleich von Kosten, die in einer bestimmten Periode oder pro Leistungseinheit anfallen.

Eine Kostenvergleichsrechnung wird zwischen mindestens zwei Varianten angestellt. Als Kostenarten müssen i. d. R. zumindest Investitionskosten, Personal- und Sachkosten betrachtet werden.

Kohyponym: *Nutzen-Kosten-Analyse*
im Text: S. 121

Kreativitätsmethode

Methode zur Organisation der Kreativität.

Kreativitätsmethoden werden eingesetzt, wenn Ideen gebraucht werden, z. B. für die Festlegung von *Bewertungskriterien*. Im Gegensatz zu analytischen Vorgehensweisen lassen sich die Ergebnisse, die mit Hilfe von Kreativitätsmethoden erzielt werden, für Unbeteiligte nicht reproduzieren.

Hyponyme: *Brainstorming, Kärtchenmethode, Metaplan-Methode*
im Text: S. 119
im Thesaurus: *Brainstorming, Kärtchenmethode, Metaplan-Methode*

Kritischer Pfad

Folge von Vorgängen in einem *Netzplan*, die keine Pufferzeit aufweisen.

Wenn es bei der Projektdurchführung bei Vorgängen zu Verzögerungen kommt, die auf dem *kritischen Pfad* liegen, verschiebt sich das Projektende nach hinten.

im Text: S. 53, 64, 71

Literaturanalyse

siehe *Datenbestandsanalyse*

logische Werkzeugebene (3LGM)

Darstellung von *Anwendungssystemen* im *Drei-Ebenen-Modell.*

Auf der *logischen Werkzeugebene* des *Drei-Ebenen-Modells* werden die *Anwendungssysteme* eines *(Sub-) Informationssystems* beschrieben. Ergänzt werden diese durch ihre *Funktionen* und Kommunikationsschnittstellen zwischen Anwendungssystemen. Die auf der logischen Werkzeugebene dargestellten Anwendungssysteme dienen der Realisierung von *Verfahren.*

Kohyponyme: *physische Werkzeugebene (3LGM), Verfahrensebene (3LGM)*
im Text: S. 90
im Thesaurus: *Drei-Ebenen-Modell*

Management von Informationssystemen

Planung, Steuerung und Überwachung von *Informationssystemen.*

Auf der Grundlage der Planung eines *Informationssystems* werden der Aufbau und die Weiterentwicklung der Architektur sowie der Betrieb gesteuert und die Einhaltung der Planvorgaben überwacht. Die Planung und die Art der Überwachung ergeben sich aus der jeweiligen Zielsetzung des Informationssystems.

Hyponyme: *taktisches Management, strategisches Management*
im Text: S. 31, 14, 36
im Thesaurus: *Drei-Ebenen-Modell, Phasenmodell für Projekte, Projekt, Projektmanagement*

Medizinische Hochschule Plötzberg

Fiktive medizinische Hochschule mit angeschlossenem Klinikum.

An der Medizinischen Hochschule Plötzberg sind die meisten Beispiele dieses Buches angesiedelt. Sie ist zwar fiktiv, aber Ähnlichkeiten mit tatsächlichen Krankenhäusern sind durchaus nicht zufällig.

Synonym: MHP
im Text: S. 28

Merklistenerstellung

Auflistung von zu erledigenden Aktivitäten.

Die *Merklistenerstellung* ist eine einfache *Methode*, die insbesondere während der Projektbegleitung eingesetzt werden kann. Dabei werden Aktivitäten aufgelistet, die erledigt werden müssen bzw. Aktivitäten als abgeschlossen oder gestrichen markiert.

im Text: S. 69

Messung

Methode zur Erhebung von *Informationen*, die objektiv ermittelt werden können.

Zur Messung gehören das Messen von Strecken, Gewichten und Zeiten wie auch das Ermitteln einer Anzahl durch Zählen. Häufig sind dazu Hilfsmittel notwendig.

Hyperonym: *Methode zur Informationsbeschaffung*
Kohyponyme: *Befragung*, *Beobachtung*, *Datenbestandsanalyse*, *Experiment*, *Simulation*, *Umfrage*
im Text: S. 89
im Thesaurus: *Methode zur Informationsbeschaffung*

Metaplan-Methode

Kreativitätsmethode, die die Visualisierung und Gruppierung von Ideen unterstützt.

Bei der *Metaplan-Methode* werden Hilfsmittel wie Pinwände, Kärtchen in unterschiedlichen Farben, Formen und Größen, Pinnadeln und Filzstifte verwendet. Die beschriebenen Kärtchen werden mit den Pinnadeln an die Pinwände geheftet.

Synonym: Metaplan-Technik
Hyperonym: *Kreativitätsmethode*
Kohyponyme: *Brainstorming*, *Kärtchenmethode*
im Text: S. 119

Methode

Planmäßige Vorgehensweise zur Erreichung eines bestimmten Ziels.

Eine *Methode* besteht aus einer meist formalen und dokumentierten Vorgehensbeschreibung, die immer wieder verwendet werden kann.

im Text: S. 38

im Thesaurus: *5-Stufen-Methode zur Vorgehensplanung, Befragung, Beobachtung, Datenbestandsanalyse, Ereignisgesteuerte Prozeßkette, Erhebungsbogen, Experiment, Geschäftsprozeßmodellierung, Gespräch, Kostenvergleichsrechnung, Kreativitätsmethode, Merklistenerstellung, Messung, Methode zur Informationsbeschaffung, Nutzen-Kosten-Analyse, Nutzwertanalyse, Organisationsmodellierung, Petri-Netz, Polaritätsprofil, Simulation, Software-Referenzmodell, Umfrage, Vorgangskette, Vorgehensplan*

Methode zur Informationsbeschaffung

Methode zur Erhebung von *Informationen* im Rahmen eines Projekts.

Methoden zur Informationsbeschaffung können unter den Aspekten ('Dimensionen') Studienart und Erhebungsart betrachtet werden. Zur Dimension Studienart gehören die *Methoden Beobachtung*, *Experiment*, *Simulation*, *Umfrage* und *Datenbestandsanalyse*. Zur Dimension Erhebungsart gehören die Methoden *mündliche Befragung*, *schriftliche Befragung* und *Messung*.

Hyponyme: *Befragung*, *Beobachtung*, *Datenbestandsanalyse*, *Experiment*, *Messung*, *Simulation*, *Umfrage*

im Text: S. 82

im Thesaurus: *Beobachtung*, *Datenbestandsanalyse*, *Erhebungsbogen*, *Experiment*, *Simulation*, *Umfrage*

Modell

Vereinfachte Repräsentation der Wirklichkeit oder eines Ausschnitts davon.

Ein *Modell* ist ausgerichtet auf bestimmte, für eine Frage- bzw. Aufgabenstellung wesentliche Aspekte der Wirklichkeit bzw. des Wirklichkeitsausschnitts.

Hyponyme: *Drei-Ebenen-Modell*, *Eingabe-Ausgabe-Modell*, *Objekt-Beziehungs-Modell*, *Phasenmodell für Projekte*

im Text: S. 25

im Thesaurus: *Datenmodellierung*, *Drei-Ebenen-Modell*, *Eingabe-Ausgabe-Modell*, *Objekt-Beziehungs-Modell*, *Phasenmodell für Projekte*, *Simulation*

Mündliche Befragung

siehe *Befragung*

Nachricht

Daten, die zum Zweck ihrer Weitergabe zusammengestellt und als Einheit betrachtet werden.

Hyperonym: *Daten*
im Text: S. 18, 26, 90

Netzplan

Graphische oder tabellarische Darstellung von Abläufen und deren Abhängigkeiten.

Die Erstellung von *Netzplänen* umfaßt alle Verfahren zur Analyse, Beschreibung, Planung, Steuerung und Überwachung von Abläufen, wobei Zeit, Kosten, *Ressourcen* und weitere Einflußgrößen berücksichtigt werden können. Netzpläne werden eingesetzt zur Planung, Koordinierung und Überwachung von *Projekten*, insbesondere wenn viele, teilweise parallele Tätigkeiten terminlich aufeinander abgestimmt werden müssen. Netzpläne basieren auf Ereignissen und Vorgängen zwischen diesen Ereignissen (vgl. DIN 69900).

im Text: S. 50, 69
im Thesaurus: *Arbeitspaket, Kritischer Pfad, Vorgehensplan*

Nutzen-Kosten-Analyse

Methode zur Ermittlung des Verhältnisses zwischen Nutzen und Kosten bei einem *(Sub-) Informationssystem* bzw. einem *Produkt.*

Wenn der Nutzen eines *(Sub-) Informationssystems* bzw. eines *Produkts* monetär ausgedrückt werden kann, kann er in Beziehung gesetzt werden zu den Kosten. Die Quotienten für verschiedene Varianten können verglichen werden.

Synonym: Kosten-Nutzen-Analyse
Kohyponyme: *Nutzwertanalyse*, *Kostenvergleichsrechnung*
im Text: S. 122

Nutzwertanalyse

Methode für die mehrdimensionale Bewertung von Varianten.

Bei der *Nutzwertanalyse* werden vorher festgelegte *Bewertungskriterien* mit Gewichten versehen. Dann werden die zu vergleichenden Varianten bewertet, indem zu jeder Variante jedem Bewertungskriterium ein Wert zugeordnet wird, der den *Zielerfüllungsgrad* anzeigt. Die Zielerfüllungsgrade werden mit den Gewichten multipliziert und addiert, so daß sich für jede Variante ein Nutzwert ergibt.

Kohyponym: *Nutzen-Kosten-Analyse*
im Text: S. 119

Objekt-Beziehungs-Modell

Modell, das Situationen der realen Welt mit ihren Objekten, Eigenschaften und Beziehungen dazwischen darstellt.

Objekt-Beziehungs-Modelle werden auch *ER-Modell* (engl. 'Entity-Relationship-Model') genannt. Sie werden bei der *Datenmodellierung* verwendet.

Synonym: *ER-Modell*
Hyperonym: *Modell*
Kohyponyme: *Drei-Ebenen-Modell, Eingabe-Ausgabe-Modell, Phasenmodell für Projekte*
im Text: S. 94
im Thesaurus: *Datenmodellierung*

Objekttyp

Denkeinheit, die aus einer Menge von Gegenständen ('Objekte') unter Ermittlung der gemeinsamen Eigenschaften dieser Gegenstände durch Abstraktion gebildet wird.

im Text: S. 20, 95
im Thesaurus: *informationsverarbeitendes Verfahren, Unternehmensmodellierung*

Organigramm

Darstellung von Organisationsstrukturen in einem Unternehmen.

In einem *Organigramm* werden *Organisationseinheiten* mit ihren Verknüpfungen beschrieben.

im Text: S. 94
im Thesaurus: *Organisationsmodellierung*

Organisationseinheit

Ein von der Unternehmensleitung festgelegter *Bereich* mit klar definierten Aufgaben und definierten Verantwortlichkeiten.

Eine *Organisationseinheit* in einem Unternehmen ist beispielsweise eine Hauptabteilung, die sich in Abteilungen gliedern kann, welche wiederum aus Arbeitsgruppen bestehen können.

Hyperonym: *Bereich*
im Text: S. 94, 98
im Thesaurus: *Organigramm, Unternehmensmodellierung, Vorgangskette*

Organisationsmodellierung

Methode zur Beschreibung der Aufbauorganisation eines Unternehmens.

Die Organisationsbeschreibung eines Unternehmens kann unter dem Gesichtspunkt der Weisungsbefugnis erfolgen oder nach Aufgaben gegliedert sein. Die graphische Darstellung der Organisationsstrukturen erfolgt in einem *Organigramm.*

Hyperonym: Modellierung
Kohyponyme: *Datenmodellierung*, *Geschäftsprozeßmodellierung*, *Unternehmensmodellierung*, *Verfahrensmodellierung*
im Text: S. 93
im Thesaurus: *Unternehmensmodellierung*

Petri-Netz

Modell zur Darstellung der dynamischen Aspekte eines *Informationssystems.*

Petri-Netze sind gerichtete Graphen, die aus zwei verschiedenen Arten von Knoten bestehen (Stellen und Transitionen), die z. B. Bedingungen und Ereignisse verkörpern. Die Knoten können mit sogenannten Marken belegt werden, um Aktivitäten in diesem Knoten darzustellen. Nach festgelegten einfachen Regeln werden diese Marken in andere Knoten transportiert ('geschaltet').

Kohyponyme: *Ereignisgesteuerte Prozeßkette*, *Vorgangskette*
im Text: S. 101

Pflichtenheft

Aufstellung aller Anforderungen, die an ein *Produkt* gestellt werden.

Das *Pflichtenheft* dient als Grundlage für die Auswahl eines *Produkts.* Es kann auch verwendet werden als Konzept für die Entwicklung eines Produkts.

im Text: S. 132

Phasenmodell für Projekte

Modell für die Vorgehensweise bei Planung, Durchführung und Abschluß von *Projekten* für das *Management von Informationssystemen.*

Ein Projekt wird geplant, durchgeführt und abgeschlossen. Während der Durchführung werden eine, mehrere oder alle der folgenden Phasen durchlaufen: Systemanalyse, Systembewertung, Systemauswahl, Systembereitstellung, Systemeinführung. Dazu kommt in jedem Fall die Phase Projektbegleitung.

Hyperonym: *Modell*
Kohyponyme: *Drei-Ebenen-Modell*, *Eingabe-Ausgabe-Modell*, *Objekt-Beziehungs-Modell*
im Text: S. 37

physische Werkzeugebene (3LGM)

Darstellung von *physischen Subsystemen* im *Drei-Ebenen-Modell.*

Auf der *physischen Werkzeugebene* des *Drei-Ebenen-Modells* werden die physischen Subsysteme eines *(Sub-) Informationssystems* beschrieben. Ergänzt werden diese durch *Terminale* und Datenübertragungsverbindungen zwischen physischen Subsystemen. Die auf der physischen Werkzeugebene dargestellten physischen Subsysteme dienen der Realisierung von *Anwendungssystemen.*

Kohyponyme: *logische Werkzeugebene (3LGM), Verfahrensebene (3LGM)*
im Text: S. 91
im Thesaurus: *Drei-Ebenen-Modell*

physisches Subsystem

Ein *System* von Personen und *konventionellen Werkzeugen der Informationsverarbeitung* oder ein *Rechnersystem.*

Hyperonym: *Informationssystemkomponente*
Hyponyme: *Rechnersystem, konventionelles Werkzeug der Informationsverarbeitung, Terminal*
Kohyponyme: *Anwendungssystem, informationsverarbeitendes Verfahren, Sub-Informationssystem*
im Text: S. 22, 26, 91
im Thesaurus: *Terminal*

Pilotinstallation

Erste Einführung eines *Anwendungssystems* in einem ausgewählten *Bereich.*

Eine *Pilotinstallation* ist dann angezeigt, wenn ein *Produkt* in mehreren *Bereichen* eingeführt werden soll und eine gleichzeitige Einführung nicht zwingend notwendig ist. Dann können Fehler leichter erkannt und behoben werden. Die Bereiche, die danach ausgestattet werden, können von den Erfahrungen der Pilotinstallation profitieren.

im Text: S. 157

Polaritätsprofil

Methode zur graphischen Darstellung der *Zielerfüllungsgrade* für eine oder mehrere Varianten über einige oder alle der *Bewertungskriterien.*

Für alle Varianten, die miteinander verglichen werden sollen, werden zu den interessierenden *Bewertungskriterien* die zugehörigen Erfüllungsgrade innerhalb der vereinbarten Skala abgetragen. Dadurch entstehen für alle Varianten *Polaritätsprofile.*

im Text: S. 122

Präsentation von Statistiken

Beschreibung und Darstellung von *Daten*, die eine Menge von Einzelergebnissen übersichtlich zusammenfassen.

Die *Präsentation von Statistiken* kann mit Hilfe von *Methoden* der beschreibenden Statistik erfolgen. Einfache Methoden sind beispielsweise die Darstellung von Häufigkeiten und statistischen Maßzahlen.

Antonym: *kasuistische Präsentation*
im Text: S. 169
im Thesaurus: *kasuistische Präsentation*

Produkt

Anwendungssoftwareprodukt oder *Rechnersystem* oder *konventionelles Werkzeug der Informationsverarbeitung*, das als Basis für eine *Informationssystemkomponente* dient.

Hyponyme: *Anwendungssoftwareprodukt, konventionelles Werkzeug der Informationsverarbeitung, Rechnersystem*
im Text: S. 23, 26, 82, 144, 147
im Thesaurus: *Adaptierung, Nutzen-Kosten-Analyse, Pflichtenheft, Pilotinstallation, Systemübergabe*

Projekt

Vorhaben, das durch Einmaligkeit der Bedingungen in ihrer Gesamtheit gekennzeichnet ist.

Diese Bedingungen sind z. B. die Zielvorgabe, zeitliche, finanzielle, personelle oder andere Begrenzungen, die Abgrenzung gegenüber anderen Vorhaben und die projektspezifische Organisation. Das *taktische Management* von *Informationssystemen* wird i. d. R. im Rahmen von *Projekten* durchgeführt.

im Text: S. 27
im Thesaurus: *5-Stufen-Methode zur Vorgehensplanung, Projektauftrag, Übergabeprotokoll, Vorgehensplan*

Projektabschlußdokumentation

siehe *Projektdokumentation*

Projektauftrag

Formelle Beauftragung zur Durchführung eines *Projekts*.

Der *Projektauftrag* sollte in schriftlicher Form vorliegen und zumindest die folgenden Aspekte beinhalten: Name des *Projektauftraggebers*, Bezeichnung und grobe Zielsetzung des *Projekts*, Terminvorstellungen. Nach Akzeptieren des Projektauftrags beginnt das Projekt.

im Text: S. 44

im Thesaurus: *Projektauftraggeber, Projektdokumentation*

Projektauftraggeber

Person oder Einrichtung, die einen *Bereich* oder ein Unternehmen mit der Durchführung eines *Projekts* beauftragt.

Der *Projektauftraggeber* erteilt zumindest den *Projektauftrag*, verabschiedet den *Vorgehensplan*, nimmt ggf. ein *System* ab und verabschiedet den Abschlußbericht zum Projektende.

im Text: S. 44, 135, 169

im Thesaurus: *Abnahmeprotokoll, Systemabnahme, Systemübergabe*

Projektbegleitungsdokumentation

siehe *Projektdokumentation*

Projektdokumentation

Gesamtheit der Dokumente, die während Planung, Durchführung und Abschluß eines *Projektes* erstellt werden.

Die *Projektdokumentation* gliedert sich in *Projektplanungs-*, *-begleitungs-* und *-abschlußdokumentation*. Zu jeder Phase gibt es typische Dokumente: zur Projektplanungsdokumentation gehören z. B. der *Projektauftrag* und der *Vorgehensplan*, zur Projektdurchführungsdokumentation die Verlaufsdokumentation sowie Zwischenberichte und zur Projektabschlußdokumentation der Abschlußbericht. Die Projektdokumentation hat zum Ziel, allen Beteiligten als Gedächtnisstütze zu dienen, verbindliche Vereinbarungen festzuhalten und als Vorlage für spätere, ähnliche *Projekte* zu dienen.

Hyponyme: *Projektabschlußdokumentation*, *Projektbegleitungsdokumentation*, *Projektplanungsdokumentation*

im Text: S. 27, 46, 65

im Thesaurus: *Projektsekretariat*

Projektplanungsdokumentation

siehe *Projektdokumentation*

Projektmanagement

Gesamtheit von Führungsaufgaben, -organisation, -methoden und -mittel für die Abwicklung eines *Projekts* (vgl. DIN 69001).

Das *Projektmanagement* ist notwendig für die Durchführung von *Projekten*, die wiederum dem *Management von Informationssystemen* dienen können.

im Text: S. 27

Projektsekretariat

Stelle zur Verwaltung der *Projektdokumentation.*

Das *Projektsekretariat*, das von einem oder mehreren Mitarbeitern besetzt werden kann, hat zur Aufgabe, die während des *Projekts* anfallenden Dokumente zu sammeln und zu archivieren, Dokumente gemäß dem Zeitplan anzufordern, den Zugriff auf Dokumente zu kontrollieren und die Einhaltung der Dokumentationsrichtlinien zu überprüfen.

im Text: S. 28

prolektiv

Festlegung eines Untersuchungskollektivs bevor *Daten* aufgezeichnet werden.

Antonym: retrolektiv
im Text: S. 83

Prototyp

Vereinfachte Version eines zu entwickelnden *Anwendungssoftwareprodukts.*

Prototypen sind i. d. R. relativ schnell und kostengünstig erstellt, aber unvollständig in der Funktionalität und unsicher im Betrieb. Ziel von Prototypen ist, den späteren Benutzern eine Vorstellung über das Aussehen des endgültigen *Produkts* zu vermitteln. Prototypen sind oft als Wegwerfprodukte konzipiert.

im Text: S. 150
im Thesaurus: *prototypische Erstellung*

prototypische Erstellung

Erstellung einer vereinfachten Version eines zu entwickelnden *Anwendungssoftwareprodukts.*

Bei der *prototypischen Erstellung* wird ein *Prototyp* erzeugt, der die wichtigsten Merkmale des gewünschten *Produkts* aufweist, ohne die volle Funktionalität abzudecken.

im Text: S. 149

Prüfstein

Wichtiger Zeitpunkt im Projektverlauf.

Prüfsteine können dazu verwendet werden, den Verlauf eines *Projekts* zu überprüfen auf Einhaltung der Zielsetzung und der zeitlichen und sonstigen Vorgaben im *Vorgehensplan*. Sie stehen zumindest am Ende jeder Projektphase.

im Text: S. 49, 64, 68

im Thesaurus: *5-Stufen-Methode zur Vorgehensplanung, Vorgehensplan*

Rahmenplanung von Informationssystemen

Planung von *Informationssystemen* im Rahmen des *strategischen Managements*.

Die *Rahmenplanung* gibt allgemeine Leitlinien für den Aufbau bzw. die Weiterentwicklung von *Informationssystemen* als Ganzes oder wesentlicher Teile vor, i. d. R. für einen vorgegebenen Zeitraum. Die Ergebnisse werden in einem Rahmenkonzept festgehalten. Ein Rahmenkonzept enthält i. d. R. die Beschreibung des Ist-Zustands eines Informationssystems, die Beschreibung des *Soll-Zustands* und eine grobe Darstellung, wie man vom Ist- zum Soll-Zustand kommen möchte. Das Rahmenkonzept ist regelmäßig fortzuschreiben.

im Text: S. 33

Rechnersystem

Digitale Datenverarbeitungs- oder Rechenanlage.

Dazu gehört ein einzelner Arbeitsplatzrechner ebenso wie ein Großrechner mit vielen angeschlossenen Datensichtgeräten oder ein komplexes Kommunikationsnetz mit Steuerungseinheiten.

Synonyme: Rechner, Computer

Hyperonyme: *informationsverarbeitendes Werkzeug, physisches Subsystem, Produkt*

Kohyponyme: *konventionelles Werkzeug der Informationsverarbeitung, Anwendungssoftwareprodukt*

im Text: S. 22, 26

im Thesaurus: *Anwendungssoftwareprodukt, konventionelles Werkzeug der Informationsverarbeitung, physisches Subsystem, Produkt, rechnerunterstützter Teil eines Informationssystems, rechnerunterstütztes Informationssystem*

rechnerunterstützter Teil eines Informationssystems

Teilsystem eines *Informationssystems*, welches (ausschließlich) *Rechnersysteme* als *informationsverarbeitende Werkzeuge* verwendet.

Hyperonym: *Informationssystem*

Kohyponyme: *rechnerunterstütztes Informationssystem, Sub-Informationssystem*
im Text: S. 19, 26

rechnerunterstütztes Informationssystem

Informationssystem, in dem u. a. *Rechnersysteme* als *Werkzeuge* der Informationsverarbeitung eingesetzt werden.

Neben *Rechnersystemen* können in einem *rechnerunterstützten Informationssystem* auch *konventionelle Werkzeuge* eingesetzt werden.

Hyperonym: *Informationssystem*
Kohyponyme: *rechnerunterstützter Teil eines Informationssystems, Sub-Informationssystem*
im Text: S. 19, 26

Ressource

Ein zur Durchführung einer Aktivität notwendiges Einsatzmittel.

Ressourcen sind beispielsweise Personal, Finanzmittel, Maschinen, Geräte und Materialien.

Hyponym: *Werkzeug*
im Text: S. 49
im Thesaurus: *Arbeitspaket, Netzplan*

retrolektiv

Festlegung eines Untersuchungskollektivs nachdem zumindest ein Teil der *Daten* aufgezeichnet wurde.

Antonym: *prolektiv*
im Text: S. 83

schriftliche Befragung

siehe *Befragung*

Simulation

Methode zur Informationsbeschaffung durch modellhafte Abbildung.

Bei der *Simulation* wird ein Wirklichkeitsausschnitt in einem *Modell* abgebildet, und es wird versucht, alle möglichen Zustände darin nachzubilden.

Hyperonym: *Methode zur Informationsbeschaffung*
Kohyponyme: *Befragung, Beobachtung, Datenbestandsanalyse, Experiment, Messung, Umfrage*
im Text: S. 84

im Thesaurus: *Methode zur Informationsbeschaffung*

Software-Referenzmodell

Methode für die *Adaptierung*.

Ein *Software-Referenzmodell* beschreibt die *Funktionen*, abbildbaren Prozesse, Datenstrukturen und die organisatorischen Voraussetzungen eines *Anwendungssoftwareprodukts*. Gesteuert durch ein entsprechendes Vorgehensmodell kann systematisch geprüft werden, welche der in dem Software-Referenzmodell enthaltenen Funktionen und Prozesse in dem Unternehmen, in dem die Software eingeführt werden soll, durch diese Software unterstützt werden sollen und welche organisatorischen Einheiten des Unternehmens davon betroffen sein werden.

im Text: S. 149

Soll-Zustand

Ideal-Zustand des *Bereichs*, in dem ein *(Sub-) Informationssystem* eingesetzt wird, in bezug auf festgelegte Zielsetzung.

Der *Soll-Zustand* sollte im Rahmen der Systembewertung zunächst lösungsneutral beschrieben werden. Bezogen auf die *Bewertungskriterien* ist der Soll-Zustand die Situation, bei der jedes Ziel für das *(Sub-) Informationssystem* optimal erfüllt wird.

im Text: S. 113, 81

im Thesaurus: *Rahmenplanung von Informationssystemen, Stark- und Schwachstellenanalyse*

Standardsoftwareprodukt

Ein auf dem Markt verfügbares *Anwendungssoftwareprodukt*, das einen bestimmten Verbreitungsgrad hat.

Im Gegensatz zu einem *Anwendungssoftwareprodukt*, das speziell für ein bestimmtes Unternehmen entwickelt wurde, ist ein *Standardsoftwareprodukt* ein *Anwendungssoftwareprodukt*, das nicht auf die spezifischen Anforderungen eines Unternehmens abgestimmt ist. Der Vorteil liegt aber in der schnellen Verfügbarkeit, dem i. d. R. günstigeren Preis und der Gewährleistung der Wartung und Weiterentwicklung durch den Anbieter.

Synonym: *Standardsoftware*
Hyperonym: *Anwendungssoftwareprodukt*
im Text: S. 133

Stark- und Schwachstellenanalyse

Ermittlung der Stark- und Schwachstellen eines *(Sub-) Informationssystems*.

Die Stärken und Schwächen eines *(Sub-) Informationssystems* ergeben sich durch den Vergleich des Ist-Zustands mit dem *Soll-Zustand.* Ziele, zu denen überproportional viele Kriterien erfüllt sind, deuten auf Stärken, Ziele, zu denen nur wenig Kriterien erfüllt sind, auf Schwächen des (Sub-) Informationssystems hin.

im Text: S. 114, 115, 117

strategisches Management

Management eines Informationssystems als Ganzes bzw. in wesentlichen Teilen und seine grundsätzliche zukünftige Entwicklung.

Die Aufgaben des *strategischen Managements* umfassen Planung, Steuerung und Überwachung. Bei der Planung handelt es sich um die *Rahmenplanung*, das Ziel der Steuerung ist die Umsetzung der Vorgaben des Rahmenkonzepts in die Realität, und die Überwachung bedeutet die laufende Überprüfung, ob das *Informationssystem* entsprechend dem Rahmenkonzept strukturiert ist und die zugewiesenen Aufgaben erfüllt.

Hyperonym: *Management von Informationssystemen*
Kohyponym: *taktisches Management*
im Text: S. 33

Sub-Informationssystem

Teilsystem eines *Informationssystems*, das die *Verfahren*, *Anwendungssysteme* und *physischen Subsysteme* eines *Informationssystems* umfaßt, die zusammen einen Teilbereich des Informationssystems beschreiben.

In einem *Sub-Informationssystem* können die *informationsverarbeitenden Verfahren*, *Anwendungssysteme* und *physischen Subsysteme* eines Teilbereichs eines Unternehmens dargestellt werden. Beispielsweise können so Abteilungsinformationssysteme oder der *rechnerunterstützte Teil eines Informationssystems* getrennt betrachtet werden.

Hyperonyme: *Informationssystem*, *Informationssystemkomponente*
Kohyponyme: *rechnerunterstützter Teil eines Informationssystems*, *rechnerunterstütztes Informationssystem*, *Anwendungssystem*, *informationsverarbeitendes Verfahren*, *physisches Subsystem*
im Text: S. 22, 26
im Thesaurus: *Informationssystemkomponente*

System

Menge von Personen, Dingen und/oder Vorgängen und der ganzheitliche Zusammenhang zwischen diesen, der entweder in der Natur als gegeben vorliegt oder vom Menschen hergestellt wird.

Ein sozio-informationstechnisches *System* ist ein System, in dem Menschen und Maschinen nach festgelegten Regeln bestimmte Aufgaben erfüllen.

Hyponym: *Informationssystem*
im Text: S. 18, 26
im Thesaurus: *physisches Subsystem, Projektauftraggeber, Teilsystem*

Systemabnahme

Vorgang, bei dem ein *Projektauftraggeber* eine *Informationssystemkomponente* nach deren Inbetriebnahme als Ergebnis eines *Projekts* akzeptiert.

Die *Systemabnahme* wird nach festgelegten Richtlinien durchgeführt. Werden diese eingehalten, kann die *Informationssystemkomponente* vom *Projektauftraggeber* abgenommen werden. Damit geht die Informationssystemkomponente in das Eigentum des Projektauftraggebers über. Die Abnahme wird in einem *Abnahmeprotokoll* festgehalten.

im Text: S. 158
im Thesaurus: *Abnahmeprotokoll*

Systemübergabe

Vorgang, bei dem die Verantwortung für ein *Produkt* vom Projektleiter an den betreibenden *Bereich* übergeben wird.

Bei Projektende wird eine vom *Projektauftraggeber* abgenommene *Informationssystemkomponente* dem *Bereich* übergeben, der es künftig betreibt. Dazu wird festgelegt, wer künftig die Verantwortung für den Betrieb übernimmt. Außerdem werden Ansprechpartner für Probleme etc. genannt und alle notwendigen Dokumente für den Betrieb, z. B. Handbücher, übergeben. Alle Vereinbarungen im Rahmen der *Systemübergabe* werden in einem *Übergabeprotokoll* festgehalten.

im Text: S. 159
im Thesaurus: *Übergabeprotokoll*

taktisches Management

Management eines Informationssystems in Hinblick auf Einführung oder Änderung von *Informationssystemkomponenten.*

Die Aufgaben des *taktischen Managements* umfassen Planung, Steuerung und Überwachung. Im Vordergrund steht hier i. d. R. ein bestimmtes *informationsverarbeitendes Verfahren.* Die Planung bezieht sich auf die Planung von *Projekten*, die Steuerung auf die Durchführung der geplanten Projekte und die Überwachung auf die laufende Überprüfung des fehlerfreien Betriebs einzelner, im *Informationssystem* vorhandener informationsverarbeitender Verfahren nach ihrer Einführung.

Hyperonym: *Management von Informationssystemen*

Kohyponym: *strategisches Management*
im Text: S. 34

Teilsystem

Teil eines *Systems*, der nach einem bestimmten Kriterium gebildet bzw. dargestellt wird.

Jedes *System* kann sich in *Teilsysteme* gliedern.

im Text: S. 18, 26, 80
im Thesaurus: *Anwendungssystem, Informationssystem, rechnerunterstützter Teil eines Informationssystems, Sub-Informationssystem*

Terminal

Physisches Subsystem, das direkt von einem Benutzer genutzt werden kann.

Terminale sind z. B. Arbeitsplatzrechner (PCs) und Drucker.

Hyperonym: *physisches Subsystem*
Kohyponyme: *Funktion eines Anwendungssystems, Verfahrenszugang*
im Text: S. 22, 26
im Thesaurus: *physische Werkzeugebene (3LGM)*

Übergabeprotokoll

Dokument, mit dessen Unterzeichnung ein *Bereich* die erfolgreiche *Systemübergabe* einer *Informationssystemkomponente* aus dem *Projekt* in den Betrieb protokolliert.

Im *Übergabeprotokoll* wird festgehalten, wer zukünftig die Verantwortung für die *Informationssystemkomponente* übernimmt, welche Ansprechpartner den Benutzern zur Verfügung stehen und welche Dokumente, die für den Betrieb notwendig sind, übergeben wurden.

im Text: S. 159
im Thesaurus: *Systemübergabe*

Umfrage

Methode zur Informationsbeschaffung durch *Befragung* einer repräsentativen Auswahl von Personen zu einem bestimmten Thema oder mehreren Themen.

Eine *Umfrage* kann schriftlich oder mündlich erfolgen. Ziel ist es meist, möglichst viele Aussagen zu den gewünschten Themen zu erhalten.

Hyperonym: *Methode zur Informationsbeschaffung*
Kohyponyme: *Befragung, Beobachtung, Datenbestandsanalyse, Experiment, Messung, Simulation*
im Text: S. 84

im Thesaurus: *Erhebungsbogen, Methode zur Informationsbeschaffung*

Unternehmensmodellierung

Darstellung der Struktur und der wesentlichen *Verfahren* eines Unternehmens.

Die *Organisations-*, *Daten-* und *Verfahrensmodellierung* bilden die Grundlage für die *Unternehmensmodellierung*, in der der Aufbau eines Unternehmens dargestellt wird. Dazu werden *Organisationseinheiten*, Standorte, *Verfahren* und *Objekttypen*, die im Unternehmen vorliegen, ermittelt und in Beziehung zueinander gesetzt. Ein Unternehmensmodell kann beispielsweise mit Hilfe von *ER-Modellen* graphisch abgebildet werden.

Kohyponyme: *Datenmodellierung, Geschäftsprozeßmodellierung, Organisationsmodellierung, Verfahrensmodellierung*

im Text: S. 97

Verfahren

siehe *informationsverarbeitendes Verfahren*

Verfahrensebene (3LGM)

Darstellung von *Verfahren* im *Drei-Ebenen-Modell.*

Auf der *Verfahrensebene* des *Drei-Ebenen-Modells* werden die *Verfahren* eines *(Sub-) Informationssystems* beschrieben. Ergänzt werden diese durch ihre *Verfahrenszugänge* und den Informationsaustausch zwischen Verfahren. Die Verfahren werden durch *Werkzeuge* realisiert, die auf der *logischen* und *physischen Werkzeugebene* beschrieben werden.

Kohyponyme: *logische Werkzeugebene (3LGM), physische Werkzeugebene (3LGM)*

im Text: S. 90

im Thesaurus: *Drei-Ebenen-Modell*

Verfahrensmodellierung

Darstellung von *Verfahren* in einem Unternehmen.

Informationsverarbeitende Verfahren können in einer Struktur dargestellt werden, die angibt, welche Verfahren und Teilverfahren in einem Unternehmen vorliegen. *Eingabe-Ausgabe-Modelle* zeigen, wie Verfahren unter Vernachlässigung des inneren Aufbaus Eingabe- in Ausgabedaten transformieren.

Hyperonym: Modellierung

Kohyponyme: *Datenmodellierung, Geschäftsprozeßmodellierung, Organisationsmodellierung, Unternehmensmodellierung*

im Text: S. 96

im Thesaurus: *Unternehmensmodellierung*

Verfahrenszugang

Eigenschaft, die ein *informationsverarbeitendes Verfahren* besitzt, das unmittelbar von einem Benutzer des *Informationssystems* benutzt werden kann.

Kohyponyme: *Funktion eines Anwendungssystems, Terminal*
im Text: S. 20, 26

Vorgang

Tätigkeit mit definiertem Anfang und definiertem Ende.

Vorgänge sind Bestandteile von *Netzplänen*. Mit Hilfe von *Vorgängen* und Ereignissen werden zeitliche Abläufe modelliert.

im Text: S. 51
im Thesaurus: *Systemabnahme, Systemübergabe*

Vorgangskette

Modell zur Darstellung von dynamischen Aspekten eines *Informationssystems*.

Vorgangsketten schaffen eine sequentielle Verbindung zwischen Aktivitäten. Den Aktivitäten können *Organisationseinheiten* zugeordnet werden. Durch diese Zuordnung werden die von einer Organisationseinheit zu bearbeitenden Aktivitäten der Vorgangskette festgelegt.

Kohyponyme: *Ereignisgesteuerte Prozeßkette, Petri-Netz*
im Text: S. 100

Vorgehensplan

Schriftliche Fixierung des Vorgehens zur Durchführung eines *Projekts*.

Vorgehenspläne enthalten sollten Aspekte zur Beschreibung des Umfelds für das *Projekt*, die Problemstellung, Zielsetzung, Frage- und Aufgabenstellung sowie *Arbeitspakete*, *Prüfsteine* und einen *Netzplan* enthalten.

Eine *Methode* zur Erstellung eines *Vorgehensplans* ist die *5-Stufen-Methode zur Vorgehensplanung*.

im Text: S. 44, 112, 166
im Thesaurus: *Projektauftraggeber, Projektdokumentation, Prüfstein*

Werkzeug

Gegenstand oder Problemlösungsverfahren, der bzw. das für die Durchführung einer Tätigkeit verwendet werden kann.

Hyperonym: *Ressource*

Hyponym: *informationsverarbeitendes Werkzeug, konventionelles Werkzeug der Informationsverarbeitung*
im Text: S. 38
im Thesaurus: *informationsverarbeitendes Werkzeug, konventionelles Werkzeug der Informationsverarbeitung*

Wissen

Kenntnis über den in einem Fachgebiet zu gegebener Zeit bestehenden Konsens, v. a. bezüglich einer gültigen Terminologie, erlaubter Interpretationen, bestehender Zusammenhänge und Gesetzmäßigkeiten, empfehlenswerter Methoden und Handlungen.

Wissen ist demnach auch *Information* im weiteren Sinne.

Hyperonym: *Information*
im Text: S. 17, 26
im Thesaurus: *Anwendungssystem, Informationssystem*

Zielerfüllungsgrad

Wert, der die Erfüllung eines Ziels auf einer vorher festgelegten Skala angibt.

Der *Zielerfüllungsgrad* dient der Bewertung eines *(Sub-) Informationssystems* bzw. eines *Produkts* in Hinblick auf das Erreichen des gesetzten Ziels. Für die Bewertung von mehreren Varianten ist die Verwendung einer Verhältnisskala am sinnvollsten, beispielsweise mit Werten von 1 (minimale Erfüllung) bis 10 (optimale Erfüllung).

im Text: S. 114, 120
im Thesaurus: *Nutzwertanalyse*

Schlagwortverzeichnis

Im Schlagwortverzeichnis verweisen wir auf die wesentlichen Stellen, an denen ein Begriff genannt wird. Dabei ist die Seitenzahl der wichtigsten Stelle **fett**, die Seitenzahl des Eintrags im Thesaurus *kursiv* gedruckt. Es werden nicht alle Seiten aufgeführt, die den Begriff enthalten.